CHOSUN CHEF

조선셰프 서유구의
밥 이야기

조선셰프 서유구의
밥 이야기

조선셰프 서유구의
밥 이야기

임원경제지 전통음식 복원 및 현대화 시리즈

(14)

CHOSUN CHEF'S
RICE

풍석문화재단 음식연구소 **지음**
대표 **집필** 곽미경

자연
경실

'현대인의 건강한 삶은 오곡(五穀)과 백과(百果)로 지은 다양한 밥을 먹는 것에서 시작된다'라는 확고한 신념을 가지고 있다.

〈정조지(鼎俎志)〉를 만나기 전부터 다양한 곡물밥과 꽃, 열매, 과일, 뿌리와 유제품을 더한 밥을 지어보곤 하였다. 우리 밥에 대한 애정이 다른 나라의 전통밥에 대한 관심으로 이어지며 밥을 보유한 나라의 밥들을 경험하였다. 이들이 말하는 밥의 역사는 매우 상세하고 선명하였으며 밥에 담긴 이야기는 흥미로웠다. 무엇보다도 선인들처럼 전통밥을 일상식으로 먹고 손님을 대접하며 자연스럽게 전통음식을 잇고 있는 것이 부러웠다. '밥심'으로 살아가는 우리보다 밥에 대한 애정이 깊다는 것이 조금은 당황스러웠다. "우리 조상들은 이런 밥도 먹었구나!"라는 선에서 멈추고 마는 우리와 사뭇 달랐다.

시간이 흐를수록 다른 나라의 밥은 그 가치가 올라가고 우리 전통밥은 잊혀지는 것은 아닌지 염려가 되었다. 아울러 밥이 우리에게 준 인내, 협동, 근면, 성실의 가치도 밥과 운명을 같이 하는 것은 아닐까 불안해졌다.

현대 사회에서는 전통을 습득하고 계승하는 일이 갈수록 어려워지고 있다. 변화의 속도가 빠르고 생활양식이 급격히 달라지면서 전통은 종종 시대에 뒤처진 것으로 여겨지기도 한다. 이런 시대적 흐름 속에서 전통을 온전히 이어가기 위해서는 본질을 지키되 형식에만 머무르지 않고 유연해야 한다. 그것은 전통문화에 담긴 정신과 철학을 깊이 이해하는 데서 출발한다.

이를 위한 가장 쉽고 효과적인 길은 삶과 밀접하게 맞닿아 있는 전통 음식을 통해 전통과의 친밀도를 높이는 일이다. 음식은 전통의 진면목을 비추는 창(窓)이다. 이 창 너머로 우리는 시대의 숨결을 생생히 느끼고 과거와 대화할 수 있다.

〈정조지〉는 우리 전통 음식의 철학과 역사를 망라한 방대한 백과사전으로, 우리 음식이 품고 있는 깊은 이야기와 가치를 생생하게 만날 수 있다. 〈정조

지〉란 넓고도 깨끗한 창을 활짝 열어 보기를 권한다. 〈정조지〉는 식재료를 다룬 식감촬요(食鑑撮要)를 시작으로 절식에 먹는 음식까지 총 7권으로 이루어졌다. 밥은 식감촬요 다음 편인 취류지류(炊餾之類)의 첫 장이므로 우리의 주식이자 모든 음식의 근본이기도 한 밥의 본격적인 서막은 〈정조지〉에서 열린다.

앞선 복원을 통해 〈정조지〉의 조리법의 방대함과 상세함에 매번 놀라움을 금치 못하였기에 설레는 마음으로 〈정조지〉의 밥 편을 들여다보았다.

선생의 시절 당연시되던 밥 짓기와 당시 먹었던 여러 종류의 밥, 그리고 우리와 같은 밥 문화권인 중국에서 먹던 밥 등이 상세하게 소개되어 있다. 특히 "남쪽 사람은 쌀밥을, 북쪽 사람은 조밥을 잘 짓는다"라는 대목은 밥의 범위를 확대해 주는 근거가 된다는 생각에 감개무량하였다. 과학적인 사유에 기반하여 조리법을 체계적으로 분류한 〈정조지〉의 항목에 올랐다는 것은 음식의 정체성을 확고하게 하는 일이라는 것을 다른 음식 분야를 복원하면서 느꼈기 때문이다.

〈정조지〉 속의 밥은 약식동원의 철학을 기반으로 '건강한 삶은 건강한 밥에서 시작된다'라는 신념이 옳았음을 확인하였다. 아울러 우리의 전통밥을 구황밥이나 가난한 자의 밥이라고 한계를 짓는 것은 잘못된 것이라는 것도 알았다. 밥에 대한 애정으로 지었던 밥들이 〈정조지〉 속에 오신반(五辛盤)으로, 줄반이란 이름으로 등장하는 것도 신기하였다.

밥은 우리를 낳고 기른 부모와 같은 존재다. 부모가 온갖 수고를 마다하지 않고 사랑으로 자식을 돌보듯, 밥도 묵묵히 우리 삶을 지탱해 준다. 그래서 예부터 사람들은 밥을 부모처럼 존중하며, 공경하는 마음으로 대했다.

밥을 만드는 일을 '밥을 짓는다'라고 한다. 몸을 담는 집을 짓고 위험으로부터 지켜주는 옷도 지으며 생명을 구하는 약도 짓고 학문에서 가장 높은 단계인 글 쓰기도 짓는다고 하였다. '밥을 짓는다'에는 정성과 사랑으로 이루어진 '숭고한 음식'이란 의미가 담겨 있다. 밥을 전용 그릇에 담아 부식과 확실하게 구분하여 먹는 것도 밥을 소중하게 여겼기 때문이다. 이는 반상 문화와 비빔밥, 국밥 등 밥을 활용한 풍성한 밥 문화를 낳는 결정적인 원인이 되었다.

지금은 '밥을 하다'라고 한다. '밥을 하다'는 밥을 기계적이고 단순한 행위의 산물로 낮추게 하였다. 밥을 짓지 않고 밥을 하면서 우리의 마음은 거칠어졌고 밥을 덜 먹게 되면서 정신은 황폐해졌다. 밥 짓는 냄새와 밥 하는 냄새는 다르다. 우리가 수많은 역경을 극복할 수 있었던 힘은 정성으로 지은 밥의 냄새를 맡고 먹고 생긴 힘인 '밥심'이었다. 밥심은 하늘과 땅의 기운, 농사를 지은 농부와 밥 지은 사람의 수고와 먹는 사람의 감사가 삼위일체를 이루었을 때 발휘되는 힘이다. 밥을 많이 먹어야 밥심이 난다고 독려하기 이전에 우리 밥의 문제점이 있는지를 살펴볼 필요가 있다.

지금의 우리 밥 문화는 크게 두 가지의 문제점을 안고 있는데 첫째는 밥의 다양성의 상실이다. 조선이 멸망하고 일제 강점기, 전쟁, 산업화 등의 급속한 변화 속에서 우리 고유의 밥 문화가 상실되거나 변형되었다. 밥의 다양성 상실은 크게 다양한 곡물로 지은 밥과 쌀밥의 다양한 풍미의 상실로 나눌 수 있다. 전자는 식감이 부드럽고 절제된 맛을 지녀 여러 찬이나 국물과의 어울림이 좋은 쌀밥을 선호하게 된 것과 비효율적인 밭농사가 줄어들면서 잡곡이 가격이나 접촉면에서 크게 불리해진 탓이다. 후자는 전쟁 후 급격하게 인구가 증가하면서 쌀의 품종이 다수확품종으로 단일화되면서 밥의 다양한 풍미를 경험할 수 없게 되었다.

두 번째는 밥이 탄수화물의 비중이 높아 건강에 도움이 되지 않는다는 인식으로 밥 자체의 소비량이 줄어들고 있는 점이다. 예전에는 먹거리의 으뜸이자 주 에너지원인 밥을 많이 먹는 것이 권장되었지만 '88 올림픽' 이후 피자, 햄버거 등의 간편식이 밥을 대체하면서 밥의 자리는 더욱 좁아졌다. 이후의 급격한 도시화와 1인 가구의 증가는 밥을 먹기 힘든 환경이 조성되었고 밥을 덜 먹어야 한다는 강박까지 합세하면서 밥은 뒷전이 되었다.

건강을 위해 밥을 멀리하지만, 성인병은 늘고 있다. 성인병을 유발하는 밥의 영양학적인 문제점은 쌀밥만을 먹을 때 발생한다. 밥을 덜 먹어야 하는 것이 아니라 선인들이 먹었던 조, 수수, 콩, 율무, 보리 등의 주곡으로 지은 오곡백과로 지은 밥을 먹으면 되는 일이다. 여기에 반찬을 골고루 먹으면 밥은 영양학적으로 우수한 식사가 된다. 밥을 덜 먹는 일은 빈대 잡는다고 초가삼간을 불태운 것과 다름이 없는 일이다.

밥을 배불리 먹는 것이 소원이요, 밥을 배불리 먹기 위해 악착같이 일하던 시절도 이제는 까마득하다. 세종이 "백성은 나라의 근본이요, 밥은 백성의 하늘이라"라고 한 말도 더 이상 가슴을 뭉클하게 하지 않는다. 밥을 가끔 먹어도 살 수 있기 때문이다. 밥을 짓는 사람도 먹는 사람도 밥맛보다는 반찬에만 관심을 둔다. 밥맛은 점점 떨어져 간다. 선호도가 높은 쌀밥의 경우 우리보다 일본이 밥을 맛있게 잘 짓는다고 한다. 우리가 일제 강점기와 전란의 후유증으로 주식인 밥의 품질을 소홀히 하게 되면서 잘 지은 밥을 경험하지 못했기 때문이다.

밥은 젊은 세대의 생활방식과 역행하는 음식이 되었다. 우리 농업과 밥의 미래를 심각하게 걱정하는 지경에 이르렀다. 다행스럽게도 각계의 노력으로 토종쌀이 부활하고 새로운 쌀 품종이 개발되면서 밥에 관한 관심이 늘고 맛있는 밥을 먹고자 하는 수요층이 생겨났다. 프랑스가 빵의 종주국으로 세계의 빵 문화를 이끄는 것처럼 '우리의 밥'에서 '세계인의 밥'으로 세계 밥 문화의 중심에 서야 하는 시기다.

〈정조지〉 취류지류 밥 편의 16가지 밥과 절식지류 속의 밥 6가지를 복원하고 다른 고조리서 속의 밥, 기록에는 없지만 이어져 내려오는 밥과 〈정조지〉 속의 식재료와 조리법을 응용해서 만든 밥을 《조선셰프 서유구의 밥 이야기》에 실었다. 부록 편에는 간편하지만 현대인의 건강에 도움이 될 만한 약초와 꽃을 활용하여 색을 낸 밥과 현대의 밥, 우리와 같은 밥 문화권인 다른 나라의 밥을 실어 우리 밥의 미래에 보탬이 되도록 하였다.

익숙한 듯 낯선 〈정조지〉 속의 밥들이 현대에 이르러 그 가치를 발하고 시대를 관통하는 밥이 될 수 있음이 참으로 감동스럽다. 〈정조지〉 속의 김치, 포, 떡, 술, 식초, 과자 등을 복원할 때마다 서유구 선생의 《임원경제지(林園經濟志)》가 없었다면 우리는 많은 것을 상실한 채 살아갈 수밖에 없었을 것이라는 생각에 아찔해지곤 한다. 특히, 우리의 주식이자 우리 음식문화의 근간인 밥은 더욱 그렇다.

《조선셰프 서유구의 밥 이야기》가 잊혀졌던 우리의 밥을 떠올리게 하는 계기가 되어 우리가 만든 밥의 한계를 딛고 서는 데 다소나마 도움이 되기를 바란다. 아울러 〈정조지〉의 전통밥뿐만 아니라 다른 나라의 밥에 이르는 색다른 밥이 건강한 삶을 꾸리는 데 보탬이 되기를 바란다.

밥을 먹는 것은 자연과 사람에 대한 감사와 그리고 수고를 기억하는 숭고한 의식이다. 서유구 선생의 집안에서 하루 세 끼 밥을 먹을 때마다 읊었다는 〈식시삼결(食時三訣)〉을 소개하는 것으로 머리말을 마무리하고자 한다.

서유구 선생의 〈식시삼결(食時三訣)〉

매번 밥을 먹을 때마다 다른 반찬은 곁들이지 않고
먼저 밥만 세 술 뜨는데,

첫 술을 뜰 때는
"고르고 깨끗하구나, 내 밥과 내 죽이여! 수북수북하구나,
옥황상제가 내려주신 복록이여!"라고 염한다.

두 술을 뜰 때에는
"화전은 경작하기 어렵고, 수전*은 김매기 어렵다네!
농사란 게 어려운 일인데, 나는 밥을 먹는구나"라고 염한다.

세 술을 뜰 때에는
"달구나 달어, 농사지은 쌀이 다니, 달고 향기롭구나!"라고 염한 뒤에야
비로소 밥을 찬과 함께 먹었다.

-풍석 서유구,《풍석고협집(楓石鼓篋集)》,〈여붕래서(與朋來書)〉-

* 여기서 화전은 밭벼, 수전은 논벼를 말한다.

이어져 내려오는 밥

5장 〈정조지〉의 조리법과 식재료를 활용한 밥

약물밥과 색물밥

현대의 밥

다른 나라의 밥

벼와 농사

본격적으로 〈정조지〉 속의 밥과 우리가 먹었던 밥을 복원하기 전에 밥에 대해 알아보기로 한다. 밥과 농사,
인생살이와 밥, 밥에 담긴 이야기, 다른 나라의 밥, 지금은 많이 약해진 우리 전통밥 문화를 살리는 법
등과 지난 1년여 기간 밥을 복원하면서 느낀 점을 담아 보았다.

쌀의 역사

밥!

'밥'이란 단어가 인지될 때마다 여러 감정이 한꺼번에 들이닥치며 가슴이 뭉클해지는 것은 밥이 우리의 생명줄을 쥐고 있기 때문이다. 가정이나 나라를 꾸리는 데 식솔(食率)이나 백성이 끼니를 거르지 않도록 돌보고 밥을 공평하게 분배하는 일이 가장과 임금이 갖추어야 할 첫 번째 덕목이었다. 고된 노동의 대가도 끼니때 밥을 제공받는 것으로 갈음되었다. 노동은 생명을 위협하는 일을 동반하므로 밥을 얻는 일은 생명과 맞바꾸는 일이기도 하였다. 밥의 부재는 가족의 불행을 넘어 죽음으로 이어지므로 밥을 먹을 수만 있다면 더 이상 바라는 것이 없었다.

아래 소개하는 이야기는 1970년대까지도 흔한 일로 어려운 시절을 산 세대는 공감되는 이야기이지만 풍요의 시대를 살고 있는 세대에게는 낯선 이야기일 수도 있다.

어린 시절, 통근을 하는 탓에 귀가가 늦은 아버지를 위한 밥 한 그릇이 비단옷을 입고 이불을 두어 겹 덮은 채 따뜻한 아랫목에 꼭꼭 숨어 있었다. 이 밥은 특별히 '진지'라고 하였는데 '진지'라고 하지 않으면 엄마가 엄한 얼굴로 나무라곤 하였다. '진지'는 나와 한 이불을 덮고 있어서 내가 발을 요란하게 뻗다가 밥그릇을 발로 차면 진지그릇이 쓰러지면서 밥이 쏟아진다.

엄마는 윗목에서 쌀의 뉘를 고르거나 홑이불에 풀을 먹이는 일에 열중하여 진지가 엎어진 상황을 눈치채지 못하는 경우가 많았다. 신속하게 큰 밥 덩어리는 밥그릇에 담고 도꼬마리처럼 이불에 달라붙은 밥알은 흥부처럼 일일이 손으로 떼어 먹었다. 아랫목의 현장은 어설프게 수습되지만 구수하고 달큰한 밥 냄새는 잘 사라지지 않는다. 진한 밥 냄새가 윗목에 있는 엄마의 코까지 전달될까 불안하여 이불을 덮고 자는 시늉을 하기도 하였다.

가끔은 아버지를 기다리는 것이 지루하면 아버지의 밥뚜껑을 몰래 열어서 구수한 밥 냄새를 음미하고는 밥알을 몇 알 꺼내서 씹어 먹곤 하였다. 흰 밥알이 씹히면서 살살 녹아 나오는 단물이 목걸이를 만들며 먹어 보았던 감꽃만큼이나 달콤했다. 아버지가 늦은 저녁을 드실 때면 아버지의 진지상에

붙어 앉았다. 아버지는 당신의 밥을 주발 뚜껑에 듬뿍 덜어서 주었는데 진지는 내 밥보다 더 맛이 있었다. 이른 저녁을 먹은 탓에 배가 촐촐해진 탓도 있지만 아마도 밥이 솜이불을 덮고 한잠을 자고 나서 그런 것 같다.

어느 겨울 저녁, 들창을 두드리는 소리가 들린다. 바람인가? 이부자리를 펴던 엄마가 창문을 열어본다. 바람소리에 아이들이 저녁을 못 먹었는데 남은 밥이 있냐는 애절한 목소리가 섞여 있다. 엄마는 아랫목에 묻어 두었던 아버지 진지를 다른 그릇에 담아 주었지만 그 집 아이들의 숫자를 아는 나는 안타깝고 슬픈 마음을 안고 잠이 들었다. 아버지가 그날 무엇으로 저녁 진지를 드셨는지는 모른다.

잃어버린 가족을 찾아주는 아침 프로그램이 있었다. 어린 시절의 희미한 기억을 더듬거나 상처로 조각난 기억의 파편을 맞춰 가면서 부모형제를 찾는 과정은 어떤 영화나 시보다도 감동스러웠다. 40년 아니 50년 만에 만난 초로의 딸은 주름이 밭고랑처럼 파진 엄마를 얼싸안고 울다가 묻는다.

"엄마 왜 나를 보냈어? 나 엄마가 보낸 집에서 얼마나 고생하고 살았는지 알아?"

딸은 엄마를 찾은 반가움은 잠깐 원망이 가득 담긴 목소리로 엄마에게 따지듯 묻는다.

"안 보내면 굶어 죽게 생겼으니까 밥이라도 먹으라고 보냈다. 미안하다 미안해~ 죽을 수는 없잖냐."

딸은 수십 년을 혼자서 되묻고 되물었을 질문에 대한 답이 밥이라는 것에 허탈해서 울부짖는다. "내가 조금만 먹으라고 했으면 조금만 먹었을텐데… 굶으라고 하면 굶고…"

엄마가 자신을 버린 이유가 '밥'이라는 것이 딸은 더욱 서럽기만 하다. 엄마는 딸을 보내고 얼마나 많은 시간을 죄책감에 시달리고 피눈물을 쏟았는지를 애써 말하지 않는다.

"그래 밥이 웬수여 밥이…"

엄마는 혼잣말로 변명 아닌 변명을 한다.

밥은 우리를 웃게도 하고 울리기도 할 뿐 아니라 가족 간의 생이별도 시키며 우리의 운명을 쥐락펴락한다.

벼와 쌀

　우리의 주식이자 삶의 전부였던 쌀을 내주는 벼는 어디서 시작되었
을까? 밥에 대해 알아보기 전에 벼가 언제 우리에게 왔는지 알아보기로 한다.
　벼의 기원에 대해서도 많은 논란과 가설이 있다. 우리나라 재배 벼의
기원은 중국이지만 그 경로가 대륙을 거쳐 전해 내려왔다는 북방설과 아삼
(Assam, India)·운남(雲南) 기원설, 태국 중심의 동남아 기원설 등 다양한 가설
이 있다. 품종별로는 자포니카(Japonica)는 중국에서, 인디카(Indica)는 인도
에서 기원했다는 다중 기원설과 자포니카와 인디카는 같은 쌀에서 기원했다
는 단일 기원설이 있다. 이 논란을 종료할 만한 연구가 뉴욕대와 워싱턴대 등
의 생물학과 유전학 연구팀에 의해 나왔다. 연구팀은 쌀의 유전체 정보를 분
석하여 자포니카와 인디카가 유전적으로 가까운 관계를 맺고 있음을 확인하
고 두 품종이 같은 종에 기원을 두고 있다는 결론을 내렸다. 또한 분자시계

자포니카쌀

인디카쌀

를 분석하여 쌀의 기원은 약 8천 200년 전이고, 자포니카와 인디카는 약 3천 900년 전에 분화한 것으로 확인했다. 이미 양쯔강 유역에서 8~9천 년 전에 벼를 재배한 증거가 있으므로 현재 우리가 먹는 쌀의 기원지는 중국이라는 결론이 났다. 이 연구로 그동안 우리 벼농사의 기원이 아삼·운남 지방에서 기원하여 대륙을 거쳐 전래하였다는 북방설은 의미를 잃게 되었다.

'벼'의 어원으로는 두 가지 설이 있다. 하나는 인도의 가을 벼인 '브리히(Vrihi)'라는 산스크리트어가 만주 지방의 여진어인 백미를 뜻하는 '베레'를 거쳐 우리나라에 들어와서 '벼'로 정착되었다는 설과 다른 하나는 쌀이 주식인 인도네시아에서 '벼'를 '바디(Badi)' 또는 '파디(Padi)', '빈히(Binhi)'라고 하는데 근거한다는 것이다. 이는 영어의 '패디(Paddy, 벼를 심는 논)'의 유래로는 설득력이 있지만 '벼'의 어원으로는 거리감이 느껴져 전자의 어원이 더 인정받고는 있지만 벼의 어원에 대한 정설은 없으므로 참고만 하면 될 것 같다.

벼는 북위 53도[1], 남위 35도[2]까지 생육이 가능하여 세계 100여 개국에서 재배가 가능하다. 벼는 물을 댄 논에서 재배되는 논벼[水稻, Paddy rice]와 물을 대지 않은 밭에서 재배되어 가뭄에 강한 밭벼[陸稻, Upland rice]로 나뉜다. 논벼는 생육 시기에 따라 조생종, 중생종, 만생종이, 수심에 따라 우리처럼 50cm 이하의 깊지 않은 물에서 재배되는 벼와 깊은 물에서 재배되는 심수도(深水稻), 1~6m에 이르는 큰 강 하구에서 자라는 부도(浮稻, Floating rice)가 있다. 극단적으로 다른 조건에서도 벼가 살아갈 수 있으므로 생각보다 많은 나라에서 벼의 재배가 가능하다. 세계에서 생산되는 벼의 90%는 논벼이며 우리는 1% 정도가 밭벼이다. 밭벼보다 논벼가 찰기가 있고 단맛이 강하다.

벼의 품종에는 20여 가지가 있는데 대부분 야생벼(Wild rice)다. 벼는 원래 야생 상태의 여러해살이풀이었으나 사람이 씨를 뿌려 재배하면서 야생벼와 재배벼로 구분하게 되었다. 야생벼 20가지 품종 중 사람이 재배한 벼는 히말라야산맥 남방의 산록에서 발생한 아시아 종[Oryza sativa L.]과 아프리카의 니제르(Niger)강 상류 델타(Delta)지대에서 발생한 아프리카 종[Oryza glaberrima] 두 가지가 있다.

이 중 아프리카 종은 서아프리카의 기니만 연안과 니제르강 유역, 차드호 부근에서만 재배되고 널리 퍼지지 못했다. 현재 우리가 식용하는 아시아 종은 중국과 인도, 동남아시아 지역에서 식용되다가 세계 여러 나라로 전파되며 유전적 변이를 거쳤다. 야생벼는 붉은색을 지니고 있는데 우리가 재배하는 재배벼를 수확하지 않고 그대로 두면 벼가 붉은색을 내는데 재배벼에 야생벼의 기질이 남아 있기 때문이다.

아시아 종은 우리와 일본, 중국에서 먹는 짧고 통통한 찰진 자포니카(Japonica)와 중국 남부와 동남아, 서남아시아에서 먹는 길고 찰기가 없는 인디카(Indica)로 나뉜다. 인디카종이 세계 쌀 소비량의 90%를 차지하여 세계인에게는 우리가 먹는 자포니카가 더 낯설다. 자포니카는 밥을 전용 그릇에 담아 밥 자체를 즐기는 식사에 적합하다. 다른 나라의 자포니카 품종으로는 일본의 고시히카리(Koshihikari)와 히토메보레(Hitomebore)가 있고 이탈리아에는 리소토(risotto)용으로 쓰이는 아르보리오(Arborio)와 카르나롤리(Carnaroli), 파에야(paella)를 만드는 스페인의 봄바(Bomba)와 미국의 칼로스(Calrose), 중국의 헤이룽강 일대에서 생산되는 우창미[五常米, 오상미][3]가 있다. 인디카 품종은 풀풀 날릴 정도로 찰기가 없기 때문에 부재료를 넣어 볶거나 쪄서 접시에 담아 카레나 삼발소스 등과 곁들여 먹는 요리에 좋다. 고소한 향기와 맛을 지닌 향미쌀로 남아시아의 바스마티와 동남아시아의 재스민 쌀이 있는데 캄보디아의 재스민 쌀은 인디카 쌀 중 고급 쌀로 손꼽힌다.

1 북위 53도를 지나는 나라는 아일랜드, 캐나다의 퀘벡주, 온타리오주, 미국의 알래스카만, 러시아의 사할린, 중국의 내몽골, 헤이룽장성 등이 있다.

2 남위 35도를 지나는 나라는 남아프리카공화국, 오스트레일리아의 사우스오스트레일리아주, 뉴질랜드의 북섬, 칠레의 오이긴스주, 아르헨티나의 코르도바주와 라팜파주의 경계선, 우루과이의 몬테비데오 남쪽 라플라타강 등이다.

3 우창미는 미국 프레리, 우크라이나 체르노좀, 아르헨티나 팜파스와 함께 세계 4대 옥토인 중국의 동북 평원에서 재배된 쌀이다. 백두산에서 발원하여 동북 평원을 관통하는 송화강이 수질이 좋은 물을 공급하고 일교차가 큰 것과 무공해로 재배하는 것도 쌀의 품질에 한몫하고 있다. 우창미는 밥 향기가 좋고 맛이 구수하여 반찬이 없이 밥만 먹어도 맛이 있다고 한다. 근래에는 껍질이 얇아 수확량이 많은 우창미 품종도 개발되었다.

농사의 시작

농사의 시작은 한반도에 사람이 살기 시작한 70만 년 전부터이므로 우리가 식재료를 탐구한 시간은 참으로 긴 세월 동안이었다. 구석기 시대는 추위와 맹수를 피해 동굴에 살며 뗀석기로 수렵과 어로 채집을 통해서 식량을 얻었다. 이들은 정착 생활을 하지 않고 채집할 거리가 풍부한 곳을 찾아다니며 생활하였다. 새로운 지역에서 매번 새로운 먹거리를 경험하는 구석기인들은 시행착오 끝에 자신들에게 좀 더 맞는 곡물을 알아가게 된다. 아울러 그 곡물이 자라는 지역도 기억하게 된다.

신석기인들은 곡물이 잘 자라는 땅에 움집을 짓고 정착 생활을 하면서 석재, 뼈, 뿔, 이빨로 만든 농기구로 밭농사를 짓기 시작하였지만 수렵과 채집도 계속하였다. 빗살무늬 토기에 자신들이 재배한 조, 수수 등의 곡물을 담아 죽을 끓이고, 움집 안에 설치한 불로 고기나 생선을 구워 먹었다. 화식(火食)을 하면서 식재료가 가진 독과 기생충이 제거되어 신석기인의 수명은 늘어나게 되었다.

신석기인이 정착한 지역의 토질과 기후에 따라 자라는 곡물이 달랐다. 춥고 거친 땅에서는 밀이나 호밀이 자라고, 기온이 따뜻하고 강우량이 풍부한 동아시아권에서는 벼가 잘 자라므로 북쪽은 빵이, 남쪽에서는 쌀이 주식이 되는 시작이었다.

청동기 시대는 청동기로 만든 농기구와 함께 곡식의 이삭을 자르는 반달형돌칼 같은 석기로 본격적인 밭농사와 효율이 높은 벼농사가 병행되어 안정적으로 쌀, 보리, 밀, 기장, 조, 수수 등 10여 가지 이상의 곡식이 생산되었다. 청동기인들은 하늘에 제사를 지내고 농사를 잘 짓기 위해 천문을 관측하며 태양의 움직임을 기준으로 절기를 나누었다.

철기 시대를 소화한 고구려, 백제, 신라의 삼국 시대는 청동보다 더 단단한 철제 농기구의 사용으로 농경 문화가 정착되었다. 백제의 11대 비류왕(比流王) 27년(330)에 논농사가 적합한 백제는 물을 가두어 두었다가 농사철에 논으로 물을 흘려 보내는 우리나라 최대의 저수지인 벽골제(碧骨堤)를 김제에 축조하였다. 《삼국사기(三國史記)》에는 '시개벽골지안장일천팔백보(始開碧骨池

岸長一千八百步)'라고 씌여 있는데, 제방의 길이가 1,800여 보에 달하여 벼농사가 활발하였다는 것을 알 수 있다. 삼국 시대 후기에는 소를 이용하여 철제 쟁기로 논밭갈이를 하면서 경작지가 크게 늘어났다.

고려 시대는 전 국토가 하나로 통일 국가로 출범하면서 전 시기에 없었던 농작물이 길러지며 토착화되기 시작하였다. 농업의 소출도 전 시기에 비해 늘어나고 메벼와 함께 맛이 좋은 찰벼를 재배하기 시작하였다. 조선 시대 강희맹(姜希孟, 1424~1483)이 쓴 농서《금양잡록(衿陽雜錄)》에 보이는 여러 벼의 품종은 이미 고려 때부터 지어 오던 것이다. 벼와 더불어 다양한 품종의 기장과 조를 재배하였다.《계림유사(鷄林類事)》에는 고려는 오곡을 다 재배하는데 그중 기장을 가장 많이 심는다고 하였고《고려도경(高麗圖經)》에도 누런 기장, 검은 기장이 나온다.

고려 전기의 권농 정책의 실시로 농업기술이 향상되어 소를 이용한 깊이갈이가 행해졌고, 밭농사는 2년 3작의 윤작법이 보급되었다. 한편, 시비법(施肥法)이 발달하면서 휴경지가 줄어 경작할 수 있는 토지가 늘었다. 수리 시설의 확충을 위하여 인종 24년(1146) 벽골제와 수산제가 개축되었으며, 소규모의 저수지도 확충되었다.

고려 말에는 논농사에 직파법(直播法)[1] 대신에 이앙법(移秧法)[2]이 남부 지방 일부에 보급되었다. 12세기 이후에는 연해안의 저습지와 간척지도 개간되어 경작지가 확대되어 갔다. 특히, 강화도 피난 시기 이후에는 강화도 지방을 중심으로 한 간척 사업이 추진되었다.

고려 후기에는 이암(李嵒, 1297~1364)이 원나라의 농서인《농상집요(農桑輯要)》를 수입하여 소개하였으나, 고려 시대의 독자적인 농사법은 전해져 내려오는 농서(農書)가 없어 자세한 내용을 알 수 없다.

조선 시대에 들어서는 논벼를 중심으로 밭벼도 일부 재배되었다. 논

---

1 직파법은 씨앗을 못자리에서 키우지 않고 직접 농지에 파종하여 재배하는 농법을 말한다.
2 이앙법은 벼농사에서 못자리에서 모를 어느 정도 키운 다음 그 모를 본논으로 옮겨 심는 재배 방법을 말한다. 윤작법(輪作法)은 돌려짓기라고도 하는데, 같은 땅을 일정하게 나누어 종류가 다른 작물을 심거나 쉬게 하는 방법으로 농업의 생산성을 높이기 위한 방법이다.

은 15세기까지 벼만 재배하다가 16세기에 들어 논에 보리를 키운 뒤 벼를 재
배하는 이모작이 늘어나고 보리와 벼의 경합으로 수리 시설이 잘 되어 있는
곳에서는 이앙 재배가 권장되었으나 수리불안전답(水利不安全畓)이 많았던 조
선 시대에는 직파법이 우선시되었다.

　　일제 강점기의 벼농사는 일본의 식민정책에 따라 쌀의 증산과 억제
그리고 적극 증산으로 바꿔갔다. 함경도 흥남에 설치된 질소비료 공장이 세워
져 쌀이 증산되었다. 일제 강점기 말기에는 쌀의 증산을 적극 독려하여 생산
된 쌀은 군량미로 강제 공출되었고, 굶주린 우리는 만주에서 콩기름을 짜고
남은 대두박으로 연명해야 했다. 광복 후 쌀 재배는 남한의 주요 기간산업이
었으나 늘어나는 인구를 감당하지 못하여 새로운 재배 기술이 도입되어 볍씨
를 키울 때 기름을 먹인 한지를 덮어 못자리의 모가 잘 자라도록 보온하여 냉
해 피해를 막았고, 지금은 비닐을 사용하는 식으로 이어지고 있다.

　　1970년에는 '통일벼'를 개발하여 쌀 수확량을 늘림으로써, 식량 부족
을 어느 정도 해결하였다. 지금은 쌀농사에 종사하는 인구가 줄고 노령화되고
있지만, 벼농사는 여전히 우리의 오래된 미래로 영원할 것이다.

벽골제

벽골제 비문

조선총독부에서 발행한 우편엽서(국립민속박물관)
사진 상단에는 '米(群山港)', 'Exporting Rice from Kunsan'이라는 설명이 있고, 하단에는 쌀이 조선의 중요한 물산으로 1년에 약 1500만 석이 생산되어 그 중 상당량이 군산항을 통해 수출된다는 내용이 일한문 혼용으로 인쇄되어 있다.

호남평야에서 수탈한 쌀들이 쌓여 있는 군산항(1920년대)(출처: 국사편찬위원회)

※　　**통일벼**

통일벼는 자포니카와 다수확 품종인 인디카를 교배한 쌀이다. 일본도 인디카와 자포니카의 교배를 시도하였으나 실패하였다. '녹색 혁명(綠色革命, green revolution)의 아버지'인 노만 볼로그(Norman Borlaug)의 성과를 기반으로 만들어져 필린핀에 본부를 둔 국제쌀연구소(International Rice Research Institute)에 파견나간 허문회 교수와 연구팀이 개발하였다. 이 연구소의 667번 째 개발 품종이므로 IR667이라고 명명되었다. 1970년 '통일벼'라는 이름이 붙은 뒤 2년간의 시험 재배를 거쳐 1972년 전국에 보급되었고 1973년부터는 급속도로 재배 면적을 늘렸다.

정부는 '통일벼'의 보급을 위해 시장가보다 높은 가격에 쌀을 수매하여 '정부미'라고도 한다. 이로 인해 쌀 수확량이 늘어 1976년에 쌀의 자급을 이루며 쌀 수요 억제 정책이 폐지되거나 완화되었다. 다음 해 12월 쌀막걸리는 제조가 금지된 지 14년 만에 허가되었는데 이는 그 해의 10대 뉴스에 선정될 만큼 큰 사건이었다.

통일벼는 키가 작으나 광합성 효율이 좋아 수확량이 많은 장점이 있지만 재래 품종에 비해 내한성(耐寒性, cold resistance)이 약하여 보온 못자리와 충분한 양의 비료와 물이 필요했다. 또한 생육 기간이 길어서 밀과 보리의 이모작이 불가능하였다. 볏짚이 짧고 맥살이 없어서 가마니나 새끼줄을 꼴 수가 없었다. 무엇보다 인디카의 특성이 있어 밥맛이 푸석푸석하고 단맛이 적어 가정에서는 여전히 일반미로 밥을 지었다. 연구자들은 이런 통일벼의 단점을 극복하기 위해 밥맛을 개선한 '유신', '밀양' 등의 쌀을 개발하였다. 통일벼의 개발은 밥맛을 떠나 미곡 증산에 기여하였고 우리 쌀의 품종을 개발할 수 있는 초석이 되었다는 점에서 그 의미가 매우 크다.

벼농사의 흔적과 기록

우리의 벼농사에 관한 최초의 기록은 《삼국지》 〈위지(魏志)〉 변진조(弁辰條)에서 "변진국들은 오곡과 벼 재배에 알맞다(宜種五穀及稻)."로 시작된다.[1] 《삼국사기》 권 23 〈백제본기〉에 "다루왕 6년(33) 2월 영을 내려 나라의 남쪽 주군(州郡)에 벼농사를 시작하게 하였다(多婁王六年二月下令 國南州郡 始作稻田)."와 〈신라본기〉에 "남해왕 15년(18) 7월 멸구[蝗]의 피해로 백성들이 굶주려 창고를 열어 구제하였다(七月蝗民飢發倉廩救之)."는 기록과 〈고구려본기〉에 "태조왕 3년(55) 가을 8월, 나라의 남쪽에서 멸구가 곡식을 해쳤다(秋八月國南蝗害穀)."는 기록들이 있다. 멸구는 벼에만 서식하므로 벼멸구라고 불렀는데 벼농사에 큰 피해를 준다. 이 기록은 벼가 백성들의 삶에 큰 영향을 끼칠 정도로 벼에 의존하여 살았다는 증거이자 벼가 적어도 1세기 이전부터 보편화되었다는 것을 짐작하게 한다.

1920년, 일본 고고학자들에 의해 발굴된 김해 패총에서 기원후 1세기경의 탄화미가 출토되었다. 이 발견은, 우리 벼농사가 일본보다 500년 늦게 시작되었다는 식민사관적 해석에 이용되었다. 그러나 1976년 4월, 여주 흔암리 유적 화덕자리에서 임효재 교수가 부유법(浮遊法, Water flotation technique)을 활용해 기원전 10세기경의 탄화미를 발견했다. 이로써 벼농사가 중국 남부에서 시작되어 일본열도를 거쳐 한반도에 전파되었다는 주장은 뒤집어지게 되었다. 따라서 우리의 벼농사는 기원전 10세기경 즉, 청동기 시대부터 시작되었

1　변진국은 변한을 말하나, 변진국들이라고 한 것으로 보아 변한을 비롯한 마한과 진한을 말하는 것으로 추정할 수 있다.

다고 추정된다. 이후 한반도에서 신석기 시대 후기부터 쌀농사가 시작되었다는 주장이 제기되었으나, 고고학적으로 증거가 불충분하여 인정받지 못하다가, 1991년 고양의 가화지마을에서 신석기 시대 볍씨 12톨과 청동기 시대 볍씨 수백 톨이 출토되어 미국 베타연구소에서 토탄층(土炭層)[2]을 측정한 결과 가와지 볍씨는 한반도 최초의 재배 볍씨로 연대가 5020년 전으로 판명되었다. 따라서 우리 한반도에서 벼가 재배되기 시작한 시기도 신석기 시대 후기로 당겨지게 되었다.

1998년 충북 청원군 옥산면 소로리 구석기 시대 토탄층에서 무려 1만 3천~1만 5천 년 전의 볍씨가 출토되어 벼의 기원과 전래 경로에 대해 새로운 관심을 불러일으켰으나 소로리 볍씨의 DNA를 분석한 결과 우리가 먹는 벼와는 유전적으로 많은 차이를 보이는 야생벼와 재배벼의 중간인 순화벼에 속하는 것으로 확인되었다.

2 토탄층(土炭層)은 부패와 분해가 완전히 되지 않은 식물의 유해가 진흙과 함께 늪이나 못의 물 밑에 퇴적한 지층을 말한다.

갈판과 갈돌(신석기 시대)

곡식을 담는 도구(신석기 시대)

벼의 일생

벼는 벼목 볏과의 한해살이 작물로 환경과 농법에 따라 다르지만 대략 생장 기간이 120~150일 정도다. 벼의 일생은 사람의 일생을 축약한 것과 같은데 작은 볍씨 하나가 '모'가 되고 물, 바람, 햇빛을 만나 벼가 되는 과정이 그렇다.

벼의 생장 기간은 크게 영양 생장기와 생식 생장기로 나뉜다. 영양 생장기는 다시 묘대기(苗垈期)와 착근기(着根期), 분얼기(分蘖期), 신장기(伸長期)로 나눈다.

벼 재배를 위해서 가장 먼저 하는 일은 볍씨가 싹을 틔울 못자리를 만드는 일이다. 못자리는 사람과 비교하면 어머니의 자궁과 같은 곳으로 가장 좋은 논자리나 모판에 만들기도 한다. 물에 담가 둔 볍씨에서 싹이 움트면 못자리에 뿌린다. 못자리는 어린 벼가 춥지 않도록 비닐집을 만들어 준다. 볍씨는 못자리에서 35~45일 정도를 지내며 모종에 푸른빛이 돌고 한 뼘쯤 자라면 논으로 갈 준비를 하는데 여기까지가 묘대기다. 볍씨를 직파하는 경우에는 묘대기가 없다.

논에 물을 대고 벼가 쉽게 뿌리를 내리도록 논갈이를 하여 어린 모가 살 곳을 만들어 준다. 이는 어머니가 태어날 아이의 배내옷과 이부자리를 준비하는 것과 같다. 모내기를 통해 벼 모종은 논으로 옮겨지는데 이 시기는 아이가 태어난 것과 같다. 모는 일정한 간격을 두고 나란히 심어 햇볕이 잘 들고 바람이 잘 통하도록 한다. 모가 논에 새 뿌리를 내리는 착근기는 아이가 자라서 스스로 밥을 먹고 유치원에 가는 유년기(幼年期)다.

뿌리가 땅에서 영양분을 흡수하고 성장을 하며 벼의 줄기 수를 늘이며 성장하는 이 시기를 분얼기라고 하는데 이 기간은 약 한 달 반 정도로 사람으로 치면 소년기(少年期)에 해당한다.

영양 생장기의 마지막 단계는 벼가 성숙하여 줄기 끝에서 이삭이 생기는 직전까지의 단계를 말하는데 한 달 정도가 걸리는 신장기로 청소년기(靑少年期)에 해당한다. 벼알을 맺은 이삭은 줄기를 싼 잎을 가르고 나오는데 이삭은 벼의 꽃이다.

생식 생장기는 출수기(出穗期)와 개화기(開花期), 결실기(結實期)로 구분한다. 벼는 출수와 동시에 개화가 시작되기 때문에 출수기와 개화기는 같은 시기다. 출수의 '수'는 '이삭 수(穗)'로 출수는 벼에서 이삭이 나왔다는 뜻이다. 벼의 출수는 이삭이 줄기를 싸고 있던 잎을 가르고 한꺼번에 쏟아져 나오면서 시작되고 이삭이 나오면 바로 꽃이 피는 개화기를 맞이한다. 벼 포기 하나에 15~20개 정도의 이삭이 나오는데 한 줄기 이삭에는 100~200여 개의 벼꽃이 3~5일에 걸쳐서 핀다. 벼꽃을 영화(穎花)라고 하는데 1개의 암술과 6개의 수술이 달려 있다. 벼꽃은 곤충들의 힘을 빌리지 않고 스스로 자가수분을 하는데 위쪽으로 향한 수술이 아래로 고개를 숙이는 순간, 이삭의 껍질이 벌어지고 꽃가루가 암술머리에 쏟아지며 수분이 된다. 수정이 끝나면 벼 이삭은 닫히고 그 안에서 한 톨의 쌀이 영글어 간다. 벼꽃이 수정을 완료하는 데 드는 시간은 약 2시간으로 이 시간을 놓치면 열매를 맺지 못한다. 벼는 자가수분을 하기 때문에 비가 와도 수분이 일어난다. 이 출수기와 개화기를 사람의 청년기(靑年期)에 비교할 수 있다.

수정이 되면 이삭 안에서 볍씨가 무럭무럭 자라서 결실기로 접어 든다. 결실기에는 벼가 성장을 멈추고 볍씨가 여무는 데 전력을 다한다. 이 시기는 대략 한 달 반 정도로 사람에 비교하면 원숙미를 갖게 되는 장년기(壯年期)에 해당한다. 벼는 무거워진 이삭의 무게를 이기지 못하고 고개를 숙이고 여름내 노심초사하며 벼를 키워냈던 농부들은 흐뭇한 마음으로 황금물결을 이룬 논을 바라본다. 쾌청한 날을 골라 가을걷이를 하게 되고 논을 떠난 '벼'는 '쌀'이라는 새로운 여정을 시작한다.

쌀의 어원과 의미

쌀은 벼라는 풀의 열매인 나락의 겉껍질과 속껍질을 제거하여 먹기 좋게 만든 것이지만 예전에는 밥을 지어 먹을 수 있는 모든 곡물의 알갱이를 의미하였다. 쌀은 벼에 달려 있는 껍질이 있는 상태의 열매인 나락의 겉껍질인 왕겨를 1차적으로 제거하여 현미를 만들고 다시 속껍질인 등겨를 깎아 내는 과정을 거쳐서 나온다. 쌀은 밀, 옥수수와 함께 세계 3대 곡물 중의 하나로 옥수수는 대부분 사료로 쓰이지만 쌀은 오직 사람만을 위한 곡물이라는 점에서 가치가 다르다.

쌀의 어원에 대해서는 여러 가지 설이 있다. 즉 '씨'와 '알'이 합한 '씨알'에서 온 말이라는 설과 인도의 겨울벼인 '사리(舍利)'가 어원으로 불교의 영향을 받아 사리(舍利)가 되고 중국에서 보살(菩薩, bu sat)이 되었고 우리나라로 넘어와서 'ㅂ' 자 발음을 축약시킨 '살' 로 발음되다가 다시 '쌀' 로 변했다는 음차설이다.

중국 북송 때의 손목(孫穆)이 1103년(숙종 8), 고려에 다녀간 뒤 쓴 《계림유사(鷄林類事)》에는 쌀을 보살, "백미를 '한보살'이라 한다(白米曰漢菩薩)"고 하였다. 손목은 고려인들의 발음 '핸(흰)보살'을 '漢菩薩(한보살)'로 표기했을 것으로 추측된다. 손목은 '粟(속, 조·좁쌀)'을 고려인들이 '田菩薩(뎐보살)'이라 칭한다는 기록도 남겼다. 당시에는 쌀은 밥을 짓는 곡물을 통칭하였으므로 백미가 '한보살'이면 쌀은 보살이고 북쪽 지방에서 쌀밥을 대신하던 조를 밭에서 나는 쌀이라 하여 '뎐보살'이라고 한 것이다. 田(전)의 옛 음은 '뎐'이다. 따라서 '보살'은 밥을 지을 수 있던 곡물의 총칭이었다는 것을 알 수 있다.

경북 지역의 방언에서는 '보리쌀'은 '보쌀'이고 경남에서는 '보살'이라고 하여 쌀을 '살'이라고 한다. 1970년 초등학교 1학년인지 확실하지 않지만 국어 교과서에 쥐가 곳간에서 쌀을 훔쳐간다는 내용을 경상도에서 전학 온 친구가 계속 '살'이라고 읽어서 교실이 웃음바다가 되었고 친구의 별명은 졸업할 때까지 '살'이었다. 지금 생각해 보면 그 친구가 쌀을 '살'이라고 하는 언어 환경에서 자라서 쌀 발음이 힘들었던 것 같다.

경주를 중심으로 한 경상도 지역에서는 햅쌀을 넣어 안방이나 대청 시렁에 모셔 놓는 단지를 세존단지라고 칭하며 섬기는 불교적 색채를 담은 민간 신앙이 있다.

쌀의 어원설은 나뉘고 의문은 남지만 쌀이 부처의 몸과 동일시되는 신식(神食, theophagy)이라는 것은 분명하다.

밥의 역사

우리가 지금과 같은 방식의 밥을 먹기 시작한 것은 불과 2천 년 전으로 1만 년이 넘는 농업의 역사에 비해서 짧다. 곡물을 빻아 가루를 내기는 쉽지만, 곡물의 낱알을 살리는 도정 기술이 어렵기 때문이다. 낱알 곡식을 얻은 뒤에도 수분량에 따라 죽이 되기도 하고 밥이 되기도 하므로 초기의 밥 짓기는 불과 물 조절 방식을 터득하지 못하여 토기 그릇에 곡물을 담아 물과 함께 가열하는 방식이었을 것이다. 그 결과물은 통곡으로 쑨 죽 정도였을 것으로 짐작된다. 당시의 토기는 단단하지 않아 열에 풀어진 흙이 밥과 섞이는 등 밥의 품질은 낮았을 것이다. 시루가 발명되어 떡을 찌는 방식으로 밥을 지으면서 제대로 된 밥을 얻게 되었다. 시루에 밥이나 떡을 찌기 위해서는 단단한 시루 솥이 있어야 하므로 시루에 찌는 밥도 솥의 탄생 이후에 보편화되었을 것으로 추측된다.

《삼국사기(三國史記)》 권14 〈고구려본기(高句麗本紀)〉 대무신왕(大武神王) 4년(21)에 다리가 세 개 달린 솥을 뜻하는 '정(鼎)'과 밥을 짓는다는 뜻의 '취(炊)'라는 두 글자가 보인다.[1] 대무신왕이 부여를 공격할 때 3가지 권력의 상

---

[1] 四年, 冬十二月, 王出師伐扶餘, 次沸流水上.
　　望見水涯, 若有女人舁鼎游戲. 就見之, 只有鼎. 使之炊, 不待火自熱, 因得作食, 飽一軍. 忽有一壯夫曰, "是鼎吾家物也. 我妹失之, 王今得之, 請負以從." 遂賜姓負鼎氏. 抵利勿林宿, 夜聞金聲. 向明使人尋之, 得金璽兵·物等. 曰, "天賜也." 拜受之.
　　上道有一人, 身長九尺許, 面白而目有光. 拜王曰, "臣是北溟人怪由. 竊聞大王北伐扶餘, 臣請從行, 取扶餘王頭." 王悅許之.
　　又有人曰, "臣赤谷人麻盧. 請以長矛爲導." 王又許之.

안악3호분 벽화

징인 정과 금옥새와 병기를 얻고 세 사람을 얻었다는 내용에 나온다. '취(炊)'
자는 지을 취로 단순히 물을 넣고 삶는 '자(煮)'나 쪄내는 '증(蒸)'과는 구분이
된다. 이로 미루어 보면 1세기경 솥을 사용하여 취반법(炊飯法)으로 밥을 지었
을 가능성도 있다.

4세기경 고구려 안악3호분(영화 13년, 357년) 벽화의 시루에 찌는 음식
을 떡이나 밥으로 보아 솥에 밥을 짓는 역사가 300여 년 후대로 밀린다. 가마
솥 밥이 맛은 있지만 번거롭고 시루에 찌는 방식이 좀 더 쉽다. 많은 양의 밥을
지을 때 시루에 지은 밥이 맛은 좀 떨어지지만, 실패율이 낮아 유리하다. 따라
서 시루와 가마솥 밥 짓기가 순차적으로 진행되었다기보다는 상황에 따라 병
용되었을 것으로 생각된다.

안악3호분 벽화의 시루 안에서 익고 있는 밥이 어떤 밥인지를 서유
구 선생의 "밥을 풍속에 따라 먹는다"라는 말에 근거하여 추론해 볼 수 있다.
안악의 지리적인 요인과 벽화에 그려진 풍경을 살펴보면, 안악이 북쪽이기는
하지만 안악에 펼쳐진 재령평야에서 고품질의 쌀이 생산된다. 또한 안악고분
의 주인이 상당한 권력자였던 것과 당시의 도정 기술을 감안하면 약간은 누
런빛이 도는 쌀밥이 시루 안에서 지어지고 있었을 것이다. 이 외에도 안악 3호
분의 동측 측실에 디딜방아 찧는 여인과 키질하는 여인의 모습이 묘사되어 있

다. 4세기 중엽 이전부터 디딜방아를 사용하여 쌀의 껍질을 벗기는 도정을 하였음을 알 수 있다. 구리시 아차산의 고구려 유적지에서도 6세기 전반에 군량미를 조달하는 데 쓰였을 것으로 추정되는 디딜방아가 발굴되었는데 안악고분의 디딜방아와 형태가 같다.

신라 고분에서 다리가 달린 가마솥이 출토되고 신라 후기인 7세기 중엽에는 일반 백성도 청동 솥을 사용하였다는 기록이 《삼국사기(三國史記)》에 있다. 이로 미루어 삼국시대 후기 이후에는 누구나 제대로 지은 밥을 먹었음을 짐작할 수 있다.

우리 밥의 역사는 민족의 역사와 맥을 같이 하여 왔다. 태평성대에는 백성이 굶주림으로 인한 고통을 덜 겪게 되어 사회가 안정된다. 자연재해와 전란을 맞아 농사를 망쳤을 때 군주는 구휼미를 풀거나 여유가 있는 지역의 곡식을 배분하였다. 군주도 죽을 먹거나 거친 반찬을 먹음으로써 백성들과 고통을 나누며 민심을 달랬다. 반대로 가렴주구(苛斂誅求)가 도를 넘고, 흉년임에도 백성을 구휼할 대책이 나오지 않으면 민란이나 봉기가 일어나 나라가 존폐의 위기를 겪게 된다. 서유구 선생이 〈본리지(本利志)〉를 시작으로 〈관휴지(灌畦志)〉, 〈예원지(藝畹志)〉, 〈전어지(佃漁志)〉, 〈정조지〉, 〈보양지(葆養志)〉를 쓴 것도 결국은 배고픔의 역사를 멈추고 되풀이하지 말자는 외침을 책에 담은 것이다. 지금은 푸대접받는 밥이지만 쌀농사는 지금의 경제성장을 이룬 동력원으로 반도체, 자동차, AI와 같은 첨단산업의 모체라고 할 수 있다. 다시 한번 쌀과 밥이 나라를 유지하는 근간임을 잊어서는 안 된다.

백제시대의 토기 시루

백제시대의 토기 시루, 저부(底部)

  ## 다리가 셋 달린 솥, 정(鼎)

정은 다리가 셋 달린 솥을 의미하는데《설문해자(說文解字)》에 정(鼎)은 "세 개의 발과 두 귀가 있으며 다섯 가지의 맛이 담긴 보배로운 용기"라고 기록되어 있다. 서유구 선생이 쓴《임원경제지》〈정조지〉의 정(鼎)이다. 정(鼎)은 원래 토기로 만들어져 음식을 취사하는 도구였으나, 조상신을 모시는 제물을 익히는 제기(祭器)로서의 지위를 갖게 되다가 청동이나 철로 만들어지면서 국왕의 권력이나 존엄을 상징하였다. 은(殷)나라에 이어 등장한 주(周)나라는 다리 셋이 달린 정이 중원의 중심을 상징한다고 하여 천자의 상징물로 삼았다. 정의 세 다리는 세 사람이나 세 세력의 균형의 유지를 의미한다.

그러나 솥에 다리가 세 개라고 해서 균형을 이루지는 않는다. 세 개의 다리가 굵기도 같고 길이도 같아야 하며 솥 바닥에 정확한 각을 이루고 있어야 한다. 어느 발 하나의 길이가 짧고 가늘다면 그 솥은 무거운 음식을 감당하지 못할 뿐 아니라 스스로 균형을 잡지 못하여 쓰러진다. 서유구 선생이 정을 사용한 것도 백성, 관료, 군주의 힘이 균형을 이루어야 나라가 안정된다는 뜻을 담고 있다. 또한 사람이 권력, 돈, 명예를 한 손에 쥐어서는 안 되고 나누어야 한다는 것을 음식에 국한하면 맛의 균형을 이루어야 한다는 것을 〈정조지〉의 정을 통해서 말하고 있다.[1]

1 《쌀: 잘 먹고 잘 사는 법 시리즈》최선호 지음, 김영사, 2004 참조

다리가 셋 달린 솥, 정(鼎)

인생살이와 밥

우리 생애와 밥

　쌀은 주식을 넘어서 우리의 생애를 함께한 영육의 동반자다. 우리의 삶은 태어나기 이전부터 삼신[1]에게 비손[2]할 때 삼신상(三神床)에 올라간 쌀과 함께 시작된다. 출산을 앞둔 산모가 먹을 산미(産米)는 뉘와 싸래기를 고른 쌀 한 말을 새 자루에 담아 정한 곳에 둔다.

　산기가 있으면 자루에 담겨 있던 쌀을 한 되 가량 퍼내서 상에 수북이 놓고, 그 위에 산곽(産藿)을 길게 걸치고 정화수 세 대접을 놓는다. 이 상차림은 삼신상(三神床) 또는 산신상(産神床)이라고 하는 순산을 비는 상이다. 순산을 하고 나면 즉시 이 산미로 지은 밥 세 사발, 미역국 세 사발, 정화수도 세 대접을 떠놓고 감사하는 비념을 올린다. 그 다음 산모가 상에 올랐던 밥과 미역국을 먹는다.

　아이는 탯줄이 끊어지며 독립적인 개체가 되었지만 여전히 모유를 통하여 어미와 연결되어 있다. 돌이 되면 아이는 밥그릇과 수저, 젓가락을 선물받고 밥 먹는 훈련을 받기 시작한다. 밥을 먹을 때 어른이 촉촉한 쌀밥 몇

1 삼신은 아이를 점지해 주고 출산 후에는 아이와 산모의 건강을 돌봐 주는 세 명의 신으로 산신(産神)이라고도 한다. 삼신상은 출산을 도와준 삼신에게 감사의 의미로 올리는 상으로, 흔히 방의 윗목에 둔다.
2 비손은 병을 낫게 하거나 소원을 이룰 목적으로 두 손을 모아서 신에게 비는 일로 간단한 제물을 차려 놓고 그 앞에서 양손으로 비비는 행위를 말한다. 손으로 빈다는 뜻에서 '손빔'이라고도 한다.

알을 아기의 입에 넣어 준다. 그동안 아이는 어른들의 무릎에 앉아 밥을 먹는 어른들의 입과 손놀림을 익히기는 했지만 미음이나 쌀죽과 달리 씹어야 하는 밥이 낯설은지 잠시 망설인다. 뱉어 낼까? 아니면 먹을까? 온 가족이 밥숟가락을 든 채 숨을 죽이고 아이를 바라본다. 아이가 오물오물거리며 밥을 넘기고 밥이 맛있다는 듯 방긋 웃고 더 달라는 듯 입을 벌린다. 어른들은 밥알을 넘겼다는 것을 확인하고 아기를 대견해한다. "아이고 다 컸구나! 이제 젖떼고 동생 봐도 되겠다!" 할미는 손자의 등을 토닥거리며 말한다. 아기가 먹는 밥알의 숫자가 점점 늘어나면 아이의 손에 숟가락이 쥐어진다. 숟가락을 쥐었다는 것은 스스로의 힘으로 밥을 먹고 있다는 것을 말하므로 다 큰 것이다. 지금은 아이들이 세 돌이 지나도 자기 손으로 밥 먹는 것에 서툴다. 옛날 아이들이 철이 일찍 나고 의젓한 이유는 수저를 일찍 쥐었기 때문이다.

돌맞이 밥그릇

아이가 자라 혼인을 하게 되면 신부가 밥그릇과 수저를 혼수로 가져 온다. '밥이 보약'이므로 밥을 잘 먹어야 건강하게 해로할 수 있기 때문이다.

산에 치성을 드릴 때에도 새옹에 밥을 지어 놓고 축원을 올렸으며, 사람이 죽어도 대문 밖 한쪽에 밥을 놓았다. 이것은 죽은 이의 혼을 데리러 온 저승사자에게 먹이므로 사잣밥이라 하였다. 사람이 세상을 뜬 후에도 소상·대상을 지낼 때까지 생전에 먹던 밥그릇에 쌀밥을 담아 조석상식을 올렸다. 망자의 입안에 불린 쌀을 세 번 떠서 버드나무 가지로 만든 숟가락으로 넣는 반함(飯含)[3]을 하였다. 반함을 하는 쌀은 죽은 사람이 저승으로 간 뒤 먹고 쓸 양식이라고 한다. 죽은 사람의 기일이 돌아오면 흰쌀밥을 지어 올렸는데 이를 멧밥이라고 한다. 제사가 끝난 뒤 제사상에 올렸던 음식을 골고루 나누어 먹는 음복의 풍습에서 비빔밥이라는 독특한 음식이 생겨났다. 이 밖에 절식으로 오곡밥, 약식, 오신반 등 특별한 밥을 먹는데 이는 제철 음식으로 건강을 도모하고 절식의 의미를 주식에 밥으로 강조하고자 하는 뜻이 담겨 있다. 이처럼 우리는 태어나서 죽을 때까지 밥과 함께 부대끼다가 이승과 저승의 사람도 밥을 통해서 만난다. 쌀밥은 일상적이고 평범한 음식이지만 인간이 보여줄 수 있는 정성의 극치를 담은 예사롭지 않은 음식이다.

---

3 반함을 할 때 쌀 이외에 망자의 입에 구슬과 동전을 넣는데 이는 저승에 가서 살 때 쓸 돈이라고 한다.

제주도의 혼례 문화와 곤밥

제주도는 지역의 특성상 육지와는 다른 제주식 혼례 절차가 시행되었다. 16세기의 《신증동국여지승람(新增東國輿地勝覽)》과 18세기 초엽 이형상의 《남환박물지(南宦博物誌)》에도 제주만의 혼례 절차가 이루어지고 있다고 기록하고 있다. 제주도의 혼례에는 음식을 중요하게 여겨 혼례의 진행 절차에 따라 음식이 규정되어 있다.

제주에서는 귀한 곤밥의 상징성이 매우 크기 때문에 혼기가 꽉 찬 딸이 있는 엄마들은 곤밥계를 들기도 했다. 곤밥은 흰쌀밥을 말하는데 고운 밥이 축약되어 곤밥이 되었다. 결혼을 축하하기 위해 온 하객의 아침상에 오르는 밥은 보리와 팥을 더한 잡곡밥이다.

혼례 행렬이 신랑집에 도착하면 벌어지는 잔치인 '두불잔치'에는 여자들이 바구니에 곡식을 담아 가지고 와서 부조하였다. 이 잔치에 나오는 곤밥을 '두불밥'이라고 하는데 국, 고기반과 함께 나온다. 고기반은 고기 세 점에 순대와 마른둠비(두부)를 각각 한 점씩 올린 쟁반을 말한다.

다음날은 신부댁이 사돈과 사돈댁의 어른을 모시는 '사둔열맹'이 있는데 신랑집에서는 술과 고기를 지참하고 신부집에서는 곤밥을 대접한다. 이때 신랑과 신부는 '가진상'을 받는데 곤밥을 세 숟가락 정도 떠서 밥상 밑에 놓아 잡귀의 접근을 막는 '코시(고사)'를 한다. 신부는 밥을 세 숟가락만 먹고 남은 밥은 아이들에게 나누어 주는데 쌀밥 먹기가 어려운 아이들에게는 큰 기쁨이었다.[1]

1 한국향토문화전자대전(한국학중앙연구원) 참조

쌀과 농경 문화

우리의 한해살이 리듬은 쌀농사가 중심이다. 순자(荀子)는 일년 농사를 간단하게 '춘경하운 추수동장(春耕夏耘 秋收冬藏)'이라 하여 '봄에는 밭을 갈고 여름에는 김을 매며, 가을에는 거두어서 겨울에는 이를 저장'하여야 한다며, 농사의 연속성을 강조한다. 우리의 세시풍속은 신과 조상에게 안녕과 풍요를 비는 마을 공동체의 잔치다. 잔치에 필수인 음식과 놀이는 신과 조상을 즐겁게 할 뿐 아니라 사람들의 공동체 의식을 다지는 기반이었다. 이 공동체 의식이 두레와 품앗이라는 문화를 낳아 많은 노동력이 필요한 벼농사를 감당하게 하고 연속성을 갖게 하였다. '마음껏 먹고 즐겁게 놀았으니 열심히 농사를 지어야 한다'라는 의미가 세시풍속의 진정한 의미가 아니었을까? 라고 생각해 본다. 우리가 의미를 차츰 잊어버리고 있는 농사와 관련된 세시풍속 몇 가지를 이야기해보기로 한다.

설을 쇠고 나면 정월 대보름 준비로 부산하다. 설날이 혈연관계의 단합이 목적이라면 정월 대보름은 마을 공동체 중심의 명절로 설날보다 더 큰 명절이다. 달은 음(陰)으로 여성이며 출산과 풍요를 상징하고 대지(大地)를 의미한다. 특히, 그 해 첫 보름달인 정월 대보름달은 더욱 그 의미가 크다.

밤 12시가 넘어 보름날이 되면 보름달을 향해 동신제(洞神祭)를 지내고 그 음식을 나눠 먹은 뒤 줄다리기를 하며 풍년을 점쳤다. 아침에는 소에게 나물과 쌀밥을 주어 소가 쌀밥을 먼저 먹으면 풍년이, 나물을 먼저 먹으면 흉년이 든다고 믿었다.

사람들은 찹쌀, 찰수수, 차조, 콩, 팥 등 잡곡을 넣어 오곡밥을 지어 먹는다. 이는 모든 곡식이 잘 되기를 바란다는 뜻이 담긴 풍속으로 농가에서는 농사지은 곡식을 모두 넣어서 밥을 지어 먹었다. 부럼을 깨물어 건강을 빌고 더위를 다른 사람에게 팔기도 한다. 낮에는 땅에 묻혀 있는 잡귀를 위로하는 지신밟기를 하고 밤에는 '달집'을 쌓고 불에 태워서 놀며 풍년을 빌었다. 황해도에서는 정월 열 나흗날 밤에 하늘에서 용이 내려와 우물에 알을 낳는데, 첫 번째 물을 긷는 사람의 물에 용알이 섞여 들어가므로 여자들이 첫닭이 울 때까지 기다렸다가 서로 좋은 우물물을 길어오기 위해 경쟁을 벌였다. 우물에

있는 용알을 뜬다고 해서 '용알뜨기'라고 한다. 보통 용알을 제일 먼저 떠 간 사람의 집은 운수가 대통하고 그 해 농사가 풍년이 든다고 한다.

정월 대보름을 보낸 뒤 15일 후인 2월 초하루는 바람을 관장하는 풍신(風神)인 '영등할머니'⁴를 대접하는 날이다. 가을걷이 후 따로 준비해 둔 나락으로 이월 초하루 밤에 밥을 지어 놓고 영등할머니에게 빌면 농사가 잘된다고 믿었다. 이월밥을 먹고 나면 본격적으로 농사일이 시작되므로 "남자들은 지게다리 붙잡고 울고, 여자들은 울타리 문을 잡고 운다."라는 말이 있는데 농사가 얼마나 중노동인지를 알게 한다. 이 날은 영등날, 풍신날, 머슴날, 권농일

4 영등할머니 2월 1일 하늘에서 딸이나 며느리를 데리고 내려와서 15일이나 20일을 머물다 다시 올라간다고 한다. 전북 장수에서는 영등할머니가 내려오는 날 딸을 데리고 오면 딸의 치마가 팔랑거려 예쁘도록 바람이 불고 며느리를 데려 오면 치마가 얼룩지도록 비가 내린다. 진안에서는 고운 영등할머니가 내려오면 비도 곱고 바람도 곱게 불지만 요란한 할머니가 내려오면 바람이나 비가 세차게 분다. 울진에서는 영등할머니가 딸을 데려올 때는 아무 일이 없으나 며느리를 데려 올 때는 바람을 일으킨다.

등으로 불린다. 《동국세시기(東國歲時記)》 2월 조에는 "2월 초하루에 화간에 벼이삭을 내려 송편을 만들어 종들에게 나이 수대로 먹게 하니 이날을 머슴 날이라고 하오."라고 하였다. 이월밥은 농사를 관장하는 농신과 농사를 짓는 사람을 대접하는 밥이다.

음력 3월 3일 '삼짇날'은 강남 갔던 제비가 돌아오고 뱀이 잠에서 깨어나는 날이다. 이 날은 여자에 초점을 맞춘 '여자의 날'로 여자들은 연령별로 무리 지어 진달래꽃을 따서 화전을 부쳐 먹으며 춤추고 노래하며 논다. 농사일에서 남자 못지않게 중요한 여자들을 본격적인 농사철에 앞서 위로하는 날이다.

단오 즈음은 보리농사는 마무리되지만 쌀농사가 본격적으로 시작되는 시기이므로 쌀농사가 많은 남쪽 지역보다는 밭농사가 많은 북쪽 지역에서 단오절을 성대하게 지낸다. 칠월 칠석은 견우와 직녀가 만나는 날로 이날 비가 오면 농사가 잘된다고 한다. 7월 보름은 백중(百中)으로 정월 대보름과 같이 여러 행사를 한다. 농가에서는 집집마다 김매기를 끝낸 노고를 음식을 나눠 먹으며 위로하는 '호미씻이'를 한다. 백중은 일꾼이나 머슴을 위하는 날이어서 '머슴 명절', '머슴 명일'이라고 한다. 농사에 전력을 다해야 할 가을이 오기 전에 머슴과 일꾼을 대접하고 휴식을 시키며 다음을 준비하는 날이다.

신윤복, 단오풍정(간송미술관 소장)ⓒ간송미술문화재단

✳ 농사 달력 24절기

농경 사회에서 기후를 예측하기 위해 만든 24절기는 농사를 준비하고 씨를 뿌리고 수확을 하는 기준점이 되었다. 24절기는 중국의 주(周)나라에서 시작되었는데 우리나라에 전파된 것은 삼국시대 이전이었으며 민간에는 고려 후기에 널리 퍼진 것으로 추측되고 있다. 지금은 우리 삶의 변화로 24절기의 풍속과 중요성이 퇴색하였지만 여전히 농사와 사람들의 생활에 영향을 주고 있다.

24절기의 첫 번째인 입춘(立春)은 양력 2월 4일경으로 봄이 옴을 축하하는 시기다. 입춘 다음에 있는 2월 19일 무렵의 우수(雨水)는 눈이 녹아 비가 된다는 말로, 추운 겨울이 가고 봄을 맞게 됨을 말한다. 추위가 남아 있지만 봄의 기운을 느낄 수 있다. 3월 5일경의 경칩(驚蟄)은 새싹이 돋고 개구리가 깬다는 시기로 만물이 생동하는 시기다. 보리의 싹을 살펴보기도 하며 농사를 준비한다. 3월 21일 무렵의 춘분(春分)은 그날의 날씨로 한 해의 농사를 점치기도 하였는데 춘분날 비가 오면 병자가 적다고 하며 해가 나지 않는 것이 좋다고 한다. 춘분날 동풍이 불면 보리 풍년이 들고 서풍이 불면 보리가 귀하다고 한다. 하늘이 맑아진다는 4월 5일경의 청명(淸明)에는 봄 밭갈이를 하는데 부지깽이를 꽂아도 싹이 난다고 하는 청명은 생명의 기운이 강한 시기다. 4월 20일 무렵의 곡우(穀雨)에는 볍씨를 담그며 곡우에 비가 오면 풍년이 든다고 한다.

양력 5월 5일이나 6일의 입하(立夏)는 여름을 알리며 볍씨의 싹이 트고 보리 이삭들이 패기 시작한다. 5월 21일경의 소만(小滿)은 본격적으로 만물이 생장하는 시기이며 모내기 준비로 바쁜 시기다. 6월 6일 무렵의 망종(芒種)은 "보리는 망종 전에 베라."는 속담처럼 밀과 보리 같은 까끄라기가 있는 곡식은 거두고, 모내기를 하는 시기다. 망종 즈음은 모내기와 보리 베기가 겹치는 농번기(農繁期)로 1960~70년대에는 자식들이 부모의 농사일을 돕는 농번기 방학이 있었다. 망종은 24절기 중 가장 바쁜 절기다. 하지(夏至)는 6월 21일이나 22일로 낮의 길이가 가장 길다. 하지 무렵부터 장마가 시작된다. 농촌에서는 하지가 지나도 비가 내리지 않으면 기우제를 지냈다. 소서(小暑)는 7월 7일 무렵이며 이때부터 본격적인 더위가 시작되고 비도 많이 내린다. 모내기를 끝낸 벼들이 뿌리를 내리는 시기로 논매기를 해준다. 망종 때 거둔 밀과 보리를 가공하여 이때부터 먹을 수 있다. 대서(大暑)는 7월 23일 무렵 초복이 끝나고 중복으로 이어지면서 더위가 최고조에 달하는 시기다. 불볕 더위와 함께 큰비가 내리기도 한다.

입추(立秋)는 양력으로 8월 8일 무렵으로 가을로 접어드는 시기다. 입추날 비가 조금 내리면 길하고 비가 많이 내리면 벼가 상하고 천둥이 치면 벼의 수확량이 적다고 하였다. 입추에는 늦더위가 있지만 아침저녁으로 서늘하다. 8월 23일경은 더위가 가신다는 처서(處暑)로 햇볕은 누그러지고 바람은 신선하다. 농촌에서는 비교적 한가한 시기다. 처서에 비가 오면 벼의 성장이 지연되고 이삭이 썩기 때문에 처서에는 날씨가 맑아야 풍년이 든다. 흰 이슬이라는 뜻을 가진 백로(白露)는 9월 7일 무렵으로 밤이 되면 풀잎에 이슬이 맺힌다. 백로에는 태풍이 자주 발생하여 농작물에 크게 피해를 입히기도 한다. 추분(秋分)은 9월 23일경으로 낮과 밤의 길이가 같다. 추분에 건조한 바람이 불면 다음해 대풍이 들고 작은 비가 내리면 길하다고 믿었다. 찬이슬이 내린다는 한로(寒露)는 10월 8일 무렵이며 서리가 내리기 전으로 이때 곡식이 야무지게 영글기 시작하며 추수의 시기를 저울질하는 시기다. 상강(霜降)은 10월 23일경으로 이름 그대로 서리가 내리는 시기다. 쾌청한 날씨가 계속되고 밤에는 온도가 낮아서 일교차가 크며 첫얼음이 얼기도 한다. 추수가 마무리되고 겨울을 맞이할 준비를 하는 시기다.

겨울로 들어가는 입동(立冬)은 양력 11월 7일이나 8일로 농가에서 추수한 농산물로 고사를 지내고 김장철이 시작된다. 소설(小雪)은 11월 22일경으로 첫눈이 내린다. 바람이 불고 기온이 급강하한다. 12월 7일이나 8일에 있는 대설(大雪)은 본격적인 겨울이 시작되고 농부들의 농한기도 시작되는 시기다. 대설날 눈이 많이 오면 다음해 풍년이 든다고 믿었다. 동지(冬至)는 12월 22일경으로 밤이 가장 길고 낮이 가장 짧은 날이다. 양력으로 동지가 동짓달 초순에 들면 애동지[兒冬至], 중순에 들면 중동지(中冬至), 그믐 무렵에 되면 노동지(老冬至)라고 한다. 애동지에는 팥죽 대신 팥떡을 먹는다. 민간에서는 동지를 흔히 작은설이라 하여 동지팥죽을 먹으면 설 전에 나이를 한 살 더하기도 하였다. 양력 1월 5일 무렵은 작은 추위라는 뜻의 소한(小寒)으로 일 년 중 가장 추운 시기다. 큰 추위라는 뜻의 대

한(大寒)은 대체로 소한보다는 덜 추워 "대한이가 소한이네 집에 와서 얼어 죽는다."는 속담이 있다. 소한이나 대한에 춥지 않으면 해충의 알이 얼어 죽지 않아 다음해 병충해가 심해질 것을 염려하였다. 대한은 소한 15일 후부터 입춘까지의 시기로 겨울을 매듭짓는 절기이자 24절기의 마지막이다.

24절기에 따라 농경의례가 있었고 예나 지금이나 밥을 지을 수 있는 곡물을 생산하는 농사가 천하의 근본[農者天下之大本]임은 분명하다. 다만 우리가 이를 잊고 있을 뿐이다.

밥은 완성이다

　　우리의 일상식은 주식인 밥을 중심으로 그 밥에 어울리는 반찬으로 구성된 밥상, 반상(飯床)이라는 고유한 식문화를 형성하였다. 반상은 주식인 '밥'을 중심으로 부식인 국과 반찬을 배치하므로 밥에서 얻는 열량과 영양 성분의 비중이 높다. 산해진미로 차린 밥상도 밥이 올라야 비로소 '밥상'으로 완성된다. 밥의 중요성에 비해 고조리서나 문헌에는 밥을 잘 짓는 방법이 수록되어 있지 않다. 아마도 밥 짓는 일은 어떤 음식을 만드는 일보다 우선시되고 중요하여 누구나 능숙하게 밥을 잘 지었기 때문인 것 같다. 이처럼 당연시하던 밥 짓기와 밥에 대해서 선생은 상세하게 다루고 있다. 이는 다른 고조리서와 달리 〈정조지〉가 체계적이고 과학적인 사유 속에서 쓰여졌으므로 주식인 밥으로 〈정조

지〉가 시작된다. 선생은 알고 있는 밥에 관한 모든 지식과 정보를 〈정조지〉에 담았는데 백성들이 굶주리지 않았으면 하는 선생의 간절한 마음을 느끼게 된다.

우리의 삶은 밥으로 시작해서 밥으로 마무리된다. 가정에서 여성의 주 임무는 식솔들에게 삼시 세끼 밥상을 제공하는 일이다. 간혹 별미식인 수제비나 칼국수를 먹을 때에도 국물에 말아먹는 용도로 밥이 올라야 했다. 형편이나 상황이 안돼서 고구마나 감자 등으로 밥을 대신하면 '밥을 먹었다'라고 하지 않고 임시방편으로 간신히 허기만을 달랬다고 하여 '때웠다'라고 하였다. 이 표현에는 귀한 밥 한 끼니를 놓쳤다는 억울함과 밥 이외의 것은 식사로 인정할 수 없다는 강한 의지가 담겨 있다.

한·중·일 동아시아 3국과 베트남, 태국, 라오스 등 동남아시아도 주식이 밥이지만 밥에 대한 집착은 우리를 따라오지 못한다. 제 아무리 영양이 풍부하고 맛있는 음식을 먹어도 밥은 먹어야 한다. 기름진 음식을 먹은 뒤에는 느끼함을 가시게 하기 위해서, 매운 음식은 속을 달래기 위해서, 면(麵)을 먹고 난 뒤에는 속을 가라앉게 하기 위해서 등 밥을 먹어야 하는 이유가 참으로 여러 가지다. 이렇게 밥을 중시하는 문화는 밥에 관련해서는 역지사지(易地思之)하는 미덕을 낳았다. 여러 명이 칼국수를 먹기로 했는데 한 사람이라도 "점심에 자장면을 먹었어." 라고 하면 미안해 하며 "밥 먹으러 가자!"고 한다. 다른 일은 몰라도 밥 문제에서는 너그럽다. 밥 때를 놓친 사람에게는 금방 굶어 죽기라도 하는 듯 염려해 준다. 다른 음식으로 식사를 대신하는 사람을 보면 '끼니 때 밥을 먹어야지…' 라며 안쓰러워 한다.

✳   **쌀의 성분**

쌀을 구성하는 성분의 이화학적인 특징을 알면 내가 원하는 쌀을 선택하여 입맛에 맞는 밥을 지을 수 있다. 쌀은 전분을 주성분으로 약 6~7%의 단백질, 소량의 지질과 미네랄로 구성되어 있다. 쌀의 단백질은 글루텔린(glutelins)이 주이며 알부민(albumin)과 글로불린 (globulin)도 소량 함유하고 있다. 필수 아미노산인 리신(lysine)과 트립토판(tryptophane), 메티오닌(methionine)이 적게 함유되어 있지만 식물성 단백질 중에서는 단백가가

78로 높고 소화 이용률이 높은 고급 단백질로 구성되어 있다. 쌀 단백질은 전분 입자를 둘러싸고 있어 밥을 지을 때 수분의 흡수를 방해하고 팽창을 억제하여 호화가 지연된다. 쌀에 단백질이 많이 함유되어 있으면 밥이 부드럽지 못하고 노화가 빨리 일어나므로 쌀은 단백질 함량이 낮아야 한다. 단백질 함량이 완전미를 기준으로 6.0% 미만인 쌀에 품질 등급 '수'를 준다.

쌀의 전분은 아밀로스(amylose)와 아밀로펙틴(amylopectin)으로 나누고 아밀로스 함량에 따라 찹쌀과 멥쌀로 나눈다. 멥쌀은 아밀로스 함량이 16~20% 정도이며 찹쌀은 찰기를 내는 아밀로펙틴으로만 구성되어 있거나 아밀로스 함량이 5% 이하이다.

이 둘은 수소 결합에 의해 물 분자도 들어갈 수 없는 정도로 치밀하게 묶인 전분층으로 구성되어 있다. 그런데 이 전분에 물을 가해서 부풀게 한 다음 가열하면 치밀한 전분층이 무너지며 전분에 점도가 상승하면서 반투명으로 콜로이드 물질이 형성되는데 이를 호화라고 한다. 전분의 호화(gelatinization)는 수분 함량이 많고 PH가 알칼리일 때 촉진되는데 전분의 종류에 따라 다르다. 아밀로스는 아밀로펙틴에 비해 용해도가 낮아서 물의 온도가 낮으면 잘 녹지 않는다. 아밀로펙틴이 2% 정도인 쌀은 61도에서, 아밀로스가 25% 함유된 쌀은 대략 65도에서 호화가 시작된다.

아밀로펙틴은 짧은 사슬들이 쇠스랑 모양으로 연결되어 개방된 부분이 많아 소화 효소의 접근이 용이하여 소화가 잘된다. 또한 친수성으로 한 번 수분을 얻으면 잘 붙들고 있기 때문에 노화가 느리다. 아밀로스는 나선형의 단순한 구조로 분자수가 더 작아서 소화가 느리다. 아밀로스 함량이 높은 쌀들은 젤화가 잘 일어나 자신의 형태를 잘 유지하는 특징이 있다. 아밀로펙틴은 밥에 점도를 주고 아밀로스는 밥에 강도를 주어 모양을 유지시켜 준다. 따라서 아밀로펙틴이 많으면 밥이 쫀득쫀득하고 아밀로스가 많으면 밥이 탄력을 지녀 탱글탱글하다. 밥맛에는 여러 성분이 관여하지만 그 중에서도 주성분인 전분이 가장 큰 영향을 미치므로 멥쌀을 고를 때 아밀로스 함량을 꼭 확인해야 한다. 아밀로스 함량이 15% 이하인 품종을 '반찹쌀계', '저아밀로스쌀'이라고 한다. 아밀로스 성분이 12.5%일 때 밥맛이 가장 좋다고 하지만 사람마다 입맛이 다르기 때문에 표준화한 수치는 큰 의미가 없다.

아밀로스 함량에 따라서는 멥쌀, 찹쌀, 반찰, 저(低)아밀로스쌀과 고(高)아밀로스쌀로 나눈다. 저아밀로스쌀은 멥쌀에 아밀로펙틴 성분을 높여 개발한 반찰계 쌀로 아밀로스 함량이 멥쌀과 찹쌀 중간 정도다. 혈당 상승의 원인이 되는 아밀로스 성분을 줄이고 단맛을 저하시키는 단백질 함량을 낮춰 밥맛이 좋고 찰기와 윤기가 뛰어나며, 밥이 식은 후에도 노화가 천천히 일어나 식어도 맛이 있고 오래 보존되므로 가정간편식(HMR), 도시락, 주먹밥으로 적합하다.

고아밀로스쌀은 아밀로스 함량이 25% 이상인데 동남아시아에서 주로 먹는 인디카종은 아밀로스 함량이 30% 정도다. 맛이 좋은 밥에는 글루타민산, 아스파라긴산 등과 옅은 단맛 성분의 당질이 복합적으로 작용하고 있다.

---

* 녹두 전분은 아밀로스 함량이 높기 때문에 젤화가 잘 일어나 탱글탱글한 결과물을 얻게 한다. 전통 젤리라 할 수 있는 과편을 만드는 데 녹두 녹말을 이용하는 이유다.

밥의 미학

밥! 금수강산을 담다

산, 평야, 강, 바다가 조화를 이룬 우리 땅은 비단을 수놓은 듯 아름다워 금수강산(錦繡江山)이라 한다. 금수강산의 높고 낮은 산이 키워낸 야생동물과 산채류와 견과류, 푸르게 흐르는 강과 각기 다른 동·서·남쪽의 바다에서 건진 물고기, 비옥한 벌판에서 재배한 쌀과 보리 등 사계절의 맛을 담은 제철 식재료가 쏟아져 나온다. 우리는 이 풍성한 식재료를 찌고, 말리고, 굽고, 볶고, 졸이고, 절이고, 훈연하고, 발효시키는 조리 과정을 거쳐 무궁무진한 음식을 만들어냈다. 우리가 전 세계에서 가장 다양한 음식과 조리법을 보유한 것은 금수강산이 내어준 식재료 덕이다.

2천 년 전 철솥으로 밥을 짓기 시작한 이후 밥의 품질이 크게 향상되었다. 밥이 만족스러웠던 우리는 어떻게 맛있는 밥을 많이 먹을 수 있는지가 최대의 관심사가 되었다. 자연스럽게 우리 음식문화는 밥을 구심점으로 조성하게 된다.

밥이 없었다면, 김치와 장, 탕을 비롯한 다양한 음식문화도 꽃을 피우지 못했을 것이다. 오천 년 식문화의 결정판이라 할 수 있는 김치 역시, 단순한 절인 채소에 머물렀을지 모른다. 수백 가지 김치가 존재하는 것도, 매운맛 속에서도 식재료에 따라 각기 다른 풍미를 품은 김치가 순하고 부드러운 밥을 넘기기에 알맞은 자극을 주기 때문이다.

여름철에 즐겨 먹는 보리밥과 열무김치로 만든 비빔밥의 가볍고 시원한 맛은 우리 밥과 김치가 얼마나 잘 어울리는지, 그리고 선인들이 밥과 찬을 조합하는 능력이 얼마나 뛰어났는지를 알게 한다. 쌀밥과 열무김치, 보리밥과 배추김치의 조합으로는 도저히 낼 수 없는 맛이다. 국물 음식은 밥을 막히지 않고 수월하게 넘기게 할 뿐 아니라 말아서 먹으면 효율적으로 많은 사람에게 밥을 먹일 수 있다. 우리는 건더기와 국물의 양, 간의 세기에 따라 이름을 달리하는 국물 음식을 보유하게 되었다. 국물 음식은 밥과 더불어 우리의 정과 나눔의 따뜻한 음식문화를 상징하게 되었다.

우리는 흔히 "내가 밥을 간장에 찍어 먹고 살면 살지 아쉬운 소리는 하지 않겠다"라고 말한다. 이 말은 간장을 무시하는 것 같지만 간장이 밥과 잘 어울리고 간장의 영양 성분이 우수하다는 뜻이다. 간장의 단백질은 밥에 부족한 영양 성분을 보강한다. 우리 비빔밥이나 비빔면은 원래 간장으로 비빈 단아하고 순한 맛의 비빔밥이었으나 고추장을 만나서 화려하고 화끈한 극적인 변신을 이루어 낸 것이다. 고추장 비빔밥은 조화와 균형을 갖춘 건강한 음식이자 우리 음식의 정체성을 한 그릇에 가장 잘 담아낸 음식이다.

우리가 즐겨 먹는 김도 밥도둑의 반열에 올라야 할 정도로 밥과 잘 어울린다. 김을 바탕으로 채소와 고기, 해물, 김치, 절임 음식까지 모든 식재료를 넣어 만들 수 있는 김밥은 가장 완벽한 한 끼의 음식으로 자리를 잡았다. 이 외에도 젓갈, 장아찌, 생선과 고기의 조림 등도 그렇다.

우리가 풍요로운 음식문화를 물려받게 된 것은 밥의 주식으로서의 위치가 확고했기 때문이다. 결국 밥과 잘 어울리는 음식의 필요가 우리 음식문화를 발달시킨 주요 동력이 된 셈이다.

밥이 가진 최고의 미덕인 어울림을 통해서 우리는 밥상에 금수강산을 담아낼 수 있게 된 것이다.

밥, 오감으로 먹다.

하루의 시작은 샤락~ 샤락~ 쌀 씻는 소리로 시작된다. 구수한 밥 지어지는 냄새가 시원한 아침 공기와 더해지며 더욱 진하다. 밥의 재료에 따라 밥 냄새가 다르므로 어떤 밥이 상에 오를지 짐작하게 된다. 한 그릇 한 그릇 밥을 푸는데 소화기가 약한 어른의 밥은 아래의 촉촉한 밥을 푼다. 밥을 푼 후에는 손을 찬물에 적신 뒤 밥 그릇의 밥을 예쁘게 가다듬는다. 박꽃같이 흰 쌀밥, 검은 점이 콩콩 박힌 검은 콩밥, 가로줄이 예쁜 보리밥 등 집안의 형편과 취향에 맞춘 갖가지 밥이 오른다.

김이 모락모락 나는 고슬고슬한 밥을 호호~ 불어서 입에 넣는다. 고소하고 은은한 단맛이 입안에 감돈다. 할머니는 건더기가 많이 들어간 국은 아들에게 주고 손자의 밥숟가락에는 생선살을 발라서 올려준다. 아들은 어머니의 젓가락이 자주 가는 찬그릇은 어머니 앞으로 당겨 놓으며 서로서로를 위해준다. 아침밥을 먹으면서 가족들은 서로 오늘 각자의 일정을 이야기하거나 애로 사항을 말하기도 하고 집안일을 상의하기도 한다. 도란도란 이야기를 나누며 오손도손 밥을 먹고 난 뒤 밥맛이 부드럽게 녹아 있는 숭늉을 먹는 것으로 아침상은 마무리된다.

　맛있는 밥은 후각, 촉각, 청각, 미각, 시각을 만족시켜야 한다. 후각은 밥을 지을 때나 먹을 때 나는 밥 짓는 냄새를 말하며 시각이란 눈으로 보았을 때 맛있는 밥이다. 미각은 밥을 먹을 때 맛있다고 느끼는 것이며 촉각은 밥을 씹을 때 혀가 느끼는 밥알의 강도나 끈적임이다. 뜨거운 밥을 입으로 호호 ~ 불며 식히는 소리, 쌀 씻는 소리와 보글보글 밥물이 끓는 소리, 그리고 무엇보다 밥을 먹을 때 나누는 다정한 대화가 청각적인 요소다. 이 오감에 더하여 정(情), 사랑, 배려가 담겨 있다면 더 말할 나위 없는 맛있는 밥이 된다. 지금은 밥의 오감 중 '밥이 맛이 있다'거나 '밥맛이 달다' 등의 미각과 '윤기가 자르르하다', '밥이 뻣뻣해 보인다' 등 감각적으로만 밥을 평가한다. 밥은 시장에서 사는 때깔이 좋은 과일이나 채소가 아니다. 싸래기로 지은 밥이나 설령 조금 잘못

지어진 밥이라도 사랑과 넉넉한 마음이 더해진 밥이 진정 오감을 감동시키는
밥이다.

밥은 평범하지만 위대하다.

밥맛은 평범하다. 사전에는 '평범'은 뛰어나지 못하고 색다를 것이 없
는 그저 그런 흔한 것이라고 정의되어 있다. 평범함은 중용을 바탕으로 하는
데 중용(中庸)의 중(中)이란 한쪽으로 치우치지 않고 기울어지지 않으며, 지나
침도 미치지 못함도 없는 것[不偏不倚無過不及]을 말하고 용(庸)이란 일정하여
변하지 않음[平常]을 뜻한다. 색다른 것과 기이한 것에 눈이 가고 귀가 솔깃하
지만 관심을 오래 붙들지는 못한다.

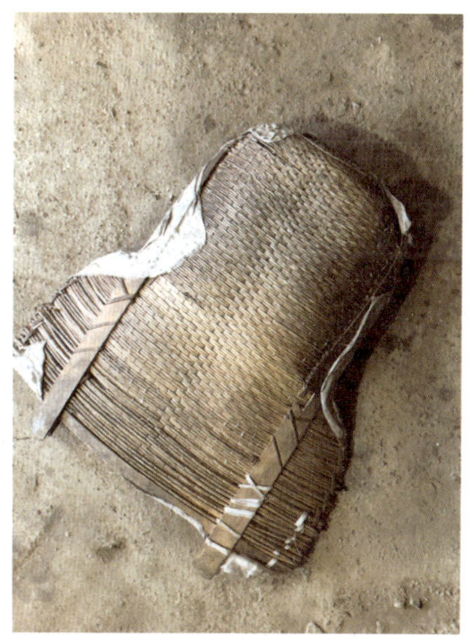

곡식 등을 까불러서 쭉정이·티끌·검부러기 등의 불순물을
걸러내는 키

중용을 갖춘 평범한 것은 오래가고 진실하다. 흔히 중용을 미지근함과 혼동하지만 중용은 자기 삶에 주도적이면서도 조화와 균형을 놓치지 않을 때 얻을 수 있다. 중용이 표면화한 것이 진실과 성실, 그리고 겸손함이다. 이 세 가지를 갖춘 사람은 중용의 도에 도달한 사람이다. 중용을 음식에 적용시키면 금세 평범한 맛을 갖춘 밥이 떠오른다. 밥맛은 평범하지만 밥상에 오르면 모든 음식과 조화와 균형을 이룬다.

인간이 갖추어야 할 덕목을 우리 주식인 밥이 갖추고 있다는 사실이 흥미롭다. 그래서일까? 삼시 세끼 밥을 먹던 시절에는 사람이 염치를 알았다. 가난하지만 남을 돕고 콩 한 쪽도 나누어 먹었다. 맛만을 추구하는 지금은 자기 것을 지키는 데 혈안이 되어 있고, 심지어는 남의 것을 빼앗는 행동도 서슴지 않는다. 성실하고 진실한 사람은 뒤지는 사람이 되었고 겸손한 사람은 바보가 되어 버린다. 품격을 잃어버려야 살 수 있는 세상이 된 이유가 중용의 덕을 갖춘 밥을 안 먹어서 그런다고 하면 조금 억지일 수도 있지만 그렇다.

밥맛이 갖춘 중용의 미덕 이외에도 밥에는 키우는 사람과 짓는 사람의 정성이 들어가서 밥은 기운이 넘친다. 그래서인지 밥은 물에만 말아 먹어도 끼니가 가능하였다. 우리는 '찬은 없지만 밥을 먹고 가라', '밥은 있으니 숟가락 하나만 더 얹으면 된다'로 다른 사람과 함께 밥 먹는 것을 당연시하였다. 밥을 같이 나누지 못하면 "아이고~ 밥을 못 먹고 가서 섭섭하네"라며 아쉬워함을 넘어서 애통해할 정도였다.

어려운 이웃과 밥을 나누는 것과 함께 가족이나 지인과 밥을 먹는 시간의 나눔도 중요하다. 같이 먹는 밥은 우리의 삶에 행복, 충만, 기쁨이라는 인간이 추구하는 최고의 가치를 선물해 준다. 어차피 먹는 밥인데 같이 함께했다는 이유만으로 너무도 큰 선물을 받는다. 밥은 푸른 잎으로 덮인 나무 가운데 핀 한 송이의 붉은 꽃처럼 돋보이지 않는다. 밥은 평범하지만 위대하다.

✳ 대식(大食)의 나라

우리가 대식가(大食家)였음을 확인할 수 있는 여러 기록들이 있다. 이덕무(李德懋, 1741~1793)는 《청장관전서(靑莊館全書)》에서 "남자는 한 끼에 7홉을 여자는 5홉, 아이는 3홉을 먹는다."고 하였는데, 지금보다 세 배 정도 되는 분량이다. 조선시대 아이가 지금의 성인보다도 더 많은 밥을 먹었음을 알 수 있다.

1594년 이순신 장군은 "하루 5홉 이하의 쌀을 병사들에게 먹이고 있는데도 이대로 가면 몇 달 안에 식량을 공급할 수 없다"고 상부에 보고하였다. 전쟁 중이고 기근에 시달리는 상황을 감안하면 적지는 않지만 평소에 식사량이 많았다는 것을 알 수 있다. 조선 말기에 찾아온 서양인들은 우리나라 사람들이 먹는 밥의 양을 보고 조선을 '대식국(大食國)'이라는 별명으로 불렀다. 밥도 많이 먹었지만 고기, 과일 등 어떤 음식이든 많이 먹었다고 한다.

일본이나 중국에서는 성인 남성이 2홉쯤 먹었는데 일본인과 중국인이 조선에 왔다가 조선 사람들의 밥 먹는 양을 보고 깜짝 놀랐다고 한다. 이익(李瀷)이 쓴 《성호사설(星湖僿說)》을 보면 "유구국(琉球國, 오키나와) 사람들이 '너희 나라 풍속이 항상 큰 사발에 밥을 퍼서 쇠숟가락으로 퍽퍽 퍼먹는 것이니 어찌 가난하지 않겠느냐'고 비웃었다."라는 구절이 나올 정도다.

우리에게는 천하의 산해진미도 밥 없이는 그저 식간에 먹는 간식일 뿐이다. 서유문(徐有聞, 1762~1822)의 《무오연행록》에는 다음과 같은 이야기가 담겨 있다.

"청나라 사신으로 간 월사(月沙) 이상공(李相公)이 친분이 있는 청나라 고위관리의 집을 방문하였다. 관리는 출타 중이어서 사신은 청지기로부터 음식을 대접받으며 관리를 기다렸다. 관리가 여간해서 돌아오지 않자 미안해진 청지기는 귀한 음식을 계속하여 내왔다. 날이 저물도록 관리가 돌아오지 않자 이상공은 청나라 관리를 만나는 것을 포기하고 돌아가게 되었다. 그날 늦게 귀가한 관리는 조선의 사신이 자신을 오래 기다리다 돌아간 것을 알고 몹시 안타까워하며 청지기에게 대접은 잘했냐고 물었다. 청지기는 신이 나서 자신이 대접한 귀한 음식의 이름을 나열하였다. 청지기의 말을 다 들은 관리는 어두운 얼굴로 '밥'은 대접했냐고 물었다. 청지기가 밥은 대접하지 않았다고 하자 관리는 '오늘 내가 큰 실수를 하였다. 조선 사람들은 밥을 먹지 않으면 산해진미를 대접받아도 먹은 것이 아니므로 오늘 나는 손님을 굶긴 것이나 다름없다'고 한탄했다."라고 한다.

밥과 관련된 흥미로운 또 다른 일화가 있다. 조선 숙종 때의 무신 이지항(李之恒)은 1696년 봄, 동래부를 떠나 영해부로 항해하던 중 폭풍을 만나 표류하게 되었고, 일본 북해도(北海道)에 도착해 그곳의 아이누(Ainu)인들과 마주하게 된다. 이지항은 자신이 겪은 이국의 문화를 《표주록(漂舟錄)》에 생생하게 기록으로 남겼다.

배고픈 이방인에게 아이누인들은 고래포와 어탕은 흔쾌히 나누어 주었지만, 끝내 밥을 짓는 거동은 보이지 않았다. 이에 이지항은 큰 의문을 품었다. "천하의 인간들은 다 곡식밥을 먹는다. 이들도 사람의 형상을 가졌으니 어찌 밥 짓는 풍속이 없겠는가? 이는 분명 쌀이 아까워 우리에게 밥을 내어 주지 않는 것일 뿐이다."

밥을 얻기 위해 그는 아이누인의 집을 일일이 찾아다녔지만, 누구도 밥을 짓지 않고 있었다. 모두 물고기 기름과 어탕만을 먹고 있었고, 이지항은 마침내 그들이 본래 곡식밥을 먹지 않는 민족임을 깨달았다.

그는 배에 남아 있던 약간의 쌀알을 꺼내어 보이며 밥을 청했으나, 아이누인들은 고개를 저을 뿐이었다. 그들은 정말로 쌀이나 콩을 모르는 사람들이었다. 결국 이지항과 일행은 굶주린 채로 잠자리에 들 수밖에 없었다.

다음 날, 언덕에 오른 이지항은 절망스럽게 외쳤다. "이곳에서는 밥을 주지 않는다! 우리는 곧 굶어 죽을 것이다."

하지만 다행히 그의 예언은 빗나갔고, 그는 끝내 무사히 조선으로 돌아와 이 모든 경험을 글로 남겼다. 《표주록》은 조선인의 밥 중심 식문화가 낯선 세계와 마주했을 때의 문화적 충격과 인식을 그대로 담고 있다. 타문화에 대한 경이와 혼란, 그리고 '밥'이라는 일상적 음식에 담긴 존재론적 의미까지 엿볼 수 있는 귀중한 기록이다. 이지항 일행은 1697년 봄, 마쓰마에(松前)·에도(江戶)·쓰시마(對馬)를 거쳐 부산으로 돌아왔다.

조선 후기 실학자 홍대용(洪大容, 1731-1783)은 《을병연행록(乙丙燕行錄)》에서 청나라 사람들의 식습관을 관찰하며 "북방 사람들은 국수를 좋아하고 밥은 적게 먹으며, 식사량도 많지 않다(北人之性, 多嗜麵而嗜飯少, 食量亦不多)"고 기록했다. 이는 그들의 절제된 식생활을 보여주는 한 예로, 후대에는 이를 바탕으로 "중국인의 밥그릇이 찻잔만 하다"는 표현이 유래되었다. 비록 이 문장은 원문에 직접 등장하지 않지만, 홍대용이 체험한 소식(小食) 문화에 대한 인식을 잘 드러내는 비유적 표현이라 할 수 있다.

밥의 소비를 늘리는 법

우리의 생명줄인 쌀의 소비가 급격하게 주는 것에 대해서 많은 사람들이 우려하고 있다. 쌀 소비를 늘리는 방안으로 쌀을 가공한 식품이 대안으로 떠오르고 있지만 근본적으로 밥 소비를 늘리지 않으면 한계가 있다. 1960~70년대 쌀 소비를 줄이기 위해 밀이 영양학적으로 쌀보다 우수하다고 배웠다. 기성세대에게 쌀은 키를 작게 하는 주식으로 각인되었다. 밀의 수입이 늘고 쌀의 생산량이 늘자 밀가루의 글루텐이 소화 불량의 원인이라고 하여 다들 밀가루 음식을 백안시하였다. 당시 분위기는 칼국수를 먹으면 몸을 학대하는 것 같았다. 이런 식으로 반복되다 보니 어느 장단에 춤을 추어야 할지 모르겠다. 부족하거나 넘치는 특정 농산물의 수요를 조절하기 위해서 필요에 따라 인위적으로 조절하는 것은 어느 정도 필요하지만, 너무 지나치면 도리어 수요를 늘리는 것보다는 가치가 폄하되는 부작용이 있다. 이 외에도 밥을 못 먹고 안 먹는 것은 도시화, 산업화, 핵가족화, 1인 가구의 증가, 여성의 사회 참여, 입시 위주의 교육 등 사회 전반에 걸친 여러 요인들의 결과물이다.

못 먹는 밥

최근에 아침밥을 먹는 젊은이를 만난 적이 없다. 아침밥을 먹지 않게 된 이유가 "잠을 좀 더 자기 위해서" 라고 한다. 밥이 부담스러우면 간단히 '빵'

이라도 먹는 것을 권했더니 몸이 거부해서 못 먹는다고 한다. 오랜 기간 아침을 건너뛴 탓이다. 앞으로 부모가 되어도 자녀에게 아침을 주지 않게 될 것 같아 안타깝다는 생각이 든다.

아침은 거르고 점심은 줄을 서야 먹을 수 있는 칼국수집에서 먹는다. 만두의 매출 증가를 위해선지 칼국수와 함께 제공하던 조 섞인 쌀밥이 사라졌다. 우리 밥 문화 하나가 사라졌다는 아쉬움에 주변을 둘러보지만 그 많은 손님 중 누구도 조밥이 사라진 것에 대해 불평이 없다. 그날 오후 간식으로는 케이크를 먹고 저녁은 회식이 있어 고기와 냉면을 먹었다.

이처럼 밥을 대신할 먹거리가 많아지면서 밥이 우리 삶에서 차지하는 비중이 낮아지게 되었다. 우리가 밥을 먹는 횟수도 1주일에 평균 6회로 하루는 전혀 밥을 먹지 않는다.

안 먹는 밥

남녀노소를 막론하고 마른 체형을 선호하면서 "살 빼야 해서 밥 안 먹어"라는 말을 입에 달고 산다. 밥이 살을 찌게 하는 주범이자 건강하지 않은 음식으로 전락하였다. 몸속에 남는 탄수화물은 지방이 되고 지방은 탄수화물이 없으면 저장되지 않는다는 이론에 근거하여 탄생한 '저탄고지고단' 식사법이 전 국민의 영양 상식이 되었다. 탄수화물 덩어리라는 밥은 적게 먹지만 탄수화물이 많은 빵이나 간식의 양은 줄지 않았다. 밥으로 얻는 탄수화물은 줄이고 다른 탄수화물식은 늘어나는 기현상이 발생하였다. 이로 인해 2001년 1인당 88.9kg이던 쌀 소비량이 2022년에는 56.9kg으로 크게 줄었다. 이 수치에는 떡이나 술 등의 쌀 가공식품이 포함되어 있으므로 실제 밥으로 지어 먹는 쌀의 양은 훨씬 적다. 쌀 소비의 급감으로 자급률이 92% 이상인 쌀은 남고 자급률이 낮은 밀이나 옥수수의 수입은 해마다 늘어나 식량안보가 불안한 상황에 이르렀다.

너도 나도 밥을 덜 먹으려고 몸부림을 치므로 밥을 짓는 일도 흥이

나지 않는다. 당연히 밥을 짓는 사람의 정성이 줄고 밥을 먹는 사람의 고마움
도 줄었다. 이제 '한국인의 주식은 밥이다'라는 말이 어색하다. 밥을 멀리하고
하루 한 끼의 밥도 먹지 않아도 불편함이 없는 현재의 우리를 과연 한국인이
라고 할 수 있는가? 라고 자문하게 된다. 식문화의 측면에서만 보면 한국인이
라고 말할 수 없는 지경에 이르렀다. 소화가 잘되는 쌀밥은 노인의 음식이고
영양이 보강된 잡곡밥은 건강하지 않은 사람이 먹는 밥이다. 뒤집으면 쌀밥은
탈이 없는 밥이고 잡곡밥은 건강을 잃기 전에 먹어야 하는 밥이다.

어쩌다 집밥

언제부터인지 집에서 먹는 밥을 집밥이라고 부른다. 근래에 들어서
는 집밥을 먹을 기회가 크게 줄어들었다. 예전에는 밥은 당연히 집에서 먹었
다. 기껏 친척집이나 친구집을 가지 않으면 늘 밥은 집밥이었다. 도시락도 집밥
의 연장선이므로 하루 삼시 세끼 집밥을 먹었다. 지금은 외식이나 배달 음식
이 집밥을 대신하고 집밥을 먹는 것이 특별하다.

집밥을 먹고 산다고 하면 "와~ 집밥을 하는 당신 대단하다" 또는 "집
밥을 먹는 당신 부럽다" 고 하지만 한편으론 할머니 감성의 소유자나 자신이
나 가족을 들볶고 사는 극성맞은 사람, 보수적이고 답답한 사람이라는 뜻이
'집밥'에 담겨 있다. 여성의 사회 진출이 늘고 집을 떠나 객지에서 꿈을 키우는
젊은이가 많아 집밥은 먹고 싶어도 자주 먹을 수 없는 밥이 되었다. 우리보다
먼저 여성들의 사회 활동이 활발했던 싱가포르, 홍콩, 대만처럼 일상식은 포
장 음식과 외식으로 해결하고 집밥은 특별한 순간을 빛나게 하는 별과 같은
밥이 되었다.

우리 밥의 미래

프랑스는 주식인 바게트를 오직 밀가루, 물, 소금, 이스트의 4가지 재료만으로 만든다는 자부심을 가지고 있다. 우리 밥은 단맛을 올려주는 소금도, 부풀려서 모양과 식감을 내는 이스트도 필요 없이 오직 쌀(곡물)과 물이라는 두 가지의 재료로 짓는다.

단순한 재료로 짓지만 결과물은 매번 달라 밥을 지을 때마다 걱정이 되고 다 된 밥을 열어 볼 때마다 처녀림에 발을 내딛는 것처럼 가슴이 설렌다. "야~ 밥이 잘 되었다!"라는 탄성은 '오늘도 맛있는 밥을 먹겠구나'라는 기대감을 준다.

　　대가족의 해체와 도시화, 그리고 여성의 경제활동이 늘면서 밥을 차려주는 것도 밥을 먹는 것도 부담이 되는 시대가 되었다. 좋은 대학에 들어가서 좋은 직장을 얻는 것에 우선적 가치를 두어 자녀가 식사를 빵으로 대신하고 남은 시간에 공부하는 것을 내심 반긴다. 1960~70년대의 '혼분식 장려 운동(混粉食獎勵運動)'을 거친 세대의 쌀에 비해 밀이 나은 곡물이라는 인식도 빵의 소비를 부추겼다. 갓 지은 밥 대신 갓 구운 빵을 사기 위해 줄을 서고 값비싼 유기농 빵을 먹기 위해 기꺼이 지갑을 열지만 유기농 쌀값은 비싸다고 놀란다.

　　이런 연유로 밥의 미래는 어둡다고 생각하였다. 그런데 자녀를 양육하는 20~30대가 자녀에게는 가급적 밥을 주고자 한다는 것을 알았다. 이 세대는 밥과 빵이라는 두 가지의 주식을 먹고 성장한 첫 세대인데 밥이 빵보다 더 안전하고 건강한 주식이라는 것을 안 것이다. 빵은 식감이나 보존을 위하여 유화제, 보존제 등을 사용하기도 하지만 밥은 단순한 재료와 조리법을 사용하므로 어떠한 유해 요소도 끼어들 여지가 없다. 밥은 쌀의 품종이나 조리법에 따라 식감이 조금 차이가 있을 뿐이지만 빵은 버터나 우유, 기름, 달걀 등의 품질에 따라 맛과 풍미가 크게 달라진다. 또 빵은 일정 시간이 지나면 품질이 크게 떨어지지만, 밥은 식었거나 냉동된 밥도 전자레인지 등을 이용하면 원래의 맛과 식감을 되찾는다. 밥은 젓가락을 사용하여 국이나 여러 가지 찬과 함께 먹기 때문에 단순하게 먹는 빵에 비해서 창의력을 기르고 두뇌 발달에 도움을 준다는 점도 젊은 세대가 자녀에게 밥을 먹일 수밖에 없는 이유다.

　　얼마 전 고속도로 휴게소에서 저가의 백반 메뉴를 홍보 글에 담긴 진심과 휴게소 식사에 돈을 더 내고 싶지 않다는 마음이 합쳐져 선택하였다. 밥에 윤기가 흐르고 맛이 있어 주방 쪽을 보았다. 밥을 푸고 있는 정성스러운 손길이 눈길을 끈다.

　　"맛있는 식사와 건강을 위하여 GAP 인증을 받은 갓 도정한 지역의 쌀을 쓴다"라고 쓰여진 현수막에 맛있는 밥의 비밀이 담겨 있었다. 손님에게 갓 지은 밥을 제공하기 위해 작은 밥솥을 여러 개 사용하는 것도 눈에 들어왔다.

　　밥을 먹는 시간 내내 잔잔한 행복감이 파문되어 퍼지며 맛있는 밥이 주는 행복감이 의외로 크고 강하다는 것을 새삼 느꼈다. 다른 식당도 이런 시도를 하면 우리 밥의 전체적인 품질을 올리는 데 큰 도움을 줄 것 같다.

　　비빔밥의 뒤를 이어 'K-푸드'를 대표할 또 하나의 가능성을 지닌 음식은 국밥과 탕이다. 국밥과 탕도 밥을 기반으로 한다. 국밥은 밥을 말아 나오는 경우가 많고 탕은 밥과 탕이 따로 나온다. 밥이 말아서 나오든 따로 나오든 국밥이나 탕의 맛은 밥이 좋아야 한다. 국밥이나 탕용 밥이 질면 전분이 국물을 탁하게 만드는데 어떤 비방이 동원돼도 절대로 맛을 고칠 수 없다. 고두밥일 때는 국물을 지나치게 흡수해 밥알이 퍼져서 맛이 없다. 여러 가지 찬 중심의 백반집보다 국밥집이나 탕집의 밥이 더 완벽하다. 김밥도 속 재료보다 밥이 김밥의 맛을 결정짓는데 속 재료를 만드는 데 에너지를 다 쓰고 정작 밥에는 신경을 쓰지 않는다. 그래서인지 의외로 맛있는 김밥을 만나기가 어렵다. 모두 밥이 음식의 주인공이라는 것을 망각한 탓이다. 음식은 재료가 신선하고 간이 맞으면 솜씨가 없는 사람이 만들어도 먹을 만하지만, 밥은 다르다. 갈비에 갈치구이, 꽃게탕 등 맛있는 음식으로 솜씨를 내고 상을 차려도 밥이 떡밥이 되거나 밥에서 탄내가 나면 산해진미도 소용이 없다. 잘 지어진 밥 한 그릇에 국 하나와 김치 정도지만 맛있게 밥을 먹었던 기억을 가지고 있을 것이다. 잘 지어진 밥 한 그릇이 우리 음식의 본질이기 때문에 밥만 잘 지어도 우리 음식의 미래는 절로 밝아진다.

마을마다 물과 토질이 달라 물맛이 다르고 농산물의 맛이 다르다. 당연히 밥맛도 다르다. 여기에 더해 선인들은 밥을 먹는 사람, 밥의 용처에 따라 쌀과 밥 짓는 법을 달리하여 밥을 지어 우리 밥맛은 장맛처럼 집집이 달랐다. 쌀이 부족한 시절을 거치면서 우리 밥맛은 하나로 통일되었다. 가마솥에서 지은 기름기가 자르르 돌던 밥은 꿈에서나 볼 일이었다. 밥도 떡도 술도 유과도 한 품종의 쌀로 만드니 맛이 떨어질 수밖에 없다.

난생 처음 온라인으로 쌀을 구매하였다. 잔별처럼 많은 온라인 쌀 가게 중에서 20대 농부의 쌀을 구매하였다. 쌀과 함께 정성스러운 손 편지와 보라색 꽃 한 다발이 도착했다. 이 엄동설한에 꽃이라니…. 청년의 농사에 대한 열정이 담긴 손 편지와 청년의 마음처럼 겨우내 지지 않던 꽃을 보며 우리 농업과 함께 밥의 미래도 밝다는 생각이 들었다.

쌀의 선택권과 품질 표시 제도

밥 소비를 늘리는 방안 중 하나로 쌀과 밥에 대한 지식 전달과 정보 제공에 일관성이 필요하다. 여러 매체를 통한 쌀과 밥의 홍보가 오히려 혼란을 부추기는 경우가 왕왕 있다. TV의 한 채널에서는 의사가 백미밥이 성인병을 유발한다고 경고를 한다. 시청자는 백미밥의 유해성에 깊이 공감을 한다. 다른 채널로 돌렸더니, 밥이 학습능력과 사고력을 향상시킨다는 자막과 함께 열심히 공부하는 학생들의 모습이 김이 모락모락 나는 흰쌀밥과 함께 나온다. 탄수화물이 많고 당지수가 높은 쌀밥을 적게 먹어야 건강하다고 했는데, 쌀밥이 공부를 잘하게 한다고 한다. 두 정보는 공부하는 학생은 쌀밥이 좋고 공부를 마친 사람은 흰쌀밥이 나쁘다고 말하고 있다. 성인도 두뇌 회전이 필요하고 청소년은 공부도 중요하지만 건강이 더 중요하다. 성인병에 노출되는 연령이 낮아지고 있는 현실에서는 더욱 그렇다.

우리 뇌가 오직 포도당만을 에너지로 쓴다는 정보가 전제되지 않으면 설득력이 떨어진다. 그저 쌀소비를 위한 홍보물에 불과할 뿐이다. 성인이나 청소년이나 줄여서 먹어야 하는 밥은 흰쌀밥이다.

최근 쌀 품질 표시 항목에 '단백질' 항목이 추가되면서 소비자들은 새로운 선택 기준을 마주하게 되었다. 쌀의 단백질 함량은 '수', '우', '미' 등급으로 표시되는데, 많은 사람들이 '수' 등급의 쌀을 단백질 함량이 높은 쌀이라 생각하기 쉽다. 일반적으로 단백질이 풍부한 식품이 건강에 좋다는 인식이 있기 때문이다. 밀가루의 경우 단백질 함량이 높을수록 글루텐 형성이 활발해져 빵이 쫄깃해지지만, 단백질 함량이 높은 쌀은 밥을 지었을 때 탄력이 떨어져 밥알이 단단하고 거칠어져 밥맛이 떨어지는 경향이 있다. 반면, 단백질 함량이 낮을수록 밥알이 부드럽고 윤기가 나며 찰기가 좋아진다. 이는 밀가루와 반대되는 특성이다.

단백질 함량이 낮은 '수' 등급의 쌀을 좋은 쌀이라 하지만 좋은 쌀이란 단순한 등급보다는 각자의 입맛과 취향에 따라 고르는 것이 좋다. 부드럽고 찰진 밥을 원한다면 단백질 함량이 낮은 쌀을, 고슬고슬한 밥을 원한다면 단백질 함량이 조금 높은 쌀을 선택하는 것이 현명한 방법이다.

자신의 입맛에 맞는 밥을 짓기 위한 정보를 정확히 아는 것이 중요하고 맛있는 밥을 짓는 첫걸음은 쌀에 대한 올바른 정보에서 시작된다. 단백질 함량이 낮다고 무조건 좋은 쌀이라는 생각에서 벗어나 나에게 딱 맞는 밥맛을 찾아보는 시도가 필요하다.

쌀 품질 제도의 시행으로 쌀을 사는 데 도움을 받게 되지만 몇 가지 개선점이 있다. 품질 표시 항목에 신선도의 바로미터인 도정일을 표기하는 항목이 있지만 대부분은 '별도 표기'라고 되어 있다. 도정일을 찾기 위해 쌀 포장을 들추는 것이 힘들고 번거로워 그냥 쌀을 사게 된다. 기성세대는 식민 지배나 전쟁의 역사로 굶주림의 고통을 겪은 탓인지 쌀을 쟁여두고 먹는 경향이 있다. 쌀의 품종과 산지에는 관심을 갖지만 도정일은 간과하여 보게 된다. 쌀의 이력을 한눈에 볼 수 있도록 쌀 품질 표시 항목에 도정일이 같이 표기되어야 한다.

예전에는 신선한 쌀로 맛있는 밥을 짓기 위하여 쌀을 나락으로 보관하였다가 필요한 양만큼만 방아를 찧어 밥을 지었다. 이를 부활한 것이 즉석에서 도정한 쌀을 살 수 있는 도시 방앗간이었다. 지금은 거의 사라졌지만 우리가 잊고 있었던 쌀의 신선도를 상기시켜 밥 문화를 한 단계 발전시키는 데 공헌을 했다. 지금은 쌀을 주문하면 도정하여 판매하는 온라인 업체가 이를 대행하고 있고 젊은 층을 중심으로 인기가 있다.

쌀은 오래 보관하여 두고 먹는 곡물이 아니라 고기나 채소와 같은 신선식품이라는 인식으로 접근하면 쌀을 바라보는 시선이 달라지고 쌀 소비도 더 늘어나는 효과가 있을 것 같다.

우리는 찬은 헐해도 밥만은 맛있게 먹고자 하였다. 예전에는 자신이 농사지은 쌀을 먹고 유통과정이 단순하고 지역사회가 좁아 어느 동네에서 누가 농사지었는지를 알면 어떤 쌀이라는 것을 알 수 있었다. 내가 먹는 쌀이 어떤 쌀로 어디서 무엇을 먹고 어떻게 성장하여 내 식탁에 올랐는지를 정확히 아는 것에서 밥에 대한 관심이 일어나고 밥 소비도 늘게 한다. 우리는 밥에 대해 까다로운 잣대를 대야 한다. 쌀의 소비를 늘리기 위해서는 이런 밥맛을 갖춘 쌀이 좋은 쌀이라고 일방적으로 정하기보다는 고객에게 쌀에 대한 지식을 습득하게 한 다음 자신의 입맛과 건강, 경제사정을 고려하여 선택하도록 해야 한다. 이를 위해서는 단순한 쌀 표기법이 좀 더 세분화되고 소비자 중심으로 되어야 한다. 사람마다 좋아하는 밥이 다르고 그 맛을 실현시켜 줄 쌀은 있지만 쌀에 대한 지식의 부재와 품질 표시법에 대한 인식 부족으로 소비자에게 도달하지 못하고 있다.

토종 벼의 부활과 쌀 품종의 다양화

우리는 찰기를 지녀 끈적이는 밥을 선호한다. 이런 식감을 내는 쌀의 품종이 대세다. 쌀의 품종 개량도 우리가 선호하는 쌀을 만드는 데 열심인 것 같다. 요즘 신품종 쌀로 지은 밥은 멥쌀밥의 특성을 잃어버려 지나치게 차지다. 밥알이 또렷하다고 하는데 너무 큰 것 같고 메밥도 아닌 것이 찰밥도 아닌 것이 무겁고 부담스러워 밥을 남기게 된다. 예전의 밥이 밥그릇에 담긴 형상은 나비가 내려앉은 듯 사뿐하였는데 지금은 흰떡을 반찬과 함께 먹는 것과 같다. 쌀 농사법은 발전하고 있다는데 밥맛은 없어지고 있다.

밥맛을 특정하고 거기에 맞춘 쌀을 재배하고 쌀에 입맛을 맞추라고 한다. 커피도 입맛대로 고르는데 밥은 선택권이 없다. 특정 쌀 품종으로 지은 밥에 집중하는 것은 우리에게도 시대적 역행이지만 한식 세계화에는 더욱 그렇다.

많은 세계인이 모래알처럼 흩어지는 인디카 쌀로 지은 밥을 즐겨 먹는데 우리는 '이런 밥이 뭐가 맛이 있다고 먹지?'라고 단정한다. 인디카 쌀을

먹는 민족들의 음식이 서구 열강의 식민지라는 비극의 역사와 이민으로 인해 우리 음식보다 전 세계에 먼저 알려지고 빵을 주식으로 하는 나라의 음식과 인디카 쌀이 잘 맞기 때문에 인디카 쌀로 지은 밥을 선호하는 것은 당연하다. 일본의 스시가 세계화되면서 자포니카 쌀을 '스시용 쌀'로 한정지은 것도 자포니카 쌀의 입지를 더욱 좁히는 결과가 되었다.

밥의 찰기가 어느 한계를 넘어서면서 밥이 소화가 잘 안 되는 무거운 음식이 되었다. 비빔밥은 뭉치고 국밥이나 탕에 넣은 밥은 시원한 맛이 없다. 백설기나 절편도 질겨서 질경질경 고무를 씹는 것 같다. 좋은 쌀을 넣었다고 강조하는 메떡일수록 찰떡과 구별이 안 되며 메떡 특유의 매력을 잃어버린 지 오래다. 우리 밥 본래의 모습을 찾는 것이 한식 세계화와 함께 병행되어야 할 급선무다.

싱가포르에서 소박한 베트남 식당에 갔다. 늦은 시간이었는데 손님이 끊이지 않았다. 밥을 시켰는데 고슬고슬하지만 모래알처럼 날리지 않는 것이 다른 동남아 식당의 밥과 달랐다. 우리 밥과 동남아 밥을 절묘하게 섞은 밥으로 어린 시절에 먹던 그 밥의 형상과 맛이었다. 오랜만에 맛있는 밥을 먹으며 이 밥은 밥 자체로도 좋지만, 국밥과 비빔밥과도 잘 어울려 우리 음식을 돋보이게 할 것 같았다. 밥을 바탕으로 하는 볶음밥도 완벽하였다. 쌀의 차별화가 빚어낸 마술 같은 맛이었다. 전날 갔던 어마어마하게 큰 쇼핑센터에 있던 세계 각국에서 들여온 수십 가지 종류의 쌀이 떠올랐다. 쌀의 품종이 다양하다는 것은 큰 경쟁력이다.

식당 사장의 쌀을 선택하는 안목이 싱가포르 베스트 맛집으로 선정된 비결 중의 하나인 것 같다. 밥이 우리 입맛이 아니라 세계인의 입맛에 다가가는 것이 무엇보다 중요하다는 생각을 하게 된다. 맛있는 밥을 먹으러 꼭 다시 가 보고 싶은 식당이다. 우리도 밥이 맛있는 식당, 밥이 맛있어서 가는 식당이 늘어나길 바란다.

젊은 세대가 미래의 주인인 아이에게 밥을 먹이고 식당에서도 좋은 밥을 위해 애쓰고 기내식(機內食)으로 밥의 가짓수가 늘고 외국의 명소에 자리 잡은 돌솥비빔밥 집에 줄이 길게 늘어서 있으니 우리 밥의 미래는 밝다고 할 수 있겠지만, 무엇보다도 밥의 밝은 미래는 밥을 먹는 횟수와 시간이 절대적으로 늘어날 때 가능하다. 특히 가족과 함께 오손도손 둘러앉아 함께 나누는 밥이 우리 밥의 정체성을 담은 밥으로 우리 밥의 미래를 밝힐 뿐 아니라 사회와 국가를 건강하게 하는 초석이 된다는 것을 꼭 새겨야 한다.

〈본리지(本利志)〉 속의 토종 벼

서유구 선생은 〈본리지(本利志)〉 권7 곡식 이름 고찰 편에서 곡식의 이름을 바로잡아 정리하였다. 선생은 우리 벼의 품종이 수십 수백 종에 이르는데 같은 한 품종이 옛날과 달리 불리고 지역에 따라 여러 이름으로 불리며 시골말과 조리 없이 섞이면서 전해진 탓에 제대로 파악하기 어렵다고 하였다.

강희맹(姜希孟, 1424~1483)의 《금양잡록(衿陽雜錄)》과 유중림(柳重臨, 1705~1771)의 《증보산림경제(增補山林經濟)》에 열거된 벼 이름과 특징을 검증하고 선생이 농부들에게 직접 물은 것을 기록하였다. 이 외에 쌀과 함께 주식인 기장과 조의 이름도 바로잡았다. 선생은 벼의 이름은 파종 시기와 수확 시기에 따라 분류하였는데 찰벼와 밭벼는 따로 구분하였다.

〈본리지〉에 소개된 올벼, 중생벼, 늦벼 몇 가지를 살펴보기로 한다.

올벼를 보면 이천·여주 지역의 특산미로 진상미였던 자채(紫彩)는 처음에 이삭이 생길 때는 흰색을 띠었다가 익으면 누렇게 된다고 하였다. 최근 토종 벼의 부활로 생산되는 벼 중 하나인 버들벼는 '유도(柳稻)'와 '버들올여'란 이름으로 소개되는데 올벼이긴 하지만 조금 늦게 심으면 참새를 쫓는 고생이 없다고 한다. 이 밖에 얼음걷기라고 하는 빙도(氷稻), 보리와 밀의 뒤를 이어 익어 보리와 타작을 다투는 벼라는 추맥도(追麥稻), 까끄라기가 노인의 수염처럼 길고 흰 노인조도(老人早稻), 유두절에 익는다는 유두도(流頭稻), 한강 북쪽에서 생산되는 쌀이 옥같이 흰 옥조도(玉糟稻)가 있고, 호남 지역의 대표적인 올벼인 독도(禿稻)는 낟알 겉껍질에 수염이나 동강이 붙어 있지 않아 몽근벼라고도 불린다. 이상은 일찍 심어 일찍 수확하는 올벼이다.

다음으로 소개하는 것은 중생종(中生種) 벼이다. 까끄라기가 짧아 있는 듯 없는 듯하고 이삭이 팰 때는 푸른색을 띠다가 익으면 까끄라기는 누렇고, 껍질은 연한 흰색이고, 쌀알은 맑은 흰색이며 흙이 들뜬 곳에서 잘 자란다는 왜자도(倭子稻), 바람을 두려워하고 기름진 곳에서 잘 자라는 철융조도(鐵戎早稻), 이삭이 흰색을 띠다가 익으면 진한 누런색이 되고 밥맛이 좋고 영남 사람들이 즐겨 재배하는 황금자(黃金子), 술을 담그기에 좋은 청융조도(靑戎早稻), 누런색을 띠는 녹두도(綠豆稻), 알갱이의 양쪽에 날개가 달려서 날개벼라고 불리는 익도(翼稻), 나락 1말을 찧으면 쌀 7승을 얻는 칠승도(七升稻)가 등장한다.

늦벼를 보면 처음 이삭이 팰 때 적색이다가 익으면 연한 적색이 되며 바람에 강하고 찬물에서 잘 자라는 작도(雀稻)는 '새느린벼'라고도 불린다. 이삭이 검은색을 띠고 벼알이 매우 빽빽하게 붙어 있고 바람과 가뭄에 강하며 토질을 가리지 않는 흑작도(黑雀稻)가 있다. 우득산도(牛得山稻)는 후도(後稻), 뒤이라라고도 하는데 까끄라기의 색은 붉고 밥은 희다. 흑안작도(黑眼雀稻)는 이삭이 흰색이다가 익으면 누런색인데 줄기의 마디가 검은색이다. 어느 땅에서나 잘 자란다. 대추처럼 진한 적색을 띠며 농가에서 높게 치는 조도(棗稻)가 있으며 떡, 밥, 죽, 인절미를 만들 때 좋지만 기름진 땅이 아니면 자라지 않는 밀도(蜜稻)가 있다. 이 밖에 분홍색을 띠는 천홍도(茜紅稻), 황흑색을 띠는 축항도(縮項稻), 조도와 함께 농가에서 높은 평가를 받는 정근도(精根稻)가 있으며, 밥에서 은은한 젖 냄새가 나는 배탈도(裵脫稻)는 호남 지역에서 재배하는 대표적인 늦벼다.

찰벼로는 쇠찰이라 불리는 철나(鐵糯), 성질이 강건한 구랑나(九郞糯), 쌀알이 큰 양분나(涼盆糯), 붉은색인 홍나(紅糯), 얼룩덜룩한 박나(駁糯) 등

* 〈본리지(本利志)〉는 곡식 농사 백과사전으로, 13권 6책, 총 151,254자로 전체 《임원경제지》 안에서 6.0%를 차지한다. 농사에 관한 총론을 포함하여 주로 곡물 농사에 관한 자식들을 망라했다.
'본리(本利)'란 봄에 밭 갈고[本] 가을에 수확한다[利]는 의미이다. 씨앗 하나가 수십 배로 불어나는 농사일을 가리킨다. 이때의 농사에는 채소나 과일, 나무나 화훼는 포함되지 않는다. 오로지 곡식을 키우는 일이 농사였는데 풍석은 〈본리지〉에서 곡물 농사 외에도 농사의 범주에 들어갈 법하다고 생각하는 토지, 수리, 흙, 거름, 농시(農時), 농사 철학 등의 모든 지식과 기술을 다루고 있다.

이 있으며 밭벼는 북쪽에서 주로 심는 벼로 산도(山稻), 2월에 파종하여 7월에 익으며 밥과 떡에 모두 좋은 한조도(투루稻)가 있으며, 유래가 확실치는 않지만 서양에서 북경을 거쳐 왔다는 서양도(西洋稻)는 쉽게 번식한다. 볍씨 1말로 120~130두를 거두어 여기저기 농가에서 심는데 6~7차례 재배하고 나면 수확이 줄어든다고 하였다.

벼의 이름을 읽는 것만으로도 가을에 누런 황금벌판이 펼쳐지는 것은 우리 토종 벼들이 사라진 이후라는 것을 알게 되었다. 불과 200여 년 전까지는 꽃샘추위에 볍씨를 뿌렸고 누렇고, 진누렇고, 검고, 붉은, 그리고 자줏빛의 파스텔을 섞은 듯한 벌판이 초여름부터 서리가 내릴 때까지 펼쳐져 있었다. 그 많던 벼들은 다 어디로 갔을까?

기능성 쌀

쌀 소비는 줄었지만 건강에 대한 관심이 증대되면서 기능성 성분을 입힌 쌀들로 '밥이 보약'이라는 말이 실감난다. 기능성 쌀이란 인체의 면역력 향상과 생체리듬을 조절하여 질병의 방지와 회복, 노화 억제 등의 생체 조절 기능을 지닌 성분을 함유하거나 보강하기 위해 개량된 쌀을 말한다. 밥은 우리의 주식으로 매일 먹기 때문에 기능성 성분을 넣었을 때 가장 효율적으로 원하는 효과를 얻을 수 있다.

최근 출시된 기능성 쌀에는 필수 아미노산을 보강하여 어린이의 성장 발육을 돕는 쌀, 항산화 성분과 항암 성분이 있는 폴리페놀과 감마오리자놀을 보강한 쌀, 미네랄이 풍부한 쌀, 다이어트 쌀, 당뇨를 개선시키는 쌀, 청장년층을 위한 저칼로리 쌀, 환자와 고령자를 위한 당뇨, 고혈압 등 생활습관병 개선에 도움을 주는 쌀, 불리지 않고 가루를 낼 수 있는 가루쌀, 단백질의 함량은 낮추고 아밀로스의 함량을 높여 양조(釀造)에 적합한 쌀, 글루텔린 함량을 낮추어 소화가 잘되고 신장(콩팥)에 좋은 쌀 등이 있다.

이 외에도 가바쌀이 주목받고 있는데 가바(GABA)는 뇌에서 진정과 억제를 담당하는 신경전달물질이다. 가바가 신경계에 부족하면 불안, 우울, 초조, 공황장애, 불면증, 하지불안증후군, 틱장애로 이어진다. 가바는 뇌에 활력을 주어 집중력과 기억력을 향상시키고 정신적 안정뿐 아니라 근력을 강화시켜 체중을 줄여준다. 가바 성분을 보강한 쌀이 가바쌀로 신경이 예민한 사람뿐 아니라 노인들의 치매 예방과 치료에도 도움을 주므로 고령화 사회에 꼭 필요한 기능성 쌀이다.

기능성 쌀의 이면에는 부정적인 요소도 있는데 2021년에는 세계 최초의 유전자 변형 쌀인 황금쌀(golden rice)의 재배를 허용함으로써 논란이 되었다. 황금쌀은 옥수수에 들어 있는 베타카로틴(β-carotene) 유전자를 쌀에 넣어 먹으면 몸 안에서 비타민 A가 만들어지는 쌀이다. 쌀의 색이 노랗다고 해서 황금쌀이라고 명명되었다. 필리핀에 있는 국제쌀연구소(IRRI)는 2001년부터 기술을 이전받아 지역 특성에 맞는 황금쌀을 개발해 왔다. 현재 승인이 된 쌀은 인디카쌀 'IR64'를 기반으로 만들어졌다. 황금쌀로 외국 기업의 쌀 시장 참여가 늘어나 원가 상승으로 이어질 것이라는 우려와 비타민 A는 채소를 더 먹으면 된다는 점에서 그 실효성에도 의문이 제기되고 있다. 국제쌀연구소는 철과 아연을 함유한 쌀(HIZ)도 개발하고 있다고 한다.

쌀에 기능성을 더하기 위해 유전자를 변형하는 것보다는 콩, 팥, 녹두 등의 곡물과 채소, 꽃, 견과류 등을 더해서 쌀에 부족한 영양 성분을 더한 밥도 기능성 밥의 한 종류라고 볼 수 있다. 앞으로 기능성 쌀은 더 세분화되어 눈 건강에 좋은 쌀, 치매를 예방하는 쌀 등으로 우리의 필요를 만족시킬 것으로 보인다.

＊ **농부가 쓴 전통 벼와 전통 벼 이야기**

전통 벼 이야기

우리가 가장 선호하는 쌀밥은 지금과 달랐다는 것을 《조선셰프 서유구의 밥 이야기》를 쓰면서 알게 되었다. 벼의 품종이 다르기 때문이다. 선인들이 먹었던 밥에 대한 궁금증으로 전통 벼에 관심을 갖게 되었다. 효율이 우선인 세상에서 사라져가는 전통 벼를 되살려 농사짓고 있는 농부들이

있다는 것을 알게 되었다. 전통 벼 농사를 짓는 농부들은 서유구 선생의
《임원경제지》에 대해 잘 알고 있다. 선생을 안다는 것이 반갑고 전통 벼를
살리는 어려운 길을 걷고 있다는 것이 고마웠다. 전통 벼 농사를 짓는 농
부들이야 말로 우리 음식문화의 기반을 만들고 다지는 분들이란 생각이
들었다. 전통 벼를 직접 농사짓는 분의 이야기를 《조선셰프 서유구의 밥
이야기》에 꼭 넣고 싶었다. 밥에 대해 쓰고 전통 벼를 이야기하고 있지만
직접 농사를 짓지 않고 입으로만 떠드는 것이 얼마나 별 볼 일 없는 일이
란 것에 동의하기 때문이다.

버들벼란 매력이 넘치는 이름에 반해서 그 쌀과 농부를 한 번에 알게 되었
다. 《임원경제지》〈본리지〉 곡식 이름 고찰 편에는 버들벼가 버들올여로
소개되어 있다. 황진웅 농부는 충남 공주에서 전통 벼인 벼들벼와 대추찰
농사를 지으며 버들 방앗간을 운영하고 있다. 아래 내용은 황진웅 농부가
농사 철학과 버들벼에 관해 쓴 내용이다. 이 글에는 농부로서의 고뇌와 현
재 우리가 해결해야 할 과제들이 담겨 있다. 밥을 먹는 사람으로서 그리
고 전통쌀에 관심이 많은 사람으로서 농부의 생각에 동의하게 된다. 농부
의 고민은 우리 모두의 고민이기도 하다. 황진웅 농부가 농사짓는 곳이 공
주의 유평(柳平) 마을인데 농부의 이름이 '진웅'으로 공주의 옛이름 웅진을
뒤집은 것이고 유평(柳平)의 '유'가 버들 유(柳) 자인 것을 보면 황진웅 농부
와 버들벼는 인연이 깊다.

황진웅 농부가 전하는 전통 벼 이야기

농사란 그 농부가 노동과 지혜로 자연에 저항하기도 하고 천체 변화에 따른 절기에 순응하기도 하는 인간의 근본적 삶의 행위이며, 농부란 바람과 비를 얻고 땅을 일구어, 농사하지 않는 사람들을 대신하여 사람들에게 밥을 위한 식량을 지어내는 일을 하는 자로, 농부는 인간과 자연의 중간자적 위치에 있다고 할 수 있겠어요. 현재는 유통이라던가 가공식품 등의 자본의 구조에 따른 또 하나의 순응 또는 복종해야만 하는 요소가 더 생겨서 행태와 목적에 따른 굴절된 모습으로 보이기도 하는 농업 속에서 전통과 밥 이야기를 말해 볼게요.

전통 벼란 오래전부터 자연으로부터 얻은 그 씨앗을 뿌리고 식량을 거두고 또 그 씨앗으로 농사하고 키우고 전해진 볍씨를 말하고, 그 볍씨가 농부의 손에 의해 키워질 때 전통 벼라 말해요. 오랜 세월만큼 전통 벼는 키가 큰 벼, 작은 벼, 꽃과 이삭이 흰 벼, 검은 벼, 붉은 벼, 누런 벼로 각양각색으로 저마다의 열매로 맛과 향을 달리하며 우리에게 다양한 밥맛을 선물하였어요.

이 전통 벼 중 버들벼는 출수기에 눈에 띄게 아름다운 흰 꽃으로 여름을 나고 초가을의 햇살로 빛을 받아 추석 즈음에는 씨앗을 남기는 올벼로 가을에 그 씨앗을 찧으면 너무 예쁜 흰 눈을 가진 멥쌀로 찰지고 부드러운 밥 벼입니다.

일제 강점기란 근대사로 볼 때는 제국주의가 전 세계로 번지며 철, 석유, 전기의 결합체인 기계를 이용하는 기계문명 성장을 이루어 내어 더 빨리, 더 멀리, 더 강하게 인간의 주변을 무장하게 하는 자본주의 태동의 시기로 식량의 양적 생산과 제국주의적 경제 증산과 그 지배자의 입맛에 요구되는 밥을 만들어낸 시기이자 표준경작, 계량화, 정량화 그에 따른 벼 품종의 선택도 농부의 선택권에서 벗어나게 되는 시점으로 농부가 스스로 식량의 생산자이며 공급자에서 식량 생산의 종사자로 변화했던 시기라고 볼 수 있어요. 그래서인지 사람들은 같은 벼 품종으로 농사를 짓는답니다.

버들벼는 키도 크고, 가락 털도 길고, 업치고, 수확기계에 잘 타지도 않고, 수확도 적고, 판로도 스스로 찾아야 하고, 씨앗도 손으로 채종해서 다음 해에 파종해야 해요. 모두 번거로운 노동이 요구되고 농사 경영의 위험성도 높지만 농부 스스로 선택한 길이기도 하죠. 요즈음 세상에 누가 이런 이상한 벼를 농사하여 먹고 산다고? 갸우뚱하기도 하지요.

지금의 편리한 농업의 구조와 규칙에서 벗어나 있어 농부 스스로 행군하며 일구어야 하는 벼가 전통 벼로 알려져 있죠. 앞으로 많은 농부들이 전통 벼 농사를 짓고 전통 벼가 우리의 식탁에 오른다면 이런 힘듦은 줄어들 것으로 생각돼요.

오직 결과에만 집중하여 한 점으로 달려가는 달리기보다는 천천히 들녘과 뒷산을 산책하는 여유를 갖고 천천히 앞으로 갈 필요도 있어요. 이런 다양성의 세상 – 특이한 농부, 예쁜 벼, 우리 할아버지가 농사한 벼에 대한 추억 – 을 우리가 이해해 주면, 삶의 방편으로서의 전통 벼를 농사한 농부가 생기고 우리 밥상에 다양한 음식으로 풍성한 저녁이 되고, 농부는 자신의 선택에 묵묵히 봄에 파종하고 가을에 거두게 될 것입니다.

지금 농사짓고 있는 버들벼는 인간이 자연에서 씨앗을 얻어 농사하며 쌀이 밥이 된 초창기 벼의 형태를 지닌 아주 오래된 벼랍니다. 큰 키와 희고 긴 까락과 벼 이삭은 길며 낱알은 작고 둥글며, 흰 눈이 있는 전통 벼로 충청남도 공주시 계룡면 일대와 여러 지역에서 적은 규모로 농사되고 있는 멥쌀 벼랍니다. 문헌상으로는 《임원경제지》에 유도(柳稻)로 기재된 올벼지요. 충청도 공주에서는 버들벼, 검은까락 버들찰을 농사하고 있어요. 그 옛날 버들벼를 농사했던 옛사람들과 버들벼 농사를 통해 이어가고 있답니다. 버들벼는 한민족 옛 벼입니다.

밤하늘엔 수많은 별들이 있어요. 빛과 어둠 그리고 별들이 있죠, 우리는 하나의 별이며 누군가에게는 뜨이고 누군가에게는 보이지 않죠. 농부는 잘 보이지 않아도 땅을 일구어 농사하며 살아가고 있어요.

버들벼

공주를 비롯한 충청도 일대에서 재배되었던 것으로 알려지고 있으며, 한반도에 지금까지 남아 있는 벼 품종 중 가장 오래된 토종 벼 품종이다. 이삭이 능수버들과 같다 하여 붙여진 이름으로, 키가 크며 이삭은 밝고 연한 노란색을 띤다. 낱알이 작고 둥글며 쌀은 단단하고 찰기와 깊은 맛을 낸다. 현재 농사하고 있는 충남 공주시 계룡면에는 버들미 마을이라는 지명이 전해지고 있다. 1960년대 경제개발에 따른 경지정리 전까지 이 지역에서 자연수로와 버드나무 천변의 논에서 주로 재배되었던 것으로 알려지고 있다. 버들벼의 특징을 살펴보면 키가 130cm 이상으로 자라 지금의 벼에 비해서 큰 편이다. 까락은 아주 길고 버드나무 가지처럼 늘어진다. 출수기에 흰 벼꽃이 피고 조중생종이다. 나락의 껍질이 얇고 부드럽다. 옛날부터 이 마을과 지역의 농민들과 함께 살아왔던 버들벼의 명맥을 잇고 그 품종을 이어가는 일은 선조가 남긴 중요한 유산을 보전하는 일이다.

백미 보기에 너무 예쁜 흰 눈을 가진 깨끗하고 투명한 멥쌀이다. 밥을 지으면 작은 알이 소복하고 윤기로 반짝인다. 맛은 미각에 전혀 부담 없는 당기는 밥이며, 찰지고 고급스러운 단맛을 느끼게 한다. 침샘을 자극하는 향이 있는 듯하며 넘기기에 아까운 맛이지만 어느새 몸은 쌀을 받아들이려 한다. 좋은 맛이며 반찬이 그리 많이 필요하지 않을 듯하다.

오분도 현미 밥을 지으면 옛적 가마솥 밥을 지을 때와 같은 구수한 밥 향기가 방안에 가득하다. 첫맛은 구수하며, 현미 특유의 낱알의 맛이 살아 있고, 몇 번을 씹으면 팥 향과 시루떡을 먹는 듯한 착각을 느끼게 하는 친숙한 맛과 향기를 느낄 수 있다. 뒷맛은 구수한 달콤함이다. 좋은 고향의 맛이다.

* 현미는 원시적인 강한 구수한 맛을 낸다.
– 위 글과 사진은 황진웅 농부가 직접 쓰고 찍은 것입니다.

대추찰 충청도에서 재배되었던 찰벼로 돼지찰벼보다 키가 크며, 나락은 붉은빛을 띤다. 현미와 백미 모두 특유의 향기와 맛을 낸다. 지역에 따라서는 돼지찰로 불려지기도 한 것으로 보이며, 현재 아주 드물게 재배되고 있다. 세종시 전동면에서 토종 농부에 의해 30년 동안 농사지며 전해졌고 공주시 계룡면에서 재배되고 있다.

밥집을 늘린다

　집밥을 대신할 수 있는 밥집이 줄고 있다. 여러 이유가 있겠지만 한식은 재료 준비부터 설거지까지 참으로 사람의 노동력을 많이 요구하지만 부가가치는 낮다. 낮은 대접을 받는 한식이 시절(時節)을 모르는 찬, 비슷한 양념으로 구성된 찬으로 식상함을 주는 것은 당연하다. 그렇다고 고가의 한식이 만

족스러운 것은 아니다. 비슷한 찬이 더 늘어나서 3인분이면 10인이 먹을 수 있을 정도의 찌개와 찬이 나온다. 결국 돈의 가치를 다하지 못한다는 생각이 절로 든다. 먹긴 먹었는데 뭔지… 제대로 된 찬이 없는… 요즘 젊은이들의 말로 '느낌 없는 밥'이 되었다.

밥상은 비합리적이라고 평가절하하게 되고 젊은 세대는 돈값을 못하는 한식보다는 고기나 치즈 등의 유제품과 채소의 존재감이 확실한 '똘똘한 한 그릇'을 찾게 된다. 밥을 먹고 싶으면 카레밥, 짜장밥, 짬뽕밥, 볶음밥을 먹거나 이것도 안 되면 라면에 밥 말아 먹으면 된다. 이제 밥은 밥상의 주인이 아닌 별미식과 고기 음식에 곁들이는 부식으로 그 위상이 낮아졌다. 그나마 우리의 밥상은 기성세대에 의해 유지되고 있지만 힘든 일을 기피하는 세태와 밥을 안 먹어도 되는 세대가 결합하면서 밥의 자리는 더욱 좁아질 수 밖에 없다.

사라진 밥집을 다시 살리는 일은 밥 소비를 늘릴 뿐 아니라 외식에 의존하는 젊은 세대에게 우리 밥을 잊지 않게 한다는 점에서 의미가 크다. 따라서 밥집을 운영하는 사람에게는 세금을 감면해 주거나 밥집을 운영할 때 청년 인력을 지원하는 등의 방안을 동원한다면 좀 더 많은 사람들이 밥집을 여는 데 큰 동력이 되지 않을까 싶다. 원하는 나물과 속 재료를 선택할 수 있는 패스트푸드형 맞춤 비빔밥집이나 김밥집이 늘어나 햄버거나 피자를 대체하게 하는 것도 좋다.

도시락 문화의 보급

도시락은 끼니를 운반하기 좋도록 만든 전용 용기나 여기에 담긴 먹거리를 말한다. 흔히 점심밥을 담아 가지고 다니는데 상황에 따라서는 두 끼니를 도시락으로 해결하기도 하였다. 예전에 어머니들은 새벽에 도시락을 싸는 일이 큰일 중의 하나였다. 아이들이 방학을 하면 어머니들은 도시락 반찬 걱정에서 벗어났다며 한숨을 돌렸다. 도시락은 여행이나 소풍의 필수품이었다. 집에 손님이 왔다가 갈 때도 가는 길에 드시라며 도시락을 주었다. 학교에 급식이 도입되면서 도시락이 사라졌다.

이제 편의점 도시락은 바쁘게 사는 사람들이나 돈이 부족한 젊은이들의 음식이 되었다. 편의점 도시락은 식중독의 우려와 유통상의 편리를 위해서 한결같이 반찬이 달고 짜고 매운 양념을 덮어 쓰고 있다. 육가공품을 많이 사용하고 채소류는 부족하다. 찬에 비해 밥은 차가워도 맛이 있는데 이는 식어도 밥맛을 유지하는 쌀 품종을 쓰기 때문이다. 편의점 도시락을 지역 농산물을 이용하여 현지에서 만들어 공급하고 밥은 밥솥에 담아서 뷔페(buffet)처럼 소비자가 원하는 만큼만 가져가면 밥의 품질도 올리고 음식물 쓰레기도 줄이는 효과가 있을 것 같다.

일본의 기차역이나 열차에서는 각 지역의 특산물을 이용한 도시락이 유명하다. 지역에서 생산되는 쌀과 채소와 육류를 사용하여 만든 도시락을 현지에서 공급받으므로 신선하고 맛도 좋아 여행객들에게 인기가 있다. 고속도로 휴게소나 기차에서 각 지역 농축산물로 만든 도시락을 판매하는 것도 쌀 소비를 늘리는 한 방안이 되리라 생각한다.

잡곡밥의 부활

삶이 단순화되고 획일화되었다. 사람들의 얼굴과 옷차림도 비슷하고 심지어는 어투도 비슷하여 누가 누구인지 구분이 안 된다. 효율을 중요하게 생각하면서 다양성도 사라졌다. 식생활도 예외는 아니어서 밥은 쌀밥을 먹고 찬도 좋아하는 찬 몇 가지를 집중해서 먹는다. 특정 음식만 즐겨 먹으면 음식으로 우리 몸을 치유하는 약식동원(藥食同源)의 효과를 기대하기 어렵다.

예전에는 쌀밥 한 가지보다는 다양한 잡곡밥을 즐겨 먹었지만, 지금은 콩밥 이외에는 거의 먹지 않는다. 잡곡밥을 먹지 않게 된 이유 중 하나는 잡곡의 수확량이 적어 가격이 비싸졌기 때문이다. 예전에는 여러 작물을 골고루 심었다. 곡물만 해도 팥, 조, 수수, 율무, 녹두 등 다양하게 재배하여, 집집마다 먹을 양을 제외하고는 시장에 내다 팔기도 했다. 이렇게 수확한 곡물로 사시사철 밥에 번갈아 넣어 먹으며 영양을 골고루 섭취했다. 단일 작물로 지은 밥보다 잡곡밥은 잡곡에 있는 여러 영양소를 섭취하여 밥에 부족한 영양을 채울 수 있었다. 따라서 우리는 잡곡밥을 먹는 것만으로 잡곡의 여러 효능을 누릴 수 있었다.

일제강점기에 실시된 미곡 증산 운동으로 다양한 잡곡을 짓던 땅은 벼 위주의 농사로 전환되게 되었다. 다양한 토종 잡곡뿐 아니라 많은 토종 농산물이 이즈음부터 사라지게 되었다. 전쟁 이후 보릿고개를 탈출하기 위해서 벼농사와 보리농사 정도에 집중하게 되면서 다른 작물의 재배에 대한 관심은 멀어지게 되었다. 경지 정리와 영농의 기계화, 늘어난 수리안전답으로 논농사가 유리해졌다. 모심기, 농약 살포, 벼 수확의 전 과정이 기계화되면서 쌀농사 위주로 농사를 짓게 되었다. 밭농사는 예나 지금이나 손이 많이 갈 뿐 아니라 가뭄에도 취약하다. 하늘을 바라보고 농사를 지어야 하고 일정 수확량을 보장받지 못하는 잡곡 농사는 멀리하게 되었다.

단일 품종의 재배는 당장은 편할 수 있지만 식물의 다양한 종을 멸종시키고 생태계의 균형을 깨뜨려 심각한 문제를 유발한다. 장기적으로 다양한 품종이 도태되게 되고 지금 우위에 있는 농작물도 천적이 없어져 병충해로 결국 멸종하게 된다. 우리가 잡곡밥을 먹는 일은 우리 음식문화와 건강한 삶의 실천이자 지구를 살리는 위대한 일이다.

비빔밥용 밥의 다양화

비빔밥은 다양한 나물과 고명, 양념이 어우러지는 음식이지만, 그 조화의 중심은 결국 '밥'이다. 밥이 지나치게 질거나 차지면 재료들과 잘 섞이지 않고, 반대로 너무 되거나 찰기가 없으면 각각의 재료들이 겉돌게 된다. 고슬고슬하면서도 탄력 있는 밥알은 각 재료의 풍미를 살리면서 전체의 맛을 하나로 묶어주는 역할을 한다.

이런 점에서 비빔밥에 적합한 쌀 품종의 선택은 단순한 취향의 문제가 아니라, 음식의 본질을 좌우하는 중요한 요소다. 국내에서는 찰기가 많은 자포니카 쌀이 주로 사용되지만, 비빔밥의 세계화 과정에서는 이 쌀이 최적이라고 보긴 어렵다.

뉴욕의 야식 문화를 소개하는 TV 프로그램에서 유명 식당의 인기 메뉴로 '비빔밥'이 등장했다. 밥 위에 튀김과 채소를 올리고, 고추장에 찍어 안주처럼 즐기다가 나중에 고추장과 함께 비벼 먹는 방식이었다. 처음에는 이를 'Mixed Rice'라고 소개했으나, 인기를 끌자 'BibimBab'이라는 고유 명칭으로 바꾸었다고 한다.

야식 비빔밥에 사용된 밥이 어떤 품종의 쌀로 지어졌는지 궁금해졌다. 세계적으로 인디카 계열 쌀의 소비량이 높다는 점, 그리고 외국인들이 '비비는' 문화에 익숙하지 않다는 점을 고려하면, 찰기가 높은 자포니카 쌀보다는 가볍고 잘 퍼지는 인디카나 바스마티 계열 쌀이 쓰였을 가능성이 크다. 인디카 쌀은 자포니카 쌀보다 칼로리가 14~15% 정도 낮고 소화가 빠르다는 장점도 있어, 야식용으로 적합했을 것이다.

비빔밥용 밥에 사용되는 쌀 품종을 다르게 설정함으로써 비빔밥은 또 다른 경쟁력을 갖출 수 있다. 비빔밥의 정체성을 유지하면서도 세계인의 식문화 속으로 자연스럽게 스며들기 위해서는 찰기와 탄성, 수분 흡수력, 유지성 등을 조절할 수 있는 품종 개발이 필요하다.

비빔밥의 세계화는 단순히 양념이나 토핑의 변화만으로 이루어지지 않는다. 쌀의 선택이야말로 비빔밥의 맛의 완성도를 결정짓는 가장 중요한 요소이며, 이에 대한 연구와 실험이 이제 본격적으로 이루어져야 할 때다.

이름을 달리하는 밥

'밥'은 한자로 飯(반)이라 쓴다. 같은 쌀, 같은 솥에서 지은 밥이라 해도, 그릇에 담기는 순간 이름과 무게가 달라진다.

임금이 드시는 밥인 수라(水剌)에는 왕실의 격조와 나라의 안녕, 하늘의 뜻을 땅 위에 펼치는 통치의 권위가 담겨 있었다. 임금이 수라를 드시는 것을 '진어(進御)하신다'고 하였고, 젓가락을 드는 행위조차 '젓수시다'라 하여 높였다. 어르신의 밥은 진지라 불린다. '밥 드세요' 대신 '진지 잡수세요'라고 할 때, 밥은 단지 음식이 아닌 예(禮)가 된다. 진지는 공경과 정성으로 차려진 자리이고, 그 말 속에는 효(孝)와 연륜에 대한 경외가 녹아 있다. 그 밥상 앞에선 자연스레 자세를 바로 세우게 된다.

제사상에 오르는 밥은 메[祭飯]다. 그것은 살아 있는 자의 배를 채우기 위한 밥이 아니다. 떠난 이를 위한 기억의 상징이며, 삶과 죽음을 잇는 조용한 다리다. 메는 말없이 식어 가지만, 여전히 '잊지 않았습니다', '당신이 그립습니다'라는 같은 마음이 메에 담겨 있다.

그리고 입시가 있다. 입시는 하인이나 종이 먹는 밥을 낮잡아 이르는 말이다 앉을 새도 없이 서서 삼켜야 했던 그 밥에는, 쉴 틈도 없는 노동의 고단함이 담겼다. 입시는 고단한 하루 속에 잠시 허기를 달래는 생존의 밥이었고, 노동과 순종이 반찬이 되며, 땀과 눈물로 지은 국물이 곁을 지켰다. 입시는 견딤 그 자체였다.

지금은 모두가 앉아 같은 밥을 나누며, 그저 '밥'이라 부른다. 수라도, 진지도, 메도, 입시도 잊혀 가고 있지만, 그 모든 이름은 여전히 '밥'이라는 단어 속에 숨어 있다. 밥은 관계이며, 예이고, 마음이다.

편리함 너머의 과학,
즉석밥 이야기

지금은 즉석밥이 우리 밥 문화의 한 축을 담당하고 있다. 전자레인지가 가정의 필수품이 되어 즉석밥으로 손쉽게 밥을 지을 수 있다. 즉석밥이 없었다면 우리의 쌀 소비와 밥을 먹는 횟수가 훨씬 더 줄어들었을 것이다. 즉석밥 시장은 초기보다 4배 이상 성장하였는데 앞으로 1인 가구의 증가와 함께 즉석밥의 수요는 더욱 늘어날 것으로 예상된다.

즉석밥으로 주먹밥, 김밥, 볶음밥을 하거나 식혜도 만들 수 있어 즉석밥의 활용 범위가 점점 늘어나고 있다. 즉석밥도 고슬고슬한 밥, 찰기가 있는 밥, 건강에 좋은 현미밥과 잡곡밥, 그리고 해물, 나물, 육류를 넣은 솥밥 등으로 다양해지고 있다.

즉석밥은 편리할 뿐 아니라 갓 지은 밥의 풍미에 뒤지지 않게 되면서 '즉석밥'이란 용어가 무색해질 정도로 그 품질이 우수하다. 집에서 쌀, 물, 불리는 시간을 동일하게 하여 밥을 지어도 밥의 상태가 매번 다르지만 즉석밥의 품질은 변함이 없다. 즉석밥의 밥맛은 언제나 일정한 것이 마치 한결같은 사람 같다.

즉석밥의 다양한 시도는 계속되겠지만 현대인의 입맛에 맞는 전통밥이 즉석밥으로 개발되어 손쉽게 전통밥을 접할 수 있게 하는 것도 의미 있는 일이다.

〈정조지〉는 우리나라 고조리서 중 밥에 관련된 지식과 여러 가지 밥 짓는 법을 가장 많이 담고 있는 책이다. 특히, 연실과 연근을 넣어 지은 옥정반은 맛도 좋지만 쌀에 부족한 영양소를 보강한 밥이다. 멥쌀, 붉은팥, 밤, 대추를 넣은 혼돈반과 혼돈반에 조, 피와 검은콩을 추가한 유반은 맛과 건강을 갖

춘 밥들로 시대를 거슬러 건강을 추구하는 지금 누구나 좋아할 만한 밥이다. 또한 치자와 강황으로 물을 들인 색밥과 호두밥, 은행밥도 즉석밥으로 좋다.

　　요즘 밥을 꺼리는 이유가 탄수화물에 대한 거부라는 것을 생각하면 단백질과 지방이 많고 심장에 좋은 연실, 팥, 대추 등이 들어간 밥은 훌륭한 대안이 될 수 있다. 또한 〈정조지〉에는 없지만 《규합총서(閨閤叢書)》에 나오는 왕과 왕비의 아침상에 흰밥 수라와 함께 필수적으로 올랐던 팥물밥인 홍반은 몸의 부기와 해독 작용에 도움을 주고 맛도 좋다. 이런 전통밥을 활용한 즉석 밥 등이 만들어진다면 밥의 소비를 늘리는 데 도움을 줄 수 있을 것 같다. 앞으로 기능성 쌀과 고품질 쌀의 생산량이 늘어나면서 가바(GABA) 성분을 보강하여 마음을 편안하게 하는 쌀, 키를 크게 하는 쌀, 혈당을 낮추는 쌀이나 곡물 등을 이용한 즉석밥을 만나게 되는 날도 기대하게 된다.

반반 즉석밥
즉석밥은 1인용이므로 한 종류의 밥을 선택해서 먹어야 한다. 오곡 즉석밥이나 현미 즉석밥은 백미 즉석밥에 비해서 건강한 밥이지만 한 끼 식사를 다 잡곡밥으로 먹고 싶지는 않다. 1인 즉석밥에 반은 백미밥, 반은 건강밥을 담으면 즉석밥을 선택할 때 고민을 덜할 것 같다.

한 그릇의 즉석밥이 완성되기까지

오늘날 우리가 편리하게 접하는 즉석밥은 단순한 편의식이 아니다. 고도의 식품공학 기술이 집약된 결과물이다.

시중에 유통되는 즉석밥은 일반적으로 고품질의 쌀을 선별한 뒤, 철저한 세척과 침미(불리기) 과정을 거친다. 이후 고압 증기로 단시간 내에 밥을 짓고, 고기능성 포장재에 밀봉한 뒤, 고온에서 살균 처리된다. 특히 최종 단계인 레토르트 살균 과정은 120도 이상의 고온에서 수분을 동반한 상태로 수십 분간 가열하는 방식이다. 이 과정을 통해 식중독균과부패 미생물은 물론, 효소 작용까지 완전히 억제된다. 그 결과 방부제를 전혀 사용하지 않고도 장기간 보존이 가능하다.

일부 소비자들 사이에서는 즉석밥에 방부제가 들어 있다는 오해가 있었지만, 실제로는 화학적 보존제를 첨가할 필요가 없으며 사용되지도 않는다. 이와 같은 안정성은 열과 압력을 이용한 물리적 멸균 방식 덕분이다. 또한 밀봉에 사용되는 특수 포장재는 산소와 수분의 투과를 효과적으로 차단함으로써 외부 오염을 막는다. 동시에 밥의 식감과 수분을 일정하게 유지하는 데도 기여한다. 즉석밥은 위생성과 안전성을 충분히 확보한 식품이며, 그 제조 공정 전반에 걸쳐 엄격한 품질관리를 거친다. 즉석밥은 단순히 '편리한 밥'이 아니라, 과학적 설계와 정밀 공정을 통해 구현된 '안전하고 믿을 수 있는 식사'다.

우렁각시

육십갑자가 제자리를 찾아온 나이가 되니
얼굴의 주름 고랑만큼 엉성함도 깊어진다.

어느 겨울날,
한껏 갈비탕을 준비했는데
기껏 취사 버튼을 누르지 않았다.
한숨이 절로 난다.

내가 있잖아요~ 어둠 속에서 들리는 밝은 목소리
그래 너를 잊고 있었구나!
모락모락 김이 나는 즉석밥 옆에
잘난 체 하던 갈비탕이 다소곳하다.

맛있는 밥 짓기

밥을 복원하면서 다양한 환경에서 밥을 지어 보았다. 그 과정에서 체득하고 경험한 맛있는 밥 짓기에 대한 특별하지는 않지만 가장 기본적인 것들을 정리해 보았다. 처음에는 밥 짓기를 수치화하고자 하였지만 여러 번 반복적으로 밥을 지어 보면서 크게 의미가 없는 일이라는 것을 알게 되었다. 같은 장소에서 같은 양의 쌀을 불린 다음 무게를 측정해 보면 상당한 양의 차이가 있어 쌀의 수분 흡수량이 생각보다 환경의 영향을 많이 받는다는 것을 알게 되었다.

다만. 이번 장의 밥 짓기의 원리를 통해서 이 책 뒷 부분의 다양한 밥을 짓는 데 조금은 더 쉽게 다가설 수 있도록 도움이 되기를 바란다.

맛있는 밥

정성으로 짓는 밥

프랑스의 세계적인 요리사로 '주방의 피카소'로 불리는 '피에르 가니에르(Pierre Gagnaire)는 프랑스뿐 아니라 서울, 런던, 도쿄, 홍콩, 두바이, 모스크바, LA에 본인의 이름을 내건 최고급 프랑스 식당을 운영하고 있다. 우리 한식을 프랑스 음식과 접목하는 우리 음식에 대한 이해가 높은 요리사다. 그는 "잘

지은 쌀밥 한 그릇은 절대 단순하지 않을 뿐 아니라 정교하고 어려운 요리"라
고 하였다. 밥의 재료와 조리법은 지극히 단순하여 누구나 지을 수 있기는 하
지만 밥을 잘 짓기가 의외로 어렵다는 뜻으로 이를 달리 말하면 밥 짓기는 정
확하게 수치화하기 어렵다는 뜻이다. 지금의 전기밥솥은 불 조절이 일정하기
때문에 밥의 품질이 비교적 일정하지만 쌀의 품종, 보관 상태, 쌀을 불린 장소
의 온도와 습도, 물에 따라서 매끼마다 지어지는 밥이 다르다.

정교하고 어려운 요리는 조리 기술도 중요하지만 정성을 다하는 참된
마음가짐이 더해져야 한다. 밥 짓는 기술의 핵심은 정성이다.

밥 짓기의 과학

자(煮)·증(烝)·소(燒)

음식을 만드는 과정에는 과학이 숨겨져 있지만 우리 밥을 짓는 일은
더욱 그렇다. 우리 밥 짓기는 곡물을 삶는 자(煮)로 정의되어 있지만 자(煮)·증
(烝)·소(燒)의 밥 짓는 3단계 과정을 거친다. 자·증·소가 얼마나 충실하게 실행
되었는지에 따라 밥맛이 결정된다. 자는 솥에 곡물을 담고 삶는 과정으로 이
때 곡물의 전분은 호화(糊化)된다. 동시에 수분은 곡물에 흡수되거나 수증기
가 되어 줄어들게 된다. 자의 과정에서 발생한 뜨거운 수증기가 뚜껑을 덮은
솥 안에 갇힌 곡물을 마저 익히거나 뜸을 들이는데 이 과정이 증이다. 밥 짓기
의 마지막 단계인 소는 솥 밑바닥의 곡물을 약간 태우는 것으로 이때 누룽지
가 만들어진다. 소는 덜 태우거나 더 태울 수 있는 방식으로 조절할 수 있다.
이 과정은 순차적으로 이루어진다. 이는 가마솥과 장작불로 밥을 하며 터득
한 고대의 방식이지만 과학적인 밥 짓기 방식이기도 하다. 가마솥에서 이루어
지는 자·증·소의 원리를 현대 과학에 접목한 것이 압력밥솥이다. 압력밥솥이
밥을 짓는 것 외에도 음식을 삶거나, 뭉클하게 끓이거나, 빵을 찌거나 구울 수
있는 등 여러 음식을 할 수 있는데 가마솥으로도 많은 음식을 할 수 있다. 〈정

조지〉에는 솥을 이용하여 빵을 굽고 고기를 훈증하고 굽고, 볶고, 삶는 음식들이 소개되어 있다. 가마솥이 솥 이상의 기능을 가지고 있기 때문에 가능한 일이다. 가마솥은 자·증·소를 한 솥에서 가능하게 한다. 지금의 오븐과 에어프라이어 이상의 도구라고 할 수 있다.

자·증·소의 방식으로 지어진 밥은 구수하고 은은한 단내가 난다. 밥에서는 윤기가 자르르하고 밥알은 한 알 한 알 살아 있지만 부드럽게 씹히고 단맛이 난다. 맛있는 자·증·소의 과학적인 취반법이 벼와 철솥과 함께 삼위일체를 이루어 만들어낸 걸작품이다.

다양한 밥 짓기

밥은 쌀과 물로 짓지만 의외로 그 방법은 다양하다. 우리는 자. 증. 소의 방식으로 밥을 짓지만, 중국과 동남아시아에서의 밥 짓기는 다르다. 중국에 사신으로 갔던 김창업(金昌業, 1658~1721)은 《노가재연행록(老稼齋燕行錄)》

에서 "산사에서 어린 중이 저녁밥을 짓는데, 가마솥에 당미(唐米)를 넣고 한바탕 끓이더니, 솥을 기울여서 밥물을 따라 낸 뒤 다시 쌀을 넣고 질그릇 뚜껑을 덮어 공기가 새어 나가지 않게 하였다. 잠시 뒤 질그릇 뚜껑 대신 대그릇을 덮고 불을 때다가 잠시 뒤에 여니 밥이 되더라."며 우리 밥 짓기와 다름에 놀랐는지 중국의 밥 짓기에 대해 상세히 기록하였다. 이 방식은 우리가 보리쌀을 삶을 때와 같은 물을 제거하는 제탕법(除湯法)이다. 이갑(李岬, 1737~1795)은 《연행기사(燕行記事)》에서 중국 사람들은 밥을 1~3홉밖에 먹지 않는데, 쌀의 독(毒)을 염려하여 쌀을 끓인 뒤 물을 따라 버리고 새 물을 부어 두 번 지은 밥 즉, 중증반(重蒸飯)으로 먹는다고 하였다.

밥 짓는 방법은 지역마다 다양한 기후, 재료, 식습관에 따라 발전해 왔다. 같은 쌀을 사용하더라도 지역이나 나라별로 밥 짓는 방식이 다르고, 그 방식 속에는 오랜 전통과 철학이 깃들어 있다. 중국, 일본, 동남아시아의 밥 짓는 법을 통해 밥을 보는 태도와 문화에 따른 조리 방식의 차이, 그리고 우리 밥의 독창성을 확연히 느낄 수 있다.

중국은 오랜 농경 문화를 바탕으로 밥을 짓는 방식을 체계적으로 발전시켜 왔으며, 넓은 영토만큼 지역별로 밥 짓는 방식이 다르다. 북방에서는 물에 밥을 넣고 삶아 죽처럼 퍼지게 해서 먹는 방식이고, 남방에서는 고슬고슬하게 쪄서 먹는다. 중국의 오래된 문헌 중 하나인 《주례(周禮)》에는 왕실의 식사를 담당하는 관리가 어떻게 밥을 짓고 식사를 준비했는지에 대한 기록이 남아 있다. 곡식을 삶거나 찌는 방식이 이미 정립되어 있었으며, 예법과 조리 기술이 국가적으로 중요하게 다루어졌음을 보여준다. 비슷한 시기의 《예기(禮記)》에서는 군자가 밥을 지을 때 쌀을 정성껏 씻고 불 조절을 신중하게 해야 한다고 강조하며, 조리 과정 자체가 예법과 연결되어 있음을 알 수 있다. 한나라 시대에 집필된 《한서(漢書)》에는 남쪽에서는 쌀을 쪄서 찰기 있는 밥을 만들었고, 북쪽에서는 쌀을 물에 삶아 퍼지는 형태의 밥을 선호한다고 하여 지역에 따라 밥 짓는 방식이 다르다는 점이 처음으로 명확하게 기록되었다. 북위 시대에 쓰인 농업 서적인 《제민요술(齊民要術)》은 쌀을 여러 번 헹궈 깨끗이 씻는 것이 밥맛을 좋게 하고 약한 불로 천천히 익히면 더욱 부드러운 밥이 된다고 설명하고 있다. 명나라 때 편찬된 《본초강목(本草綱目)》에는 밥은 장을 따뜻하게 하고 기력을 보충하는 역할을 하며, 질게 지은 밥은 소화에 좋고, 단단하게 지은 밥은 기운을 보강하는 효과가 있다고 하였다. 청나라 시대의 요리책 《수원식단(隨園食單)》에는 밥 짓기의 세부적인 기술이 등장한다. 뜨거운 물로 밥을 지으면 부드러운 식감이 나고, 찬물을 사용하면 단단한 밥이 된다는 사실이 언급되며, 솥의 크기와 쌀의 종류에 따라 물의 양을 조절하는 것이 중요하다고 기록되어 있다. 남부 해안 지역에서는 뚝배기에 소의 방식으로 밥을 짓는다.

우리의 밥 짓기는 자·증·소가 한데 어우러진 방식이고 중국의 밥 짓기는 각각의 방식이 독립되어 더욱 다양하다는 것이 특징이다.

일본은 우리와 밥 짓기가 가장 유사하지만 부드럽고 촉촉한 밥을 선호하여 우리보다 쌀을 오래 불리고 약불에서 밥을 지은 뒤 불을 끄고 10~15분 정도 오래 뜸을 들인다. 약불에서 밥을 시작하므로 가마솥에 밥을 지어도 누룽지가 얇게 생긴다.

태국, 라오스, 캄보디아는 기후 특성상 찰기가 없는 인디카 쌀을 물에 불린 후 대나무 바구니에 넣고 증기로 찐다. 찰기가 없기 때문에 손으로 뭉쳐서 먹는 경우가 많다. 말레이시아와 인도네시아에서는 쌀을 코코넛밀크와 함께 끓여 풍미가 깊고 부드러운 밥을 만든다.

우리의 밥 짓기에 대해 청나라 사신 강이제(姜以濟, 1647~1730)는 1724년(영조 즉위년)에 사신으로 조선에 왔을 때, 조선에서 대접받은 밥을 보고 "조선의 밥은 너무 희고 맛이 좋아서 마치 옥과 같다(朝鮮之飯白而美, 若玉然)."고 했다. 또 이보다 앞선 1719년에 온 목극등(穆克登, 1664~1735)도 "조선의 쌀밥은 너무 부드럽고 맛있어서 청나라보다 훨씬 낫다."고 하였다. 또한 1780년 조선에 온 청나라 사신 양방언(楊芳蘊)은 "조선의 백미는 너무 희고 향기가 난다."고 하였다. 이 칭찬으로 우리는 쌀 도정 기술이 우수했고 밥 짓는 솥과 조리법이 정교했으며 쌀 생산량이 풍부해 손님에게 질 좋은 백미를 제공할 수 있는 농업이 발달한 국가였다는 점을 알 수 있다. 우리 밥이 중국의 밥과 다름에 대해 홍대용(洪大容)은 "중국인은 죽을 즐기지만, 조선인은 고슬고슬한 밥을 즐긴다."라고 하였고, 이익(李瀷)은 "중국의 밥은 물이 많고, 조선의 밥은 쌀의 맛을 살린다."며 우리와 중국의 밥 문화 차이를 명확히 지적했다. 이처럼 밥 짓기의 다양한 방식을 통해 우리는 시대와 공간을 초월한 음식문화의 흐름을 엿볼 수 있다.

맛있는 밥의 네 가지 조건

청나라의 문인인 원매(袁枚)는 청나라 음식의 기준을 제시한 조리서
인 《수원식단(隨園食單)》에서 "왕망은 소금은 모든 음식의 장수라고 하였지만
나는 밥은 모든 음식의 근원이고 나머지 음식은 말단"이라고 하였다. 이어서
《시경(詩經)》에는 "쌀을 벅벅 씻고, 솥에 쪄서 푹푹 김이 오르네"라고 하였으
니, 옛날 사람들은 밥을 시루에 쪄서 먹었으므로 밥에 물기가 있는 것을 싫어
했다고 하였다. 잘 지은 밥은 물로 지었지만 마치 찐 것처럼 쌀알 하나하나의
형태가 온전해 입에 넣으면 부드럽고 찰져야 한다. 이렇게 하는 데는 네 가지
비결이 있다.

하나, 좋은 쌀로 향기가 나는 향도(香稻), 서리가 내릴 무렵 추수한 만미(晚米), 수정같이 맑은 도화선 가운데 완전히 익은 벼를 도정하고 장마철에는 바람이 잘 통하게 펼쳐 곰팡이가 생기지 않게 한다.

하나, 쌀을 잘 일어야 한다. 쌀을 일 때에는 시간을 아끼지 말고 손으로 비벼야 한다. 맑은 물이 나올 때까지 씻어야 한다.

하나, 불조절을 잘 해야 한다. 처음에는 센 불로 익힌 후 나중에 약한 불로 뜸을 들인다.

하나, 물이다. 쌀의 상태를 살펴서 물을 부어야 한다. 적지도 많지도 않게 넣어 되지도 않고 질지도 않게 밥을 지어야 좋다.

대체로 부귀한 사람들이 요리하는 방법은 강구하지만 밥 짓기는 소홀히 한다. 이는 말단을 좇고 근본을 잊은 것이니 참으로 가소로운 일이다. 밥의 맛은 모든 맛의 으뜸이니 맛을 아는 사람에게는 좋은 밥을 만났을 경우 따로 요리가 필요치 않다고 하였다.

《조선무쌍신식요리제법(朝鮮無雙新式料理製法)》에서는 "밥은 흰밥이 제일이니 이천 옥자강이나 통진 밑다리 쌀이 제일 좋고 요사이는 석발미(石拔米)가 매우 좋다. 햅쌀은 진이 많아 독이 있으므로 찧어 두었다가 먹는 것이 좋고, 멥쌀은 서리 온 뒤의 쌀이 독기가 없으며 올벼[早稻]는 묵은 팥과 반씩 섞어 솥에서 두어 번 끓으면 그 물을 다 퍼 버리고 새 물을 부어서 지으면 독기가 없다고 하였다. 좋은 쌀은 자잘하고 모양이 걀쭉걀쭉하다"라고 했다. 이로 미루어 우리는 쌀의 독에 민감하였다는 것을 알 수 있는데 쌀의 섭취량이 많기 때문인 것 같다.

쌀

쌀

　　쌀은 벼의 껍질을 벗긴 알곡(rice)뿐만 아니라, 밥을 짓기 좋게 가공한 다양한 곡물도 포함한다. 예를 들어 보리쌀, 조쌀, 수수쌀, 율무쌀, 옥수수쌀 등이 이에 해당한다. 예로부터 사람들은 각 지역의 환경에 맞춰 다양한 곡물로 밥을 지어 먹어 왔지만, 그중에서도 쌀밥을 가장 으뜸으로 여겼다. 쌀밥은 그 자체로도 맛이 훌륭할 뿐 아니라 소화가 잘되고 맛이 중립적이어서 다른 부재료와의 섞임이나 다양한 찬과 잘 어우러지기 때문이다.

　　일반적으로 밥을 짓는 '쌀'은 멥쌀을 의미하며 다른 곡물로 지은 밥과 구분하여 쌀밥을 흰밥, 이밥이라고 한다. 이밥은 멥쌀을 찹쌀, 보리쌀, 좁쌀 등에 대비하여 부르는 입쌀로 지은 밥을 말한다. 이밥은 가장 귀히 여기는 밥으로 고깃국과 함께 이상향을 대변하였다. 선인들은 밥을 중약(中藥)인 치료약보다 우위인 상약(上藥)에 두었는데 밥이 최고의 보약이라는 말은 여기서 유래되었다. 《동의보감(東醫寶鑑)》에서 밥은 "성질이 화평하고 달며, 위장을 편안하게 하고 살을 오르게 하며 설사를 그치게 하고 기운을 돋아 마음을 안정시키는 효능이 있다"라고 하여 쌀밥이 누구에게나 무탈한 밥이자 치료약이라는 것을 알게 된다.

　　쌀은 늘 넉넉하지 못하여 대부분의 백성은 다른 곡물로 밥을 짓거나 섞어서 부족한 쌀을 대체하였다. 그나마 쌀의 대체 곡물이었던 보리는 밭에서 안정적으로 생산되어 흔하였다. 논을 활용하여 이모작으로 보리를 재배하게 되면서 보리의 수확량이 늘어나 가격이 비싼 쌀은 팔고 농민이나 소작농은 보리밥을 먹었다. 쌀밥을 실컷 먹고 싶다는 간절한 소망은 흥부의 박에서 금은보화 대신 흰쌀이 쏟아져 나오고 심청이의 지극한 효성은 공양미 삼백 석에 담게 하였다. 쌀농사가 잘 되면 혼사를 치르거나 공부를 시키는 등 우리 삶의 행복과 불행은 모두 쌀농사의 성패에 달려 있었다.

　　벼의 주산지인 남부지방은 쇠의 명산지이기도 하여 가마솥을 쉽게 만들어 쌀밥을 잘 지을 수 있었다. 남부지방을 중심으로 음식문화가 꽃 피울 수 있었던 것도 맛있는 쌀밥이 시발점이 되었다.

완두콩보리밥

조밥

쌀의 선택

　재료가 좋아야 음식이 맛있는 것은 동서고금의 불변의 원칙이다. 밥 짓기에서도 맛있는 밥은 좋은 쌀에서 시작된다, 좋은 쌀은 쌀알이 잘 여물어 또렷또렷하고 크기가 균일한 완전미를 말한다. 완전미란 쌀알이 깨지지 않아 쌀의 모양을 온전히 유지한 쌀을 말한다. 쌀알이 깨져 있으면 전분이 나와 밥이 고슬고슬하지 않고 끈적인다. 요즘은 기계 건조를 하고 도정 기술이 발달하여 완전미의 비중이 높다. 쌀의 품질은 외관으로도 결정하지만, 농약과 비료의 사용 여부와 횟수도 좋은 쌀의 조건으로 추가된다.

　쌀은 포장이 되어 있어 쌀의 외관을 확인하기 어려운데 쌀 봉투에 기재된 품질 표시 사항을 확인하면 된다. 쌀의 등급을 확인해야 한다. 쌀의 등급은 완전미만으로 이루어진 것은 특품, 싸라기의 혼합 비율이 10%는 상품, 12%는 보통품이다. 혼합미인지 단일미인지 여부를 확인해야 하는데, 혼합미는 여러 농가가 생산한 쌀을 섞어서 도정하여 쌀의 품질이 일정하지 않으므로 가급적 피하고, 한 농가에서 생산된 쌀인 '단일미'를 구입하는 것이 좋다. 쌀의 품질에는 도정 일자도 중요하다. 도정일이 오래된 쌀은 신선도와 함께 영양 성분도 손실되어 있으므로 구매일 기준으로 도정일은 빠르면 빠를수록 좋다. 쌀은 도정한 지 15일이 지나면 산패가 시작되며 품질이 떨어지기 시작한다. 밥맛에 많은 영향을 미치는 쌀에 함유된 단백질의 함량도 알아야 한다. 단

품질표시사항			
품 목	쌀	품 종	별도표기
원산지	충청남도 아산시	중 량	5 kg
등 급	ⓣ 특 상, 보통	단백질함량	ⓢ 수 우, 미
생산년도	별도표기	도정년월일	별도표기
농산물 우수 관리시설	성 명	둔포농협미곡종합처리장	
	주 소	충남 아산시 둔포면 아산호로 1046	
	전 화	041)531-9211~2	

백질의 함량이 낮으면 부드러우면서도 찰기가 있어 밥맛이 좋다. 단백질 함량이 6% 이하는 수, 6.1~7.0%는 우, 7.1% 이상이면 미이다. 쌀 단백질은 알레르기를 유발하지 않고 소화가 잘되기 때문에 함량이 높아도 크게 문제가 되지 않는다. 현재는 단백질 함량을 표기한 쌀도 있고 표기하지 않은 쌀도 있어 의무 사항은 아닌 것 같다. 이 외에도 이모작보다는 충분한 시간을 가지고 천천히 자란 일모작 쌀이 좋고 미네랄과 유기물이 풍부한 토양에서 물을 충분히 공급받고 자란 벼가 성장 속도가 균일해서 밥맛이 좋다. 또한 일찍 수확한 벼보다는 가을 햇볕에 충분히 여문 벼가 낟알이 더 단단하고 치밀할 뿐 아니라 당분과 전분이 균형 있게 형성되어 밥맛이 좋다. 이런 '쌀 이력'이 쌀 품질 표시 사항에 상세히 담긴다면, 소비자들은 쌀의 품질을 더 신뢰할 것이고 자연스럽게 밥에 대한 관심도 커질 것이다. 지금 조건에서 쌀은 브랜드나 가격보다는 내 입맛에 맞는 품종의 단일미 중 도정일이 최근인 것을 사면 최선의 선택이다.

* 우리는 흔히 쌀을 도정 정도에 따라 십분도미, 오분도미로 구분하는데 쌀의 품종에 따라 도정 정도를 일률적으로 정할 수 없다.

쌀의 보관

지금은 쌀을 소량으로 두고 먹는 것이 좋지만 넉넉하게 구입했다면 주의해서 보관해야 한다. 쌀을 잘못 보관하면 탄수화물과 지질이 가수분해되면서 찰기가 떨어지고 유리지방산이 나와 밥이 딱딱해진다. 쌀은 종이봉투에 담아 습도가 낮고 서늘하며 어두운 장소에 두어야 한다. 쌀 봉투 아래는 괴어서 습기가 차지 않도록 보관해야 한다. 쌀은 외부 온도에 민감하게 반응하기 때문에 보관 온도에 신경을 써야 한다. 농촌진흥청에서 쌀의 가장 이상적인 보관 온도는 4도이며 이 온도에서 보관하면 80일 동안 쌀이 밥맛과 신선도, 색 변화가 가장 적다는 연구 결과가 나왔다. 온도는 항상 일정해야 하고 용기는 밀폐 용기에 담는 것을 전제로 한다. 이보다 더 낮은 온도에서는 쌀이 부서지거나 깨지는 요인이 되므로 주의해야 한다. 최근에는 쌀을 진공 보관하는 전용 냉장고가 있어 변질 없이 쌀을 보관할 수 있다. 이런 조건이 여의찮다면 15도 이하에서 보관하도록 해야 한다. 쌀을 보관하는 통에 숯을 넣으면 제습과 냄새를 방지한다.

✳ 뒤주

집에서는 쌀을 뒤주에 넣어 보관하였다. 뒤주는 가정에서 곡식이 습기나 쥐, 해충의 피해를 입지 않도록 갈무리하는 궤짝이다. 습도와 온도 조절 능력이 있는 나무의 판재로 직사각형 모양으로 만들거나 큰 통나무를 판 뒤 나무 뚜껑을 덮은 원형의 뒤주와 지역에 따라서는 황토로 만든 뒤주도 있었다. 뒤주는 집안에서 가장 환기가 잘되고 눈에 잘 띄는 대청마루와 같은 장소에 두어 쌀을 관리하였다. 뒤주의 뚜껑은 천판(天板)이라고 하는데 두 짝이다. 뒤의 천판은 붙박이로 하고 앞의 천판은 여닫이 형태로 되어 있으며 쇠장식과 함께 자물쇠가 달려 있다. 밥을 지을 때는 집안의 어른이 정한 양만큼의 쌀을 자물쇠를 열고 퍼 담은 뒤 다시 자물쇠를 잠갔다. 쌀의 들고 나감은 뒤주를 통해서 철저히 통제되었으므로 가정 경제의 근본은 뒤주의 관리에 있었다.

운조루 뒤주[1]

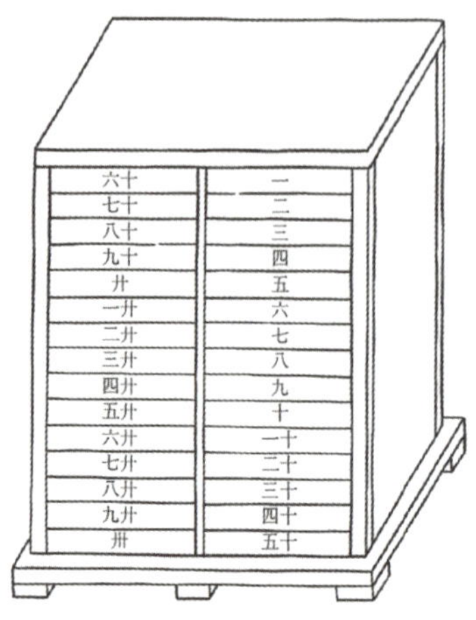

일계체[2]

아직 찧지 않은 나락을 담는 나락 뒤주는 곳간처럼 짓거나 집의 한 켠에
대고 붙박이처럼 짓기도 하였다. 이 외에 굵은 버드나무 가지나 가는 싸리
나무, 그리고 대오리를 엮어서 큰 장독과 같이 만들기도 하였다. 이 외에
도 잡곡을 담는 잡곡 뒤주도 있었는데 보통은 쌀 뒤주보다 작았다. 뒤주
는 쌀통의 기능뿐 아니라 집안의 재력과 위엄을 상징하는 것으로 뒤주에
옻칠을 하거나 자개를 붙여 장식하였다. 뒤주가 클수록 밥을 배불리 먹을
수 있으므로 큰 뒤주는 늘 선망의 대상이었다.

1 전남 구례에는 낙안 군수였던 류이수 선생이 1776년에 지은 운조루라는 집에 쌀 세 가
  마니가 들어가는 뒤주가 있다. 250여 년 된 원통형의 뒤주 아랫부분에 '누구나 열 수 있
  다'는 뜻의 '타인능해(他人能解)'라는 글귀가 붙어 있다. 마을의 배고픈 사람이 언제든
  지 뒤주를 열어 쌀을 가져가게 한 '나눔의 정신'이 뒤주에 담겨 있다.

2 서유구가 고안해 낸 쌀 서랍으로, 〈섬용지(贍用志)〉에 실려 있다. 30개의 칸이 있어 매
  일 먹을 쌀을 나누어 담아 두며, 한 달간 쌀을 계획적으로 소비할 수 있도록 하였다.

고려 시대의 쌀 보관법

"대의창(大義倉)*은 전에는 서남문(西南門)에 있었는데 쌀 3백만 석을 쌓았었다. 화재를 만나 모두 타 버리게 되자 드디어 장패문(長覇門)으로 옮겼는데, 고려 사람들이 여러 물이 모이는 곳이므로 화재를 예방할 수 있다고 여겼기 때문이다. 또한 해염(海鹽)·상평(常平) 2창(倉)이 있는데, 서로 떨어진 거리가 수백 보쯤 된다. 오직 부용창(芙蓉倉)과 우창(右倉)은 평상시에는 풀지 않고 전쟁·수재(水災)·한재(旱災)에 대비해 저장하는데 그 쌓은 모양이 둥근 집과 같으니, 바로 《시경》에 이른바 '또한 큰 창고가 있도다' 한 것이 이것이다. 바닥에다 흙으로 대를 쌓았는데 그 높이가 두 자[尺]쯤 되며 풀을 엮어 멱서리[苫]를 만들어 그 속에 미곡 한 섬씩을 담아 쌓아 올렸는데, 그 높이가 두어 길[丈]이나 되어 담장 밖으로 솟아 있다. 그리고 그 위를 다시 풀로 덮어 비바람을 막는다. 대개 쌀은 공기가 통하지 않으면 부패하게 되는데, 지금 고려의 창름(倉廩, 곳집)에 있는 쌀은 비록 두어 해가 된 쌀이라도 신곡(新穀)과 같다. 그 까닭은 멱서리로 쌀을 쌓는 법을 써서 다소 공기가 소통하기 때문이다."

1123년 송(宋)나라의 서긍(徐兢)이 휘종(徽宗)의 명을 받고 사절로 고려에 와서 견문한 고려의 실정을 그림과 글로 설명한 《고려도경(高麗圖經)》에 고려의 양곡 보관 기술이 아주 뛰어났음을 기술하고 있다.

서긍은 고려의 개경에 있는 곡식 창고의 위치는 물론 곡식의 저장량, 각 창고에 비축된 곡식의 용처에 대해 상세하게 설명하고 있다. 묵은 양곡일지라도 햇곡과 같은 것은 곡식 창고가 환기가 잘되는 멱서리에 양곡을 보관하기 때문이라고 하여 당시 고려의 양곡 보관 기술의 우수성을 말해 주고 있다.

---

* 대의창은 좌창(左倉)·우창(右倉) 등과 함께 개경에 있었던 곡식 창고로 300만 석을 쌓았던 곳이다. 본래는 개경의 서문(西門) 혹은 서대문(西大門) 안에 있었는데, 화재로 모두 소실되자 화재 예방을 위해 수세가 좋은 개경 장패문 안으로 옮겨 지었다. [네이버 지식백과] 대의창(大義倉) (한국민족문화대백과, 한국학중앙연구원)

* 멱서리는 짚으로 날을 촘촘하게 걸어서 볏섬 크기로 만든 그릇으로 섬은 한 번 밖에 쓰지 못하나 멱서리는 4~5년을 쓸 수 있어서 농가의 요긴한 그릇으로 손꼽힌다. 울이 깊으며 바닥은 직사각형을 이룬다. 곡식을 갈무리하거나 이에 담아 나르기도 한다. 곡식은 너 말쯤 들어간다. 걸어두거나 운반하기에 편하도록 바닥에 고리를 달아둔다. 《한국의 농기구》, 김광언 참고

쌀 씻기

쌀 씻기는 밥 짓기의 시작이라고 할 수 있다. 쌀을 씻는 과정은 도정된 쌀의 표면에 남아 있는 전분을 제거하는 과정이다. 전분이 남아 있는 쌀로 밥을 하면 물에 전분이 풀려서 밥이 고슬고슬하지 않고 밥알이 서로 달라붙기 때문이다. 또 쌀에 들어 있는 이물질이 제거되고 잘못 보관된 쌀은 잘 씻는 것만으로도 씻는 과정에서 냄새가 제거된다.

쌀을 씻을 때는 쌀만 씻는 전용 용기를 정해 두고 씻는데 넉넉한 크기의 용기에 씻어야 효율적으로 쌀을 씻을 수 있다. 도정 기술이 발달하지 않은 시절에는 쌀을 박박 문질러 씻었다. 지금은 쌀이 깨끗하므로 쌀을 너무 꼼꼼하게 씻으면 쌀이 으깨지고 맛이 빠지므로 비비거나 저어주는 정도로 씻는다. 쌀을 더운물에 씻으면 쌀이 발효하므로 반드시 찬물에 씻는다. 쌀 씻는 첫 번째 물은 쌀 씻는 전용 용기에 미리 받아 두었다가 쌀을 한번에 넣고 쌀에 쌀겨 냄새나 전분이 배어들지 않도록 대략 휘저어서 씻은 다음에 버린다. 이 과정이 길어지면 쌀이 수분을 흡수하면서 냄새나 전분도 같이 쌀에 침투된다.

쌀 비벼 씻기

쌀 마른 불림

두 번째 씻기부터는 물을 받아 가며 쌀을 씻어도 된다. 적은 양의 물을 부은 뒤 손목에 힘을 빼고 스케이트를 타듯 미끄러지는 손놀림으로 씻거나 양손으로 쌀을 들어올리며 가볍게 비벼 주기를 반복한다. 세 번째 씻을 때는 손을 휘젓듯 씻어야 쌀이 깨끗하게 씻어지면서도 온전한 상태를 유지한다. 쌀의 상태에 따라서 다르지만, 쌀 씻은 물이 가급적 투명해질 때까지 씻어야 밥의 흰색이 오래 유지되고 잘 쉬지 않는다.

씻은 쌀은 물에 담가 여름에는 30분, 봄과 가을에는 1시간, 겨울에는 1시간 30분 정도 불리면 밥을 짓는 시간이 단축될 뿐 아니라 쉽게 열이 침투하여 밥이 부드러워진다. 쌀을 오래 불리면 쌀알이 힘을 잃어 밥이 맛이 없고 쌀을 불리지 않고 밥을 지으면 조리 시간이 길어지고 밥이 뻣뻣하다. 쌀을 오래 불리는 것보다는 덜 불리는 편이 낫다. 쌀을 불리는 시간은 쌀의 품종과 환경에 따라서 달라진다.

압력솥에 밥을 할 때는 쌀을 불리지 않고 한다. 불린 쌀을 체망이나 소쿠리에 건져서 두는 마른 불림을 한다. 마른 불림은 쌀알에 수분을 침투시켜 밥을 촉촉하게 한다. 마른 불림은 30~40분 정도가 좋은데 겉면이 말라 있으면 위아래로 뒤집거나 물에 잠깐 넣었다가 밥을 한다.

초밥용 밥을 지을 때는 불린 쌀을 체망에 건져서 30분~1시간 정도 마른 불림을 한 뒤, 밥을 짓는다. 마른 불림을 한 후 쌀을 다시 찬물에 30분 정도 담근 뒤 밥을 하면 밥이 촉촉하다. 볶음밥용 밥은 쌀알을 살리고 고슬고슬하게 해야 하므로 쌀을 씻은 뒤 물에 불리지 않고 마른 불림을 30분 정도 하는데, 마른 불림을 15분 정도 한 뒤 쌀을 물에 넣고 빠르게 씻어 준 다음 다시 15분을 마른 불림을 한다. 밥물은 보통의 밥보다 10% 정도 적게 잡아야 고슬고슬한 볶음밥이 된다.

밥물의 양

밥을 지을 때 물의 양은 쌀을 씻거나 불리는 과정에서 흡수한 양과 밥을 지을 때 붓는 양을 합한 것을 말한다. 물의 양은 아밀로스(Amylose)나 아밀로펙틴(Amylopectin)에 따라서 조절해야 한다. 아밀로스 함량이 낮은 쌀은 물을 더 적게 넣고 밥을 짓는 것이 원칙이다. 밥을 지을 때 들어가는 물의 양에 대한 기준이 없이 마음 내키는 대로 밥물을 잡아 밥을 지으면 밥맛이 춤을 추고 먹는 사람은 불안한 마음으로 밥그릇을 열게 된다. 쌀을 씻는 과정이나 불리는 과정에서 흡수한 물의 양이나 시간이 다르므로 물의 양만 계량하여 밥을 지으면 안 된다. 쌀을 불릴 때 넉넉한 물에 불리고 쌀만 취하고 쌀을 담갔던 물은 버리는데, 쌀에 있는 무기질 등이 이 물을 통해 빠져나가므로 좋지 않다. 쌀을 씻은 뒤 원래 쌀 무게와 같은 양의 물에 쌀이 물을 다 흡수할 때까지 불린다. 쌀을 건진 뒤 원래 쌀 무게의 50~60%의 물을 더 밥물로 잡아 밥을 지으면 영양소와 맛의 손실이 없는 밥을 먹을 수 있다.

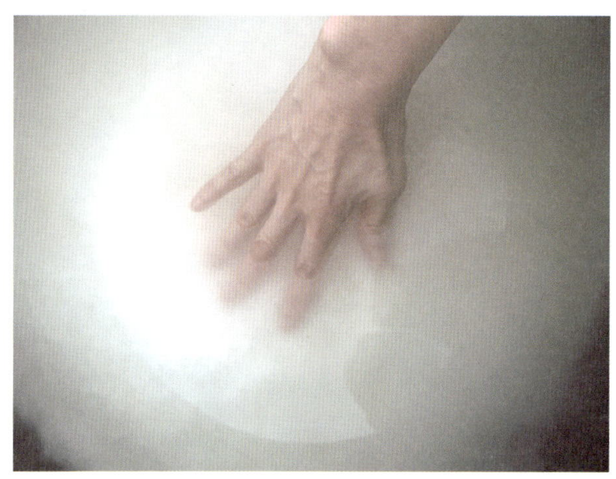

밥물 잡기

묵은쌀이나 보관을 잘못하여 냄새가 나는 쌀, 탄내가 나는 밥 등을 구제하는 방법을 소개한다. 밥을 구제하는 대표적인 재료는 식초로 식초를 두세 방울 넣으면 쌀의 나쁜 냄새가 사라지고 감칠맛과 고소한 맛이 나며 부드럽고 윤기가 흐르는 밥이 된다. 식용유를 2인분 밥 기준 1/3 수저 정도 넣으면 밥에 윤기가 흐르고 찰진 밥이 되는데 식어도 잘 유지된다.

다시마를 넣을 때는 다시마 우린 물을 넣거나 우리지 않은 다시마 조각을 넣고 밥을 한다. 다시마 우린 물로 밥물을 잡을 때 우려낸 다시마를 버리지 않고 밥에 넣어주면 다시마의 알긴산으로 인해 윤기가 흐르고 감칠맛이 나는 밥을 얻을 수 있다. 이 밖에 청주를 넣으면 밥이 잘 상하지 않고 밥이 설익었거나 다시 데워서 먹을 때 청주를 조금 뿌리고 데우면 새 밥처럼 된다. 소주도 밥에 넣으면 냄새가 없는 밥이 되고 밥이 약간 탔을 때도 소주를 조금 넣어서 뜸을 들이면 탄 냄새가 알코올과 함께 증발된다. 우유를 밥에 넣으면 우유의 라이신(Lysine), 칼슘, 철분, 트레오닌(Threonine) 등의 영양 성분이 보강되어 밥맛이 좋아지나 밥이 담백하지 않을 수 있으니 밥물을 조금 적게 잡았다가 밥이 끓기 시작하면 넣어주는 것이 좋다.

물과 불

밥물의 선택

물은 음식의 맛에 큰 영향을 주는데 특히 쌀과 물로만 만드는 밥은 더욱 그렇다. 서유구 선생은 〈정조지〉의 식감촬요에서 제일 먼저 물에 대해서 언급하고 있다. 선생은 밥 짓는 데 가장 좋은 물로 바위틈에서 졸졸 흘러나오는 유혈수를 들었다. 유혈수로 밥을 지으면 매우 유익하다고 하였다. 우물물은 가라앉혀서 사용하고 산의 흙이 검거나 해로운 풀이 많은 산의 물, 흐르지 않는 물은 먹거나 음식을 해서는 안 된다고 하였다. 선생은 물에 따라서 음식의 맛이 달라지므로 나쁜 물로 음식을 하면 망친다고 하였다.

물은 흔히 경수와 연수로 나누는데 연수는 칼슘과 마그네슘 함량이 적고 부드럽고 담백하여 목 넘김이 좋은 물이다. 경수는 물맛이 무겁고 텁텁하고 짠맛, 쓴맛, 비린맛이 느껴지기도 한다. 연수로 밥을 지으면 밥에 윤기가 흐르며 경수로 지으면 섬유질이 단단해져 찰기가 없는 밥이 된다. 순수한 밥맛을 원한다면 연수로 밥을 짓는 것이 좋고 볶음밥용으로는 경수로 지은 밥이 잘 어울린다. 연수는 쌀에 잘 흡수되기 때문에 연수로 지은 밥은 밥알이 통통하다.

경수는 미네랄 농도가 높은 물로 탄산칼슘과 마그네슘의 함량이 높아 목 넘김이 무겁지만 미네랄을 공급하는 장점이 있다. 주로 해안가의 물이 경수다. 연수와 경수를 구별하는 방법은 물맛이 달고 부드러우면 연수, 짠맛이 나면 경수이며 그 중간의 물은 아연수라고 한다.

미네랄 중에서도 칼슘을 소량 포함하고 있으면 물에서 단맛이 나지

만 지나치면 쌀의 섬유질이 단단해져 푸석푸석하고 어두운 색의 밥이 된다. 마그네슘도 미량일 때는 단맛을 내지만 많으면 떫은맛을 낸다. 소량의 칼륨은 밥맛을 살려준다.

물에 녹아 있는 수소의 양에 따라 알칼리성과 산성으로 구분되는 물의 pH는 약알칼리성일 때 호화도와 점성이 높아 맛이 좋다. 약알칼리수로 밥을 지으면 전분의 호화도가 높아져 점성이 생기고 윤기가 흐르며 소화가 잘된다. 일본의 물은 대부분 연수인데 연수는 부드럽고 거품이 잘 난다. 일본 맥주가 유명한 것은 물 때문이다.

밥물 잡기

쌀과 물의 비율이 밥맛을 크게 좌우하는데 쌀의 건조 상태, 도정 횟수, 보관 연수, 보관 장소, 날씨 그리고 벼가 자란 지역에 따라서 맛있게 밥을 지을 수 있는 수분 양이 서로 다르다. 쌀독 안의 아래쪽 쌀과 위쪽 쌀의 수분량에 차이가 있다. 밥을 잘 짓던 사람도 환경이 달라지면 밥 짓기를 실패하기도 한다. 쌀 자체가 함유한 수분량을 파악하지 못한 채 밥을 지을 때는 반드시 저울을 사용해서 쌀의 양과 물의 양을 재는 것이 중요하다.

씻은 쌀은 물을 흡수한 양이 각각 다르므로 밥을 지을 때 쌀의 무게는 마른 쌀을 기준으로 해야 한다. 예를 들어 마른 쌀 150g으로 쌀 양의 1.5배의 물을 넣어서 촉촉하고 부드러운 밥을 짓고 싶으면 마른 쌀 150g을 잰 뒤 쌀을 씻고 불리는 과정을 거친 후 밥을 짓기 전에 재는데 쌀과 밥물의 양이

부드럽게 현미밥 짓는 법
현미밥은 건강에는 좋지만 소화가 안된다는 단점을 가지고 있다. 건강 때문에 현미밥을 먹고 싶어도 소화장애로 먹지 못하는 사람도 많다. 탄산수밥을 지으면 탄산수의 미네랄과 무기질 성분이 밥을 부드럽게 한다.

지장수
지장수는 '무근수'라고도 하는데 좋은 황토로 걸러낸 물이다. 양지바른 들판이나 깊은 산 등성이의 황토 땅속을 두 자 이상 판 뒤 황토를 채취하여 물을 부은 후 휘저어 굵은 황토 입자들이 가라앉은 뒤 얻는 맑은 윗물을 말한다. 지장수는 독을 풀어주기 때문에 각종 독극물이나 독버섯을 먹고 죽어가는 사람에게 지장수 1되를 먹이면 소생할 수 있을 만큼 해독 능력이 탁월하다. 염증을 줄이는 효과와 유해 지방을 분해하는 능력도 있다고 한다. 지장수로 밥을 지으면 밥이 오래 쉬지 않을 뿐 아니라 현미나 잡곡으로 밥을 지을 때 지장수에 담가 두었다가 밥을 지으면 자기 방어 물질인 피틴산(Phytic acid)을 제거하여 현미밥이나 잡곡밥의 소화가 안되는 단점을 해결할 수 있다.

총 375g이 되어야 한다.[1] 도구와 열원, 그리고 열원의 조절에 따라서 물의 양이 달라지므로 물의 양을 달리하며 원하는 밥맛을 찾아내는 것이 가장 중요하다. 압력솥이 물이 가장 적게 들어가고 가마솥, 돌솥, 오지솥 순으로 물 양이 늘어난다[2]. 많은 양의 밥을 할 때는 물을 먼저 끓이다가 쌀을 넣는다. 밥이 끓기 시작하면 큰 주걱으로 위아래를 고루 섞어 준다. 서유구 선생은 자반잡법에서 밥을 주걱으로 두 번 뒤집어야 완전히 익는다고 한다. 많은 사람들을 공양하는 큰 절에서 밥 짓는 방법이다.

불

밥을 지을 때 어느 것 하나 중요하지 않은 것이 없지만 불 조절에 따라서 밥의 품질이 결정된다. 예전에는 열원이 장작불이나 숯불뿐이었지만 지금은 가스불, 인덕션[3], 전기 등으로 다양하다. 지금은 전기밥솥으로 밥을 짓기 때문에 불의 중요도가 낮아지기는 했지만 여전히 직화로 지은 밥이 맛도 더 있는 특별한 밥으로 생각한다.

1 쌀이 밥으로 완성되면 무게가 대략 2배 정도로 늘어난다. 따라서 자신이 먹는 밥 무게의 반 정도에 해당하는 무게의 쌀을 계량하면 된다.
2 솥에 따라서 밥 짓는 물의 양을 달리해야 하는데 물의 양은 압력솥〈무쇠솥〈돌솥〈옹기솥〈노구솥〈일반솥 순이다.
3 인덕션은 열이 고르게 전달되기 때문에 가스불보다 시간을 줄여야 한다.

장작불

　　가마솥 밥을 잘 하는 사람의 비결을 물으면 한결같이 장작불을 조절
하는 것에 달려 있다고 한다. 불 조절을 할 때는 가마솥의 상태와 수증기의 양,
밥 냄새를 살피며 해야 한다. 불 때는 재미에 빠져 가마솥과 조화를 이루지 못
하면 밥은 실패한다. 장작불은 날씨와 장작의 종류와 상태에 따라 지나치게
타기도 하고 불기운을 일으키지 않기도 하므로 밥을 짓는 동안에는 가마솥을
떠나지 않고 불을 살펴야 한다. 가마솥 사이로 올라오는 김의 양을 살피고 밥
냄새를 맡으며 불을 조절해야 하며 원하는 불의 크기를 내는 가늘거나 두꺼운
장작을 미리 불 곁에 준비해 두어야 한다.

솥

우리는 솥 하면 밥이 떠오른다. 밥을 짓는 솥은 밥과 더불어 신령스럽게 여겼다. 솥을 국가 건국의 징표로 삼고 가뭄이나 흉년 등의 악운을 물리치는 영물로 받들었다. 솥은 가족의 대명사이기도 해서 비록 남남이지만 가족처럼 가깝다는 뜻으로 '한솥밥을 먹은 사이'라고 한다. 우리의 부뚜막에는 대개 부엌의 입구부터 옹솥, 작은 솥, 중솥, 가마솥, 두멍솥이 순서대로 걸려 있

다. 큰솥으로는 물을 끓이고 밥은 주로 중솥으로 지으며 국은 작은 솥에 끓였다. 두멍솥은 큰일을 치를 때 사용하는 솥으로 용가마라고도 한다. 용가마의 소댕(솥뚜껑)은 나무를 사용하여 넓쪽으로 짜는데 가운데가 갈라져 있어 필요에 따라 반만 열고 사용할 수 있다.

곱돌솥이나 오지솥은 참숯을 사용하여 집안 어른이나 환자를 위한 영양밥이나 별미밥, 손님을 위한 적은 양의 밥을 지을 때 사용하였다. 이동형인 노구솥은 크기에 따라 장작이나 참숯을 사용하여 밥을 지었다.

솥은 밥 짓기의 필수 도구이며 어떤 솥을 사용하느냐에 따라 밥맛이 크게 달라진다. 우리가 사용하던 전통솥과 현대를 대표하는 압력밥솥에 대해 알아보며 각자의 입맛에 맞는 밥을 지어 줄 솥을 정해보는 것도 좋을 것 같다.

가마솥

우리의 하루는 가마솥에 밥을 짓는 일로 시작하였다. '검다[黑]'라는 뜻을 지닌 가마솥은 토기솥과 청동솥의 단점을 극복한 무쇠솥으로 삼국시대 후기부터 사용된 솥이다. 가마솥은 다리가 없고 솥 바닥이 둥글며 솥의 가장자리가 살짝 오므라들어 있다. 몸체의 중간에는 전이 달려 있고 전에는 네 개의 귀가 달려 있어 부뚜막에 걸기에 편리하다. 가마솥은 부뚜막에 부착시키면 움직일 수 없게 되며 '부(釜)'라고도 한다. 가마솥은 부엌세간 가운데 으뜸으로 피난을 갈 때도 가마솥을 떼어 머리에 이거나 어깨에 둘러메고 갔다. 새로 집을 짓거나 이사를 할 때도 가마솥을 가장 먼저 부뚜막에 걸었다. 이것이 여의 찮으면 솥을 먼저 방에 들여다 놓은 뒤 이삿짐을 들였는데 이 문화는 지금도 남아 있다.

'가마솥이 검다고 밥조차 검을까?'라는 속담이 있다. 이는 검은 가마솥이 흰쌀을 품고 있는 것처럼 겉으로 사람을 평가해서는 안 된다는 뜻을 담고 있다. 검은 가마솥을 열었을 때 갑자기 펼쳐지는 흰쌀의 대비에서 음양의 어울림을 보게 된다.

　　가마솥에는 선인들의 지혜와 전통 과학이 담겨 있다. 가마솥에 지은 밥의 맛이 좋은 이유는 바닥과 뚜껑에 숨어 있다. 가마솥은 열의 전달 방식 중 대류 현상이 이용되었는데 가마솥 바닥이 가열되면 대류에 의해 전체가 골고루 가열되어 열이 상하로 전달되는 방식이다. 가마솥 바닥은 열이 입체적으로 전달되고 대류 현상이 잘 일어나도록 둥글게 설계되었다. 또한 가마솥은 바닥의 두께가 다른데 불길을 가장 빨리 받는 둥근 부분은 두껍고 불길을 덜 받는 가장자리는 얇게 하여 열이 골고루 전달된다.

　　가마솥 뚜껑이 무거워야 압을 유지하여 밥을 잘 익히기 때문에 뚜껑이 가마솥 전체 무게의 1/3을 차지할 정도로 무겁다. 솥뚜껑이 무거우면 불로 가열할 때 솥 안의 공기가 팽창함과 아울러 물이 수증기로 변하게 된다. 뚜껑이 가벼우면 수증기가 쉽게 빠져나가지만 무거우면 덜 빠져나가게 되어 내부 압력이 올라간다. 압력이 높아지면 물의 끓는점이 올라가 밥이 100도 이상에서 지어져 낮은 온도에서보다 더 잘 익게 되고, 따라서 밥맛이 좋게 되는 것이다.

　가마솥이 고온으로 가열되면 철이 녹아 나와 인체에 필요한 철을 얻을 수 있는데 일반 솥으로 지은 밥보다 철의 함량이 7배 이상 높다고 한다.

　1960년대까지 널리 쓰이던 가마솥은 알루미늄 솥에 밀려 서서히 사라졌다가 지금은 가마솥의 원리가 전기압력밥솥에 적용되었다.

–《전통 속에 살아 숨 쉬는 첨단 과학 이야기》, 윤용현의 글 참고

곱돌솥

　곱돌은 기름 같은 광택이 있고 양초처럼 매끈매끈한 돌을 말한다. 연한 녹색 또는 은빛을 띠는데 절연재나 도자기 또는 내화재의 원료로 쓰인다. 곱돌은 일반 돌보다 무르고 열을 받아도 깨지지

않는다. 곱돌은 음식물의 영양소 파괴를 최소화하고, 보온성과 보냉성이 뛰어나다. 따라서 음식의 온기와 냉기를 오래 유지하므로 음식을 조리하거나 담는 그릇으로 좋다.

곱돌솥은 곱돌을 깎아 만든 고급솥으로, 곱돌이 열을 함축하므로 밥을 지으면 압력이 높아 밥이 골고루 익고 차지며 윤기가 흐른다. 곱돌솥을 처음 사용할 때는 볏짚을 땐 불에 구워서 습한 곳에 두고 완전히 식히기를 서너 차례 반복하며 길들이기를 하면 돌의 질이 단단해져서 오래 사용할 수 있다. 곱돌솥으로 밥을 할 때 불이 강하면 갈라지므로 처음 5분은 약불로 가열한뒤 중간불로 올린다. 곱돌은 솥 이외에도 식재료의 유효 성분을 잘 용출시켜주는 약탕기나 뜨거운 음료를 담는 잔, 회를 담는 접시 등으로 널리 활용된다. 곱돌솥으로 지은 밥맛이 제일 으뜸이므로 임금의 수라는 특별히 화로에 백탄을 피운 뒤 1인분씩 곱돌솥으로 지었다. 지금은 영양밥이나 별미밥을 지을 때 사용한다.

오지솥

오지솥은 점토로 구워 만든 솥 모양의 뚝배기를 말한다. 오지솥은 처음 온도를 올리는 데 시간이 걸리지만 일단 올라가고 난 뒤에는 축열성이 있어 장시간 온도를 일정하게 유지하여 뜸 들이기에 적합하다. 또 원적외선을 방출하여 열을 안정적으로 공급하므로 연료를 절약하고 밥맛도 좋게 한다. 밥맛을 결정짓는 단맛과 향은 쌀의 전분이 당으로 전환할 때 나오는 효소의 작용이다. 이 효소는 40~60도일 때 가장 활발한데 오지솥은 천천히 온도가 상승하므로 효소의 활성 시간이 길어져 전분의 당 전환이 효율적으로 이루어진다. 또한 오지솥은 토기를 굽는 과정에서 생긴 수많은 기공이 밥이 지어지는 과정에서 수분을 흡수하였다가 밥이 식으면 다시 내놓기 때문에 밥이 식어도 맛이 떨어지지 않는다. 오지솥으로 지은 밥은 마르지 않아 통통하고 찰지며 단맛이 강하다. 오지솥은 가마솥이나 곱돌솥보다는 덜 무겁고 관리가 쉽다는 것도 장점이다.

오지솥, 돌솥으로 밥 짓기

　빙허각 이씨는 《규합총서(閨閣叢書)》에서 "밥과 죽은 돌솥이 으뜸이고 오지탕관이 그 다음이다." 라고 하였다. 오지탕관은 뚝배기를 말한다. 오지밥이 맛있는 이유는 오지가 밥 짓기에 적합한 소재이기도 하지만 1인용이나 2~3인용의 밥을 짓기 때문이다.

노구솥

　가마솥이 노구솥더러 밑이 검다고 한다는 말이 있다. 가마솥은 매일 밥하고 군불을 때기 때문에 그을음으로 밑이 시커멀 수 밖에 없다. 그러나 노구솥은 천렵을 가거나 산신을 모실 때 가져가는 솥으로 어쩌다 불을 땐다. 그런데 가마솥은 어쩌다 불을 때는 노구솥더러 검다고 흉을 보는 것은 가마솥이 부뚜막에 걸려 있기 때문에 자신의 밑을 볼 수 없어서 자신의 흉을 알 길이 없다. 이 말에서 노구솥의 역할과 사용처를 짐작할 수 있다.

　노구솥의 특성은 구리, 주석 등의 배합 비율에 따라 솥의 열전도율이나 보존율이 달라진다.[4] 〈정조지〉에는 고기 음식의 조리에 노구솥을 많이 사용한다. 노구솥은 열전도가 빨라 밥을 태울 수 있으므로 많은 양의 밥보다는 적은 양의 밥을 짓는 데 적합하여 산천에 제사를 모실 때 사용하였다. 이를 '노구메 정성' 또는 '노구메 진상'이라고 불렀으며 질이 낮은 노구솥을 '통노구'라고 불렀다.

---

4 지금은 노구솥을 만드는 구리 등의 가격 상승으로 생산하는 곳이 없다. 수입 구리솥이 있지만 가격이 고가이기도 하고 우리와는 식문화가 달라 솥으로 사용하기에 적합하지 않다.

놋새옹

새옹

새옹을 노구솥과 혼동하기도 하는데 새옹은 작은 노구솥을 말한다. 놋이나 백동으로 만들며 바닥이 평평하다.

두멍솥은 아가리가 넓고 큰 가마솥으로 나무로 뚜껑을 짜서 반은 고정시키고 반은 열게 되어 있는 솥이다.

상간철

상간철은 노구솥 세 개가 하나로 붙어서 한꺼번에 세 가지 음식을 조리할 수 있는 솥이다. 김성동 작가의 〈꿈〉이란 작품에는 우리의 부엌 풍경이 묘사되어 있는데 여기에 상간철이 등장한다.

"저만큼 벽 쪽에 책상으로 쳐도 좋을 만큼 넉넉하게 둥그넓적한 달밑 위에 두껍다란 이부자리가 개키어져 있고 수수풀 섞어 매흙질 된 부뚜막에는 중백이 노구솥과 상간철이 걸려 있는데 옻칠한 듯 윤나는 익부리솥이다. 부엌

명색으로 층 낮은 저만큼 벽 쪽에 놓여진 배부른 지(紙)독에 말가웃쯤 담겨 있
는 쌀이요, 태 먹은 질항아리에는 간장과 된장이며 고추장도 넉넉한데 기직자
리에는 또 도토리 상수리며 굴밤이 문드러졌다.”

- 불교신문 발췌

이 외에도 작고 오목한 솥을 옹달솥이라고 하는데 줄여서 옹솥이라
고 한다. 전이 있는 솥은 다갈솥이고 큰 가마솥은 용가마라고 한다.

솥의 명칭을 살펴보면 솥뚜껑은 소댕이라고 하고 소댕의 손잡이는 소
댕꼭지, 솥 바닥의 둥그런 부분은 달밑, 솥전은 솥이 부뚜막에 걸리도록 바깥
쪽에 둘러댄 전이고 솥전 대신에 세 개의 쇳조각을 붙여 솥을 걸게 하는 쇳조
각은 솥젖이라고 한다.

전기압력밥솥

전통 기술과 현대 과학 기술이 서로 접목하여 현대인의 삶을 개선시
킨 대표적인 사례가 전기압력보온밥솥이다. 1965년 전기밥솥이 처음 등장하
였을 때는 편리하기는 하지만 밥맛이 떨어졌고 보온의 기능이 없었다. 냄비밥
이 여전히 제일 맛있는 밥이고 밥솥은 일본제를 알아줬다. 1993년 세계 최초
로 IH방식의 전기압력보온밥솥이 우리 손으로 개발되어 출시되었다. 기존의
전기압력밥솥이 바닥의 열판에만 열이 공급되지만 IH방식은 내솥 전체에 열
을 전달하여 밥을 익히므로 가마솥에 장작불을 때서 지은 것 같은 꼬들꼬들
하고 찰진 밥은 사람들의 입맛을 사로잡았다.

구리와 동을 내솥의 소재로 넣은 밥솥에 이어 지금은 열을 조절할 수
있는 IR방식의 압력밥솥이 나와 돌솥 밥맛이 가능하게 되었다. 선인들이 전통
적으로 밥을 지어 먹던 가마솥, 돌솥, 노구솥, 오지솥에 화력이 센 장작불을 결

전기압력밥솥

합한 것이 IH방식이라면 좀 더 섬세한 참숯의 원리를 이용한 것이 IR방식이라고 할 수 있다. 일본에서는 도자기 회사와 전기밥솥으로 유명한 회사가 합작하여 전통 뚝배기의 장점을 현대 밥솥의 편리함과 연결시킨 '내열도자기압력밥솥'을 만들었다. 도자기 산지인 미에현[三重県] 욧카이치[四日市]의 흙을 사용한 도자기로 만든 내솥을 넣어 IH방식으로 개발하였다. 이 밥솥의 차별성은 뜸들이는 온도를 완만하게 조절하여 쌀의 단맛을 천천히 이끌어 내고 내솥에서 발생하는 과도한 수증기를 제거하여 쌀알이 살도록 고슬고슬하게 하는 것이라고 한다. 일본에는 쌀의 품종에 따라 물의 양을 조절해 주는 밥솥, 밥알의 질감을 선택할 수 있는 밥솥이 있다.

대부분 압력밥솥에 밥을 지어야 밥맛이 좋다고 하는데 사람의 입맛에 따라서 다르다. 현미밥이나 잡곡이 많이 들어가는 잡곡밥은 압력밥솥이 좋고 쌀밥이나 불린 잡곡을 쌀에 섞어서 밥을 지을 때에는 무압 방식의 전기밥솥이나 밥솥에 지은 밥이 떡지지 않고 밥알이 살아 있다.

일본 밥솥은 취사 시간은 오래 걸리지만 밥이 부드럽고 촉촉하여 부드러운 밥을 원하는 사람에게 좋다. 쌀의 품종이나 밥의 종류에 따라서는 압력밥솥이 꼭 밥맛을 좋게 하는 것은 아니다. 자신이 선호하는 식감이나 주재료나 부재료에 따라 다양한 밥을 짓는 도구들이 공존해야 할 것 같다.

칼로리를 줄여 주는 저당밥솥

저당밥솥이란 밥의 칼로리를 낮추고 식후 혈당을 조절해 주는 밥솥이다. 밥물을 많이 잡고 밥을 지으면 내솥 위의 쟁반으로 전분과 당질이 분리돼 물로 올라오게 하여 칼로리를 줄여 주는 밥솥이다.

　　서유구 선생은 식감촬요(食鑑撮要)에서 밥의 주재료인 오곡을 "하늘이 사람을 기르기 위해 낳은 양식"이라 칭하며, 사람이 오곡을 얻으면 생존하고, 얻지 못하면 생명을 유지할 수 없다고 강조하였다.

　　그중에서도 멥쌀은 중화와 조화의 기운이 뛰어나 다른 곡식들과는 비교할 수 없는 가치를 지닌다고 본다. 멥쌀에는 조생종(早生種), 중생종(中生種), 만생종(晚生種)이 있는데 흰색의 만생종을 제일로 꼽았다.

　　반면, 찹쌀은 성질이 따뜻하여 술을 빚는 데 적합하고, 몸이 찬 사람에게 좋으나 끈적한 성질로 인해 소화가 어렵기 때문에, 어린 아이나 병자는 섭취를 삼가야 한다고 경고한다.

조는 맛이 짜고, 기운은 약간 차며, 독이 없다. 조는 신장의 기운을 북돋아 주고, 비장과 위장의 열을 제거하는 데 효과가 있다. 특히 오래된 조는 맛이 쓰다. 차조는 맛이 달고, 성질은 약간 차며, 대장에 이롭다. 차조는 밥보다는 술을 빚는 데 더욱 적합하다고 하였다.

황량미(黃粱米)는 알이 굵고 노란빛을 띠며, 찰기가 적은 조로 메조를 말한다. 맛은 달고 성질은 평하니, 이는 땅의 중화하는 기운을 얻었기 때문이다. 황량미는 사람의 기운을 돋우고 속을 편안하게 한다. 색이 흰 조인 백량미(白粱米)는 열을 제거하고, 근육과 뼈를 붙게 하며, 가슴과 배 사이의 열을 없애는 효능이 있다. 향과 맛은 황량미 다음으로 좋으며, 가루를 내어 먹으면 더욱 효과적이라고 하였다.

청량미(靑粱米)는 푸른빛이 도는 조로 수명을 늘리고 몸을 가볍게 하며 병자에게 좋다. 금(金)과 수(水)의 기운을 받아서 곡물 중 가장 서늘하여 병자에게 좋지만 맛이 황량미나 백량미보다 떨어져 사람들이 적게 심는다. 찰기장은 기를 돋우고 열을 다스려 더위 먹은 증상을 치료하며 메기장은 성질이 따뜻하여 오래 먹으면 번열이 난다고 한다. 수수의 맛은 달고 성질은 따뜻하며 독이 없는데 찰수수는 메기장과 효능이 같다.

옥수수는 맛은 달고, 성질은 평하며, 독이 없고 속을 조화롭게 한다. 피는 맛은 부드럽고 기운은 매워 밥을 지어 먹으면 아주 좋다고 하였다.

사람이 오곡을 기를 때에는 생명을 유지하는 면과 함께 집안의 경제에도 보탬이 되는지를 따져 보라고 한다. 남쪽의 메벼와 북쪽의 조는 이런 조건을 갖추어서 사람들이 많이 심고 먹는다고 한다. 예외의 경우도 있는데 사람의 몸에 유익하고 맛있는 황량미는 공에 비해 수확이 적어 사람들이 심지 않지만, 이때는 이익만을 취하지 말고 몸에 좋은 점을 생각하라고 한다.

✳   **장수를 돕는 잡곡밥**

중국의 역대 최고 지도자들이 장수했던 비결이 공개돼서 화제가 된 적이 있다. 중국의 영양보건 최고 책임자인 쩡쉬위안(曾煦媛)과 중국 영양학의 태두로 영양 업무에 60여 년 종사했던 리루이펀(李瑞芬)이 중국 최고 지도자

들의 세 끼 식단을 공개했다. 이들 최고 지도자들의 식단은 산해진미가 갖추어진 음식이 아니라 오히려 정반대로 잡곡을 많이 먹고 육류는 적게 먹는다고 한다. 아침에 연밥죽이나 좁쌀죽과 함께 반 컵의 우유, 반찬 한 접시를 먹고 점심에는 작은 공기의 팥밥이나 율무밥에 10가지 이상의 재료를 넣은 각종 음식을 먹는다. 저녁은 좁쌀죽에 삶은 무나물과 생선완자 등을 먹는다. 조리법으로는 찌고 끓이고, 고거나 무치고, 삶는 위주의 저지방 조리법을 사용한다. 섬유질이 풍부한 견과류와 매일 25가지의 식재료를 먹어야 한다는 것, 즉 많은 종류를 적게 먹는 것[少食多餐]으로 다양한 음식을 먹어야 비로소 영향의 균형이 이뤄지기 때문이다. 리루이펀은 육식의 경우 지도자들은 소, 돼지 등 네 다리 동물의 고기는 비교적 적게 먹고 닭이나 오리 같은 두 다리 동물이 더 좋으며, 두 다리 동물보다는 버섯과 같은 이른바 다리 하나만 있는 것이 더 좋고, 다리 하나보다는 물고기와 같이 다리가 없는 것이 장수 식단의 기본이라고 한다.

〈정조지〉의 밥

〈정조지〉의 시작은 식재료를 다루는 식감촬요(食鑑撮要)이며 본격적인 조리법은 우리의 하늘이자 생명인 밥으로 열고 있다. 〈정조지〉밥 편의 총론에는 밥을 익히는 방법, 밥의 상태, 밥을 먹는 방식에 따라 섬세하게 분류하고 이에 따라 달라지는 밥의 이름이 소개되어 있어 우리가 밥을 얼마나 소중하게 대했는지를 알게 된다. 이어지는 밥 짓는 법에서는 불의 세기와 밥을 짓는 도구, 맛있는 밥의 조건이 상세하게 기술되어 있다. 〈정조지〉에는 쌀밥 이외에도 보리밥, 좁쌀밥 등의 잡곡밥과 색을 입힌 밥, 과일을 넣은 밥을 짓는 법 등을 담아 우리 전통밥의 다양성과 밥의 약식동원(藥食同源)으로서의 기능에 대해서도 주목하게 된다. 〈정조지〉 속의 밥을 복원하여 부흥시켜 먹는 것만으로도 우리의 건강 증진에 도움이 되리라 생각한다. 또한 밥이 기반인 우리 한식의 발전과 세계화를 도모하는 데 〈정조지〉 속의 밥이 큰 기여를 할 수 있으리라 생각한다. 〈정조지〉 권7 절식지류(節食之類) 절식 편에는 절기에 먹던 밥을 따로 수록하여 우리가 소홀하게 생각하는 문화로서의 밥을 숙고하게 한다. 〈정조지〉 속의 밥을 둘러보면서 〈정조지〉 서문의 '형편과 시절을 담은 음식'이 가장 좋은 음식이라는 선생의 음식 철학을 다시 한번 새기게 된다.

밥에 대한 총론

반(飯)은 《설문해자(說文解字)》에 "밥[食]이다."라 했고, 《급총주서(汲冢周書)》에
"황제가 처음 곡식을 익혀 '반'이라 했다."라 했다.

한 번 찐 밥을 '분(餴)'이라 한다【《옥편(玉篇)》에 "'餴'은 음이 분이다. 반쯤 찐 밥
으로, 분(饋)과 같다."라 했다. 《시경(詩經)·대아(大雅)》에 "저기의 물 떠다가 여기에
부으면 선밥[餴]과 술밥 지을 수 있지."라 했고, 그 주석에서 "분(餴)은 쌀을 찔 때 일
단 익으면 물을 뿌려주고 나서 다시 찐 것이다."라 했다】.

다시 쪄서 김이 맺혀 있는 밥을 '유(餾)'라 한다【《설문해자》에 "분(饋)은 한 번 찐
쌀이다. 유(餾)는 밥에 뜸을 들이는 것이다."라 했다】.

잡곡밥을 '유(䬼)'라 하고【《오음편해(五音篇海)》에 "䬼는 음이 유(糅)이다. 잡곡
밥이다."라 했다】, '뉴(飳)'라 하기도 한다【《집운(集韻)》에 "飳는 음이 뉴(紐)이다.
잡곡밥이다."라 했다】.

물과 섞은 밥을 '손(飧)'이라 한다【《석명(釋名)》에 "손(飧)은 흩어진다는 뜻이다.
물에 밥을 말면 밥알이 저절로 흩어진다."라 했다】.

국을 부은 밥을 '찬(饡)'이라 한다【'饡'은 음이 찬(贊)이다. 《옥편》에 "국에 밥을
만 것이다."라 했다】.

도가(道家)에서는 약초를 넣어 색을 낸 밥을 '신(餳)'이라 한다【《정자통(正字通)》
에 "'餳'은 음이 신(迅)이다. 오반(烏飯)이라 하는데, '청정반(靑精飯)'이라고도 한
다."라 했다】. 《옹치잡지(饔饎雜志)》

飯, 《說文》云"食也", 《汲冢周書》云"黃帝始炊穀爲'飯'".

一蒸曰"饙"【《玉篇》云："音分, 半蒸飯也, 與餴同." 《詩·大雅》"挹彼注茲, 可以餴饎", 註"饙, 蒸米一熟而以水沃之, 乃再蒸也"】.

再蒸而氣溜曰"餾"【《說文》："饙, 一蒸米也. 餾, 飯氣流也."】.

雜飯曰"䭈"【《五音篇海》："音粳, 雜飯"】, 曰"䬫"【《集韻》："音紐, 雜飯"】.

水和曰"飧"【《釋名》："飧, 散也. 投水于中, 自解散也"】.

羹澆曰"饡"【音贊. 《玉篇》："以羹澆飯也"】.

道家用藥草設色曰"飯"【《正字通》："音迅, 烏飯也, 一曰'靑精飯'"】. 《饔饎雜志》

서유구 선생은 〈정조지〉를 편찬할 때, 그 근간을 자신이 직접 저술한 《옹치잡지》로 삼았다. 《옹치잡지》는 서유구 선생이 저술한 것으로 기록에 나오나 현재 원본은 전해져 오지 않으며 〈정조지〉에 인용된 것으로만 확인된다.

선생은 취류지류(炊餾之類) 밥 편 총론에서 여러 문헌을 토대로 밥에 관한 정의와 밥 짓는 기본, 밥의 종류 등을 말하고 있다.

밥에 대한 정의

《설문해자(說文解字)》[1]에 밥[食]과 반(飯)은 같다로 밥의 총론이 시작된다. 《급총주서(汲冢周書)》[2]에 "황제가 처음 곡식을 익혀 반이라 했다"라고 하여 밥은 쌀뿐 아니라 다양한 곡물로 지은 것임을 알 수 있다. 황제가 다리가 셋 달린 솥인 정(鼎)에 물을 담고 가을에 첫 수확한 곡물을 시루에 올려서 밥을 지었다. 이 밥으로 하늘에 제사를 지냈으며 밥이 등장하기 전에는 통곡을 올리거나 죽이나 떡으로 제사를 지냈을 것이다.

'반(飯)'이라 말은 황제가 처음 곡식을 익혀서 부른 이름이고, 밥을 한 번 찐 것을 '분(饙)' 또는 '분(餴)'이라고 한다. 《시경(詩經)》의 〈대아(大雅)〉 편에는 "저기의

찐 밥에 물 뿌리기

1 《설문해자(說文解字)》

중국 후한(後漢)시대의 허신(許愼)이 편찬한 자전(字典). 총 15편이다. 그 중 말미의 서(敍) 1편은 진한(秦漢) 이래 문자 정리의 연혁을 밝힌 것으로 100년에 완성되었다. 그 당시 통용된 모든 한자 9,353자를 540부(部)로 분류하고, 친자(親字)에는 소전(小篆)의 자체(字體)를 싣고, 그 각 자(字)에 자의(字義)와 자형(字形)을 설해(說解, 훈고해석(訓詁解釋))하였다. 소전과 자체가 다른 혹체자(或體字, 고문(古文)·주문(籀文))는 중문(重文)으로서 1,163자를 수록하였다. [네이버 지식백과]《두산백과》

2 《급총주서(汲冢周書)》

중국 진(晉)나라 때 허난성[河南省] 위휘부(衛輝府, 당시 汲郡)의 부준(不準)이라는 사람이 몰래 위(魏)나라 양왕(襄王)의 무덤을 발굴하여 훔쳐 낸 죽간(竹簡)으로 된 76권의 책.《주역(周易)》《주왕유행(周王遊行)》《쇄어(瑣語)》등 수십 종이며, 이 책들은 후세 학문연구에 공헌하였다.《급총주서(汲冢周書)》(일명《일주서(逸周書)》)도《수서(隋書)》나《당서(唐書)》에서는 '급총서'라고 하고 있으나, 급총서 76권 중에는 그 말이 보이지 않으므로 급총에서 출토된 책은 아니라고 선인은 쓰고 있다.

물 떠다가 여기에 부으면 고두밥[餴·분]과 술밥을 지을 수 있지”라고 했다. 《옥편》에는 ‘분(餴)’이 잘 익지 않은 설익은 밥과 고두밥이라는 뜻이라고 했고, 주석에 ‘분’은 쌀을 찔 때 일단 익으면 물을 뿌려서 다시 익힌 것이라 하였다. 시루에 찌는 밥은 시루를 받친 솥에서 올라온 증기로 익힌다. 곡물이 익기 시작하면 곡물끼리 접착하면서 증기가 곡물 속으로 스미지 못하여 밥은 설익은 상태로 멈춘다. 솥 안에 물이 줄면서 증기의 양도 줄어 밥을 익히는 동력이 부족하게 된다. 이를 해결하는 방법은 설익은 밥에 물을 주어서 다시 찌는 것이다. 초기의 밥 짓기는 시루에 두 번 쪄서 완성하였음을 알 수 있다.

분(餴)을 다시 쪄서 김이 맺혀 있는 밥을 유(餾)라고 하는데, 증기를 이용하여 찐 분(餴)을 물을 부어 다시 쪄서 김이 맺혀 있는 것이 유(餾)이며 유는 곧 뜸들이는 과정을 말한다. 분과 유로 미루어 총론 편의 밥에 관련된 용어는 솥을 이용하여 밥을 짓기 이전, 즉 시루에 밥을 찌는 과정을 자세히 묘사하였다. 김이 맺혀 있는 상태 유와 유란 밥의 뜸을 들이는 것 등의 용어가 밥을 찌는 과정과 관련이 있다. 총론의 시작에서도 알 수 있지만 시루에서 밥을 할 때는 밥을 한번에 익히는 것이 아니라 밥이 반쯤 익으면 불을 빼서 시루의 온도를 낮추고 밥에 물을 준 다음 다시 2차로 찌는 방식을 사용하였음을 알 수 있다. 이는 지금도 곡물을

국에 말은 밥

시루 등에 찔 때 흔히 사용하는 방식이다. 큰불을 빼내기는 하지만 잔불로 인해 뜨거운 수증기는 계속 공급되기 때문에 밥은 서서히 뜸을 들이며 익는다. 이 방식으로 솥의 물이 부족한 것을 보강하여 속까지 잘 익어 촉촉하면서 단맛이 나는 맛있는 밥이 지어진다. 솥이 타는 것을 방지하고 연료도 절약해 준다. 밥물이 끓으면 불을 빼내는 방식은 솥에 자·증·소를 이용한 밥 짓기에도 계승되었다. 설익은 밥에 물을 주는 과정은 자(煮)로 대체되고 밥을 솥바닥에 살짝 태우는 소(燒)의 과정이 추가되었는데 이 소가 우리 밥맛의 완성도를 크게 높여 주었다.

서유구 선생은 한 가지 곡물로 지은 밥을 반(飯)이라 하고 잡곡을 섞은 밥을 유(飳), 비빔밥을 유(飳) 또는 뉴(餐)라고 하였다. 지금은 밥과 나물을 섞어 비빈 것을 비빔밥이라고 하는데 갖가지 잡곡을 섞은 밥도 비빔밥이라고 한 것이 흥미롭다. 이에 근거하면 비빔밥은 주식과 부식을 섞기 이전에 주식인 이런저런 곡물을 섞은 밥 자체를 의미하였다는 것을 조심스럽게 추측할 수 있다.

물에 만 밥을 손(飧)이라고 한다. 밥을 물에 말면 밥알이 저절로 흩어지기 때문이다. 입맛이 없거나 반찬이 시원치 않을 때, 빨리 먹어야 할 때, 국 대용으로 물에 밥을 말아 먹으면 밥이 술술~ 잘 넘어간다. 입맛이 없다던 사람도 물을 말면 밥을 다 먹기도 한다. 물에 말은 밥 특유의 개운함 때문이다. 처음부터 작정을 하고 물에 말기도 하지만 밥을 먹다가 구미가 떨어지면 물을 말기도 하였다. 또 밥그릇에 붙어 잘 떨어지지 않는 밥알을 먹기 위해 물을 말거나 설거지하는 사람을 배려하여 일부러 밥을 물에 말기도 하였다. 여름에는 찬물에 말고 겨울에는 따뜻한 물에 밥을 만다. 순수한 물 이외에도 보리차, 녹차, 결명자차, 약초 달인 물 등에 밥을 말아 먹으면 입맛도 되찾고 약성도 누릴 수 있어 일거양득이다.

국에 부은 밥은 찬이라 하는데 찬은 국말이를 말한다. 국에 처음부터 밥을 만 것은 '국밥'이다. '찬(饡)'도 '손(飧)'처럼 입맛을 올려주고 밥을 잘 넘기게 한다. 국물 문화가 발달한 우리는 국이 실로 다양한데 어떤 국에 밥을 말아도 맛이 좋다. 국에 밥을 말면 밥알 속으로 국물이 스며들어 씹기가 쉽다. 국 말은 밥은 죽을 대체하기도 한다. 노인이나 어린아이는 소화와 영양의 빠른 흡수를 위하여 일부러 국에 밥을 말아서 먹거나 먹인다.

현대 영양학에서는 '찬'과 '손'이 소화액을 희석한다고 하여 권장하는 식사법은 아니지만 가끔 물을 말아 먹는 것은 괜찮다.

'반유허다, 방찬방손(飯有許多, 方饌方飧)'이란 말이 있는데, "밥이 많아야 국말이도 하고 물말이도 한다"라는 뜻으로 재물이 많아야 이리저리 별러서 쓸 수 있다는 뜻이다.

마지막으로 서유구 선생은 '도가(道家)'에서는 약초로 색을 낸 밥을 신(餏)이라고 하고, 《정자통(正字通)》에서는 오반(烏飯)이나 청정반(靑精飯)이라 한다고 한다. 신은 점심이나 약반을 뜻하고 오반이란 쌀에 색을 들여 까마귀처럼 밥 색이 검은 밥을, 청정반은 밥에서 나는 색과 향기가 푸르러 몸과 마음을 청정하게 해 주는 밥이라는 뜻에서 얻은 이름이다. 신, 오반, 청정반은 이름은 다르지만, 밥에 색을 입힌 약반이다. 약성을 지닌 식재를 사용하여 약초 밥에 색과 향을 입히려면 여러 차례 반복해야 하므로 오랜 시간과 정성이 들어가야 한다. 〈정조지〉에는 남촉의 잎으로 색을 들인 오신반(五辛盤)이 나온다. 도가 사상이 우리나라에 전해진 것은 삼국시대이므로 신라시대에 까마귀의 은혜를 갚기 위해 지은 '오반'이 당시 도가 사상의 영향으로 만들어졌다는 것을 알 수 있다. 색을 입힌 쌀은 오래 두어도 변하지 않고 약재가 가진 효능도 누릴 수 있으며 아름답다. 색밥은 밥 문화권마다 있는데 고귀한 밥으로 귀하게 여긴다. 신, 오반과 청정반을 짓는 법은 〈정조지〉의 밥 편에서 자세히 볼 수 있다.

진밥, 된밥 정도로 밥을 구분하는 지금, 〈정조지〉 총론에서 나온 밥의 여러 이름을 일상에서도 활용하면 밥 문화가 풍성해지고 깊어지는 데 도움이 될 것 같다.

자반잡법

煮飯雜法

여러 가지 밥 짓는 법

정해(靜海)의 여두눌(勵杜訥) 선생에게 듣기로는 밥을 지을 때 밥물이 넘치지 않게 하여 밥물을 간직한 채 뜸을 들이면 향과 맛이 온전해진다고 한다. 불은 약해야 하고 물은 줄어들어야 하니, 대개 올바른 방법이 있다. 소홀하고 경솔하게 밥을 짓는다면 하늘이 준 곡식을 함부로 살상하는 일과 같다. 장영(張英)《반유십이합설(飯有十二合說)》

밥을 지을 때 적당한 불의 세기가 가장 중요하니, 급하게 끓여서는 안 된다. 먼저 쌀을 물로 깨끗이 씻고 완전히 불려놓은 뒤, 물이 끓기 시작하면 쌀을 넣고 다시 부글부글 끓인 다음 주걱으로 고루 저어 뒤집어준다. 한참 동안 그대로 두었다가 주걱으로 밥을 뒤집고 다시 살짝 불을 때주면 아래위로 완전히 익는다. 일반적으로 밥을 뒤집을 때는 주걱을 쓰는데, 주걱에 먼저 물을 적시면 밥알이 들러붙지 않는다.《인사통(人事通)》

솥뚜껑은 평평하여 안정적인 점이 가장 중요하니, 조금이라도 기울어져 있으면 반드시 솥과 뚜껑 사이로 김이 저절로 빠져서 땔감을 많이 소비할 뿐만 아니라 밥이 반은 설고 반만 익는다. 솥뚜껑은 반드시 솥보다 약간 커야 한다.《인사통》

동성(桐城) 장영의《반유십이합설》에서 "조선 사람들은 밥을 잘 지어서 밥알이 반지르르하며 부드럽고 매끄러운 데다가 향기롭고 윤기가 돈다. 아마도 이른바 가운데와 가장자리가 모두 기름지다는 말이 아니겠는가?"라 했으니, 우리나라 사람들의 밥 짓기는 대개 이미 천하에 이름이 난 것이다.
요즘 사람들의 밥 짓기에는 다른 기술이 없다. 쌀을 깨끗이 씻은 뒤 쌀뜨물은 버리고 솥에 넣는다. 이어서 새로 물을 부어 잠기게 하는데, 물은 쌀 위로 손바닥 하나 두께만큼 채우고 나서 솥뚜껑을 덮고 땔감을 때서 끓인다. 밥을 부드럽게 하려면 쌀이 익을 때쯤 불을 물렸다가 15~30분 후에 다시 불을 밀어 넣어 끓이고, 되게 하려면 불을 물리지 말고 처음부터 끝까지 센 불로 끓인다. 그러나 남쪽 지방 사람들은 쌀밥을 잘 지어 먹고 북쪽 사람들은 조밥을 잘 지어 먹는다. 이는 또한 각각 그 풍속을 따른 것이다.《옹치잡지》

聞之靜海 勵先生, 炊米汁勿傾去, 留以蘊釀, 則氣味全, 火宜緩, 水宜減, 蓋有道焉. 魯莽滅裂, 與暴殄天物等. 張英《飯有十二合說》
煮飯, 要火候得宜, 不可急煮. 先將米用水淘淨酥透, 燒水開, 下米再燒滾, 用鏟和均翻轉. 停多時, 將飯用鏟覆下, 又略燒一把, 則上下熟透. 凡覆飯時用鍋鏟, 先用水濕則不粘飯.《人事通》
鍋蓋最要平穩, 少有欹蹻, 自必漏氣, 不獨多費柴火, 且令飯半生半熟. 若買鍋蓋,

須要大些. 同上

桐城 張英《飯有十二合說》

云"朝鮮人善炊飯, 顆粒朗然而柔膩香澤, 儻所謂中邊皆腴者耶?", 吾東炊飯, 蓋已
名於天下矣.

今人煮飯無他術, 將米淘淨, 傾去潘汁入鍋, 澆淹新水, 令米上一掌厚, 蓋定, 燒柴
煮之. 欲軟者, 臨熟退火, 一二刻再進火煮之 ; 欲硬者, 不退火, 始終武火煮之. 然南
人善炊稻飯, 北人善炊粟飯, 亦各從其俗也.《饔饎雜志》

청나라의 정해에 사는 여두눌(勵杜訥)은 밥 짓기에서 가장 중요한 것이 밥물을
넘치지 않도록 하는 것이라고 말한다. 밥을 할 때 밥물이 보글보글 끓어오르기
시작할 때 불 조절을 하지 않으면 밥물이 솥 밖으로 푸르르~ 넘쳐 버린다. 급히
솥뚜껑을 열지만 이미 넘친 밥물은 도로 담을 수가 없다. 되돌릴 수 없는 일을
'이미 엎질러진 물'이라고 하는데 '이미 넘친 밥물'이라고 바꾸는 것도 실감날 것
같다.

가마솥밥 뜸불

밥 뒤집기

엎질러진 물이야 다시 길어 오면 되지만 넘친 밥물에는 쌀에서 우러난 전분과 단백질, 미네랄 등의 영양소가 담겨 있다. 밥물을 잃어버린 밥은 호화가 제대로 일어나지 않아 퍼실퍼실하고 단맛도 없고 미음을 밭치고 난 밥처럼 생기가 없어 밥으로서의 가치가 없다. 더군다나 밥물이 넘쳐서 지저분해진 솥 주변은 밥을 하다가 딴 생각하느라 밥물을 넘치게 하였다는 것을 동네방네 알린다. 밥물을 잘 보전하여 밥을 지어야 밥의 풍미가 온전하다.

밥물이 넘치지 않게 하려면 솥의 기미를 살펴서 밥이 끓기 시작하면 장작불을 빼 주어 불을 낮추어야 한다. 장작불을 빼면 솟구쳐 오르던 밥물은 스스로 잦아들며 쌀 안으로 스며든다. 숯과 가마솥의 여열로 취사는 끊이지 않고 진행된다. 지금 가스불, 인덕션 등의 열원으로 밥을 지을 때도 불 조절은 장작불과 같은 원리로 진행하도록 한다.

밥을 지을 때는 불의 세기가 가장 중요하다. 센 불로만 밥을 하면 아래는 까마귀처럼 타고 위는 설어버린다. 반대로 약불로만 밥을 하면 밥에서 구수한 냄새가 나지 않고 밥이 질고 쌀알이 살아 있지 않고 밥에서 윤기도 나지 않는다. 아궁이

안에 장작이 너무 많으면 불이 활활 타올라 겉은 타고 속은 익지 않는다. 장작은 10분 정도 태울 양만 넣고 밥물이 잦아들면 다시 장작을 넣는다. 장작을 너무 많이 넣어도 밥이 급하게 되어 맛이 없다.

서유구 선생은 먼저 쌀을 물로 깨끗이 씻어 물에 불리라고 하는데 이것은 지금의 밥 짓기와 같지만, 물을 먼저 끓인 뒤 끓는 물에 쌀을 넣고 다시 부글부글 끓이는 밥 짓기는 지금과는 다르다. 밥이 끓으면 밥알이 들러붙지 않도록 물에 적신 큰 주걱으로 끓는 밥의 위아래를 뒤집어 준 뒤 한참 뜸을 들이다가 다시 주걱으로 밥을 뒤집은 후 약불을 때주면 위아래가 완전히 골고루 익은 완벽한 밥이 나온다. 보통 밥을 한 번 뒤집는데 선생은 두 번 뒤집는다.

이 밥 짓는 방법은 많은 양의 밥 짓기를 할 때 좋다. 많은 양의 밥 짓기를 하면 아래 밥은 촉촉하지만 맨 위의 밥은 수분이 부족해서 뻣뻣하다. 쌀과 찬물을 한 번에 솥에 넣고 밥 짓기를 하면 불기운을 빨리 접하는 아래쪽과 불기운이 늦게 도달하는 위쪽의 밥의 상태가 다를 수밖에 없다. 물이 끓을 때 쌀을 넣으면 쌀이 요동치면서 위아래로 섞여 솥의 어느 위치에 있는지에 관계없이 밥이 골고루 익고 빨리 익는다. 밥을 지을 때 끓는 물에 쌀을 넣어서 지으면 좋다. 위 내용에서 끓는 물에 밥을 짓는데 밥물이 끓으면 장작불을 빼내고 장작불을 빼낸 뒤 주걱으로 위아래를 뒤집어 준다는 내용이 생략된 것 같다. 뜸을 들인 뒤 주걱으로 재차 뒤집는다. 이렇게 밥을 지으면 밥이 눋지 않아 많은 사람에게 맛있는 밥을 먹일 수 있다.

솥뚜껑은 평평하여 안정감이 있어야 한다고 한다. 뚜껑은 압력솥과 같이 열을 가둬주는 역할을 하므로 솥뚜껑이 맞지 않으면 가마솥의 밥 짓는 효율이 크게 낮아진다. 밥을 몇 번 지어보면 밥솥의 뚜껑이 참으로 중요하다는 것을 깨닫게 된다. 솥뚜껑과 솥 사이가 야무지게 아귀가 맞지 않으면 그 사이로 열이 새어 나가고 압력이 낮아져 밥을 짓는 시간은 늘어나지만 밥은 고르게 익지 않아 밥맛이 떨어진다. 당연히 연료의 손실도 커진다.

밥솥 뚜껑이 취약하면 솥과 뚜껑 사이의 틈으로 김이 빠지므로 약간 큰 것이 좋다고 했다.

설령 솥뚜껑이 잘 맞고 평평할 뿐 아니라 기울어져 있지 않아도 덮는 사람이 중심을 잡지 못하고 삐뚤어지게 덮으면 김이 다 새어 나간다. 솥뚜껑을 덮을 때도 중심을 잘 잡아서 덮도록 주의한다. 솥뚜껑을 덮고 난 뒤에는 서너 발치 떨어져서 솥뚜껑이 잘 닫혔는지 확인하고 본격적으로 밥 짓기를 시작하는 것이 좋다.

중국 안휘성에 사는 청나라 한림원의 학자 장영(張英)이 《반유십이합설(飯有十二合說)》에서 말한 조선의 밥은 잘 지어진 밥이 갖추어야 할 모든 조건을 빠지지 않고 갖춘 완벽한 밥이다. 윤기, 향기, 부드러움, 촉촉함에 고르게 익히기까지 어느 하나 빠지는 것이 없다. 서유구 선생은 우리나라 사람의 밥 짓기는 별다른 기술은 없고 그저 쌀을 깨끗이 씻는 것과 쌀을 솥에 넣고 물을 붓는데 물의 양은 손바닥 두께만큼 잡는 것이라고 한다. 쌀을 넣고 물이 손등을 살짝 덮는 것으로 밥물을 맞추는 방법은 우리의 전통 밥물 잡는 방법에서 비롯된 것이다.
정확한 계량을 좋아하는 서유구 선생도 밥물만큼은 손등 두께라고 한 것은 쌀의 조건에 따라 수분의 양이 다르기 때문에 밥물의 양을 수치화할 수 없다는 것을 의미한다. 선생은 "밥을 안친 뒤 솥뚜껑을 덮고 땔감을 때서 끓이면 된다."라고 한다.
밥을 잘 짓는 비법은 없는 것인가? 라고 실망할 즈음 선생은 비장의 카드를 꺼낸다. "밥을 부드럽게 하려면 쌀이 익을 때쯤 불을 물렸다가 15~30분 후에 다시 불을 밀어 넣어 끓이고, 밥을 되게 하고 싶으면 불을 물리지 말고 처음부터 끝까지 센 불로 끓이라."는 밥 짓기 비법을 공개한다. 불을 물려서 밥이 스스로 뜸을 들게 한 뒤 다시 불을 밀어 넣고 밥을 지으면 부드럽고 촉촉한 밥이 된다는 선생의 밥 짓는 방법은 나의 밥 짓는 법이기도 하다. 가스불로 밥을 지을 때도 밥물이 끓기 시작하면 밥물이 넘치지 않도록 약불로 줄였다가 밥물이 잦아들면 불을 끈다. 밥의 양에 따라 다르기는 하지만 10분 정도 두었다가 중불로 수분을 날리면 고슬고슬하고 부드러우며 촉촉한 밥이 된다. 약불을 오래 유지하면 맛있는 누룽지가 나온다.
서유구 선생은 주식인 밥도 풍속과 환경에 따라 논농사가 적합한 남쪽 지방 사람들은 쌀밥을 잘 지어 먹고 밭농사가 적합한 북쪽 사람들은 조밥을 잘 지어 먹는다고 하였다.
우리는 조밥을 쌀이 없어서 먹는 구황밥으로 안다.
쌀을 대미(大米), 조를 소미(小米)라고 칭하는 것을 보면 조밥이 널리 먹었던 밥이었음을 알 수 있다.

쌀밥과 나란하게 우리의 주식인 조밥은 한국전쟁으로 남북이 단절되면서 잊혀졌다. 선생은 밥은 그 풍속을 따른다고 하였으니 우리의 주식인 밥이 사는 지역과 계층 그리고 계절에 따라 각기 달랐다는 것을 알 수 있다.

〈정조지〉 가마솥 밥 짓는 법 따라 하기

가마솥 밥은 밥을 짓는 사람의 실력에 따라 밥맛이 들쑥날쑥하다. 잘못 지어진 밥으로 시작한 하루는 뒤숭숭하다. 밥을 잘못 지은 사람은 식량을 낭비하고, 가족의 소중한 식사를 망쳤다는 죄책감에 죄인이 아닌 죄인이 되었다. 삶을 꾸리는 데 중요치 않은 일이 하나도 없지만 밥 짓기는 가장 막중한 일로 여력이 되는 집안에서는 밥을 잘 짓는 사람이 전담하여 밥을 지었다. 밥 짓기를 지금 빵 만드는 기술처럼 하나의 독립된 특별한 기술로 보았고 밥을 잘 짓는 사람을 전문가로 대접한 것이다. 지금은 전기밥솥으로 모두가 밥 짓기 장인이 된 것은 가마솥으로 밥을 지으며 선인들이 쌓은 애환의 산물이다. 전기압력밥솥이 가마솥의 밥 짓는 원리를 재현했기 때문이다.

대가족의 밥을 짓는다는 심정으로 〈정조지〉의 '자반잡법(煮飯雜法)'으로 가마솥에 밥을 짓기로 하였다. 마음이 무겁다!

첫 번째 가마솥 밥 짓기

8kg의 쌀로 야외에 있는 가마솥에서 밥을 지었다. 밥을 실패하면 매일 잘못된 밥을 먹어야 한다는 생각에 심란한 마음이 몰려온다. 가마솥을 박박 씻은 후 솥 안에 물을 부었다. 종이 박스를 이용하여 장작에 불을 붙였는데 불길이 잘 일어나는 것조차 하늘이 돕는다고 생각하게 한다. 가마솥 안의 물이 팔팔 끓을 때 씻어서 불려 둔 쌀을 넣었다. 선생은 손으로 물을 계량하라고 하였는데 마침 장작불이 활활 타오르기 시작하며 물이 뜨거워 손을 넣어 물을 계량할 수가 없다. 실수다! 할 수 없이 대략 눈으로 물의 양을 확인한 뒤 솥뚜껑을 닫았다. 장작이 활활 타오르며 솥에서 김이 피어오른다. 솥의 가장자리에 불길이 잘 미치지 못할 것 같아 장작을 가마솥의 달밑 양쪽으로 놓았다. 불길이 양쪽으로 벌어지며 탄다. 10분 정도 불을 더 때자 구수한 밥 냄새가 온 마당으로 퍼지기 시작한다. 밥 냄새가 좋다는 칭찬도 미리 듣는다.

가마솥이 생각보다 속전속결로 밥을 짓는다. 역시 가마솥의 힘은 대단하다. 가마솥 밥의 진심은 누룽지라는 생각에 노릇노릇한 누룽지를 상상하며 좀 더 불을 땠다.

갑자기 나는 밥 탄 냄새에 놀라서 불을 줄이려고 하는데 불길이 너무 거세서 장작을 뺄 수가 없다. 잠시 멈칫거리고 있는 사이 밥이 타는 냄새가 심각한 지경에 이른다. 겨우 불붙은 장작을 꺼내서 뜸을 들이지만 밥에 대한 기대는 없다. 혹시나 하는 마음으로 솥뚜껑을 열었다. 밥이 되기는 했는데 밥물이 너무 적었던지 밥의 윗부분이 약간 설익은 모양새다. 주걱으로 밥을 퍼 보니 아래는 그런대로 익은 2층 밥이 되었다. 처음인데 이 정도면 잘한 것이라고 자신을 위로한다. 밥을 푸고 누룽지를 떼어 내어 살펴보았다. 누룽지의 한가운데는 먹음직스러운데 불길을 양쪽으로 나누어 두었던 터라 가장자리는 까마귀 같다.

밥이 설익은 것은 밥물도 작았지만, 장작불 때는 것에 집중하느라 밥을 위아래로 섞는 과정을 하지 않았던 탓이다. 가마솥에 밥을 짓는 일은 역동적이기는 하지만 동시에 고요한 마음도 함께해야 한다는 것을 알았다. 절

반의 성공이다~

두 번째 가마솥 밥 짓기

'실패는 성공의 어머니다'라는 말을 곱씹으며 〈정조지〉 자반잡법에 두 번째 도전했다. 밥솥에서 모락모락 김이 날 때 솥뚜껑을 행주로 닦으면 닦을 때 솥뚜껑에 힘이 가해져 솥 내부의 압력이 올라가고 솥뚜껑에 맺혀 있던 수증기가 김이 식으면서 물이 되어 흐르며 솥과 뚜껑 사이를 메워 밥이 잘되도록 한다는 것도 알게 되었다. 경험은 일천하지만 이론으로 무장한 똘똘한 도전자가 되었다.

밥물의 양은 미리 잡아 둔 것을 가마솥에 부었다. 장작불도 가운데 두고 큰 장작과 작은 장작을 함께 넣어 큰 장작은 오래 타고 불의 크기가 크지 않으므로 밥이 뜸이 들 때까지 계속 두고 작은 장작은 불의 크기가 크므로 가마솥이 눈물을 흘리기 시작하면 작은 장작의 양을 줄여 불의 세기를 줄였다.

큰 가마솥에 밥을 짓고 있으니 식솔들이 밥을 기다리고 있는 것 같아 마음이 급해진다. 바늘허리에 못 매 쓴다는 말을 떠올리며 마음을 가라앉히고 밥의 뜸을 들인다. 뜸 불을 오래 유지하면 밥 반 누룽지 반이 되어 식구들 밥이 부족한 경우도 생기므로 주의하였다. 장작불 냄새와 밥 냄새가 섞여 전기나 가스 등의 열원을 이용하여 짓는 밥에서는 결코 날 수 없는 오묘한 기분 좋은 향기가 난다. 처음 술을 빚을 때 술 항아리에서 나오는 꽃향기와 술 익는 소리에 반해 하루 종일 항아리 곁을 떠나지 않았던 기억이 떠오른다. 내년 청명쯤에는 가마솥에 시루를 걸고 지에밥을 지어서 청명주를 빚어 보리라는 계획도 세워본다.

불을 빼내고 잔불을 유지한 채 솥뚜껑을 열었다. 흰 수증기가 내 키만큼이나 올라오는 것이 가마솥에서 산신령이라도 나올 것 같다. 김이 완전히 사라진 뒤 확인된 밥은 흰색이 아니라 철 성분 때문인지 약간 어두운 색이 난다. 뜨거움을 무릅쓰고 손으로 밥을 집어 먹어 보았다. 누룽지의 구수한 향기가 밥에 배서인지 그냥 먹어도 맛이 있다.

지금은 밥을 조금씩 하고 밥 짓는 도구가 발달했기 때문에 밥의 품질이 균일하지만, 장작불을 떼서 짓는 가마솥 밥은 위는 고슬고슬하고 중간은 적당하고 아래는 질고 누룽지 직전의 밥은 떡밥이고 맨 아래는 누룽지로 구성되어 있다. 내가 지은 밥의 모습도 이랬다.

밥을 풀 때는 각자의 선호를 반영하여 밥을 분배하였지만 대체로 소화력이 떨어지는 노인은 진밥을 젊은이는 맨 위의 밥을 주었다. 주걱에 붙어서 잘 떨어지지 않는 떡밥은 모든 엄마의 밥그릇 한쪽에 갱엿 덩어리처럼 붙어 있었다.

두 번째 가마솥 밥 짓기는 불 조절을 잘한 덕분인지 그런대로 성공적이었다. 가마솥 밥을 짓는 날, 사람들에게 국을 끓여 국밥을 대접하려고 하였는데… 세상 모든 일이 뜻대로 되지 않는다고 한숨을 쉬며 가마솥에서 나온 밥을 조금씩 고두밥은 고두밥끼리 진밥은 진밥끼리 구분하여 그릇에 담는다. 작은 양산만 한 누룽지는 나누었다가 끓여 먹어야겠다. 어느새 서쪽 하늘이 잘 눌은 누룽지 색으로 물들어 가고 있다.

✳ 가마솥의 눈물

장작불의 화력이 세지면 가마솥 안의 압력도 올라간다. 가마솥과 솥뚜껑 사이의 틈으로 수분이 흘러나와 물길을 만들며 빠르게 흐른다. 솥 내부에 있던 수분이 압력으로 흘러나오는 것이다. 가마솥이 몸에 익기 전까지는 요리사 겸 화부(火夫)가 버거워 가마솥의 동정을 살필 겨를이 없었다. 가마솥으로 50인분의 밥을 지을 정도가 되자 가마솥이 마당의 '오브제'에서 나의 우직한 친구가 되었다.

어느 날 가마솥에 밥을 짓는데 불길이 안정을 보이자 가마솥을 바라볼 여유가 생긴다. 가마솥을 들이던 날이 엊그제 같은데 벌써 3년 반이 흘렀다. 친구가 되는 데 긴 시간이 걸린 셈이다. 탁~ 탁~ 장작불 타는 소리가 만추의 고즈넉함을 더해 준다.

밥 익는 냄새가 설핏 날 즈음 가마솥 뚜껑 사이에서 나온 물이 눈물이 되어 주르륵 흐르기 시작한다. 예전에는 무심히 보아 넘겼던 광경이 나이 탓인지 계절 탓인지 가마솥이 우는 것처럼 보인다. 닭똥 같은 눈물방울이 글썽글썽 맺히다가 애써 참았는지 쏘옥 들어가기도 하고 한 줄기나 여러 줄기로 주르륵 흐르기도 한다. 어떤 눈물은 가마솥이 부뚜막과 맞닿아 있는 곳까지 길게 흘러내린다. 눈물이 마르고 나면 마른 눈물 자국이 허옇게 남는다. 불길이 약해지는 것 같아 잔가지를 좀 더 넣어주자 가마솥이

부웅~ 부웅 떨면서 소리를 낸다. 이 소리가 눈물과 합해지며 처절한 아우성처럼 들린다.

꽃과부 시누이와 조카까지 열두 명의 밥을 하기 위해 불을 때는 시간이 하루 중 유일하게 앉을 수 있는 시간이었다던 엄마의 다 못하고 남긴 이야기를 듣는 것 같아 자꾸만 꺼져 가는 불을 돋운다. 가마솥도 사람도 눈물을 흘리면서 밥을 지었구나~ 지금의 솥은 눈물을 흘리거나 울지 않는다.

✳ 조밥

우리는 쌀~ 하면 벼 이삭의 알갱이 벗긴 것을 떠올리지만 이외에도 조, 보리, 옥수수, 수수 등의 곡물을 먹기 좋게 벗긴 조쌀, 보리쌀, 옥수수쌀, 수수쌀 등도 포함한다. 우리 밥의 종류는 무척이나 많았다. 북쪽은 밭농사가 발달하여 주로 조밥을 먹었고, 논농사가 많은 남쪽은 쌀밥을 주로 먹었다. 조를 소미(小米)라고 하고 쌀을 대미(大米)라고 칭하는 것을 보면 생각보다 조밥이 일반적인 밥이었음을 알 수 있다. 서유구 선생도 〈정조지〉에서 북쪽 사람들은 조밥을 잘 짓고 남쪽 사람들은 쌀밥을 잘 짓는데 모두 풍속에 따른다고 하여 각 지역에서 생산되는 곡물로 지은 밥을 먹는 것이

조밥

장려되었음을 알 수 있다.

유희춘(柳希春, 1513~1577)이 쓴《미암일기(眉巖日記)》를 보면 전라도 해남에 있는 그의 집안의 수확량은 쌀이 83석이고 보리가 23석이라고 하였으며 경상도 성주에 있는 이문건(李文楗, 1494~1567)의 집에서는 쌀 41석과 보리 5석을 수확하였고, 임진왜란의 참상을 기록한《쇄미록(瑣尾錄)》에서 오희문(吳希文, 1539~1613)은 강원도 철원에서 기장, 조, 콩, 녹두, 메밀을 수확하였다고 하는데 쌀은 없다.

19세기 말 우리나라를 4차례 방문했던 영국의 여행가 겸 지리학자인 이사벨라 비숍(Isabella Bird Bishop, 1831~1904)도 그녀의 견문록《조선과 그 이웃나라들(Korea and Her Neighbours)》에서 "조선의 북부 주막에서는 쌀밥 대신에 조밥이 나온다"라고 하였다. 북쪽 지역에서는 주식이 조밥이었으며 우리의 주식은 지금처럼 쌀밥만이 아니라 지역과 계층, 시절에 따라 달랐음을 알 수 있다.

〈정조지〉에서 채소 분야를 다룬 교여지류(咬茹之類) 외증채(煨烝菜) 편에 소개된 송이자(松茸炙, 송이구이)에는 송이의 기둥을 십자로 칼집을 내어 밀가루와 기름간장을 채워 넣고 띠풀을 엮어 묶으면, 그 모양이 '대(敦)'나

‘모(牟)’와 같다고 《예기(禮記)》〈내칙〉 편에 기록되어 있다고 한다. 《예기(禮記)》〈내칙〉 편에는 자식이 함부로 사용하면 안 되는 부모의 물건 목록으로 ‘대(敦)’나 ‘모(牟)’를 들었다. 대는 원래 술잔이고 모는 흙으로 구운 솥이었는데 나중에 기장을 담아 두는 그릇으로 사용되었다고 한다. 기장이 중국에서도 쌀 못지않은 중요한 주식으로 대접받았다는 것을 확인하게 된다.

＊ 송이자(松茸炙)

묘향산(妙香山)과 개골산(皆骨山)의 여러 승려들은 매년 가을 8월이 되면 각각 기름간장과 밀가루를 들고 깊은 계곡에 들어가서 송이【어린 송이버섯의 맛이 더욱 좋다】를 채취한다. 이 송이의 기둥을 세로 방향에서 십자로 가른 뒤, 밀가루와 기름간장을 채워 넣고 띠풀을 얽어 묶으면 그 모양이 《예기(禮記)》〈내칙(內則)〉에서 말한 ‘대(敦)’·‘모(牟)’와 같다. 이것을 진흙으

로 싼 뒤, 섶나무를 쌓아 불살라서 푹 익었을 때 찢으면, 향기가 온 계곡에
가득하며 맛은 천하에서 으뜸이다.《어우야담(於于野談)》

妙香、 皆骨諸山僧, 每秋八月, 各齎油醬、 粖麫, 入深谷採松茸 【童芝尤
美】, 十字剖莖, 裝入眞麫、 油醬, 編茅束之, 如《禮》 所謂"敦"、 "牟". 裏
以塗泥, 積薪燃之, 待其爛熟擘之, 香滿一壑, 味絶天下.《於于野談》
〈정조지〉 권4 교여지류(咬茹之類) 외증채(煨烝菜) 송이자방(松茸炙方)

※ 밥맛

음식의 맛은 신맛, 쓴맛, 단맛, 짠맛, 매운맛의 오미(五味)가 있다. 맛은 식
재료의 효능과도 관련이 있어 오미자처럼 5가지의 맛을 모두 갖춘 열매가
있기도 하지만 대부분은 2~3가지의 맛을 갖는다. 밥은 사람들이 가장 선
호하는 단맛을 지니고 있다. 단맛에는 강한 단맛이 있고 약한 단맛이 있
다. 밥을 씹으면 처음에는 단맛이 나지 않다가 점점 은은한 단맛이 올라
온다. 밥 같은 단맛을 담미(淡味)라고 한다. 담미는 오미 중 어떤 맛에도 속
하지 않는 맛이다.
밥의 담미는 미각뿐 아니라 후각으로도 느낄 수 있다. 밥을 지을 때 나는
밥 향기에도 담미가 가득 담겨 있기 때문이다. 담미가 담긴 밥 향기는 어
떤 음식에서도 맡을 수 없는 향기다. 달빛 같은 벼꽃의 향기가 그윽한 밥
향기를 닮지 않았을까? 라는 생각도 든다. 밥 향기를 먹는 것으로 식사는
시작된다. 담미를 가진 음식은 매일 먹어도 질리지 않는 특징을 가지고 있
다. 밥처럼 담미를 가진 음식은 몸을 보하고 침을 잘 나오게 하여 소화를
돕고 소변을 잘 나오게 한다. 무엇보다 담미를 지닌 음식은 다른 식재료와
의 어울림이 뛰어나고 어떤 맛과의 조화도 잘 이루어 낸다. 밥이 종횡무진
한 활약상을 펼칠 수 있었던 비결은 밥이 가지고 있는 은은한 담미다.

밥의 선물, 누룽지

밥을 다 먹을 즈음 자꾸 부엌 쪽으로 눈길을 돌리는 사람이 있다면 필시 눌은밥을 기다리는 사람이다. 누룽지는 밥을 짓는 솥과 아궁이의 구조 그리고 불을 때는 방법, 밥을 뜸들이는 과정 즉, 소(燒)라는 독창적인 방식이 결합하여 밥을 지을 때 만들어진다. 우리와 밥 짓는 방식이 다른 일본과 중국에서는 누룽지가 생기지 않는다.

가마솥에 일정한 물과 쌀을 넣고 익힐 때는 온도가 100℃ 이상이 되지 않으나 뜸을 들일 때는 수분이 없어진 솥 바닥의 온도가 220~250℃까지 올라간다. 이 온도에서 3~4분간 있게 되면 밥은 갈변이 되고 전분이 분해되면서 포도당과 구수한 냄새 성분을 가진 누룽지가 생긴다.

누룽지를 긁어서 그냥 먹으면 간식이 되고 물을 붓고 푹 끓이면 눌은밥이 된다. 눌은밥은 물과 밥이 적절하게 섞인 것으로 밥이나 죽을, 숭늉은 눌은밥에서 주로 물만을 취한 것으로 식사를 마무리 짓는 차를 대신하였다. 숭늉은 반탕(飯湯)·취탕(炊湯)이라고 하는데 《계림유사(鷄林類事)》에는 "숭늉을 이근몰(泥根沒, 익은 물)이라 한다."라는 표현이 나오므로 고려 초나 중엽에 존재하였던 것으로 추측된다. 서유구 선생은 〈정조지〉 권3 음청지류(飮淸之類) 숙수(熟水) 편 총론에서 숙수는 향약(香藥)을 푹 달여서 만든 음료인데 우리나라 사람들은 밥이 다 되고 나서 솥 바닥에 누룽지를 남겨두고 물을 부은 뒤 한 번 끓인 것을 '숙수(숭늉)'라고 한다고 하였다. 선생의 설명으로 우리 숭늉이 그저 누룽지를 끓인 구수한 물이 아니라 고소한 약을 달인 향기로운 음료였다는 것을 알게 되었다. 중국이나 일본에 비해 차 문화가 덜 성행하게 된 것은 숭늉이 차를 대신하였기 때문이다.

한 솥 안의 누룽지도 불기운에 따라 더 타기도 하고 덜 타기도 하는데 누룽지를 보면 밥을 보지 않아도 어떤 밥이 밥상에 올랐는지를 짐작할 수 있다. 아예 누룽지가 없거나 누룽지를 실패한 밥은 맛이 덜하고 누룽지가 맛있게 생긴 밥은 누룽지의 구수한 맛이 배어 맛이 더 좋다. 누룽지가 맛이 있으면 밥도 맛이 있어 누룽지의 품질과 밥의 품질은 서로 비례한다. 어른을 모시는 집에서는 일부러 뜸을 오래 들여 누룽지를 많이 만들어 말려 두었다가 눌은밥을 죽처럼 올렸다. 말린 누룽지를 기름에 튀긴 다음 설탕을 뿌리면 아이들의 간식이 되었다. 밥 하나를 지었을 뿐인데 누룽지, 눌은밥 그리고 숭늉이라는 달인 음료가 만들어지고 이 음식을 따뜻하게 먹을 방을 덥힌다는 것이 생각하면 할수록 놀랍다.

＊ 좋은 밥을 위한 12가지 조건, 《반유십이합설(飯有十二合說)》

장영(張英)의 《반유십이합설(飯有十二合說)》은 맛있는 밥을 먹기 위해서는 열두 가지 조건이 맞아야 밥이 맛있다는 뜻이다. 장영은 좋은 식사를 위한 12가지 조건을 말한다. 첫째는 좋은 쌀로 재료가 좋아야 밥이 맛있으며, 두 번째는 불 조절이라고 한다. 조선 사람이 밥을 잘 짓는다고 하여 좋은 밥을 짓는 핵심 기술로 좋은 쌀과 불 조절 기술을 꼽았다. 세 번째는 익힌 고기이며, 네 번째는 제철 채소다. 계절에 맞는 채소와 함께 밥을 먹으면 밥맛이 좋으며, 다섯째는 말린 고기로 육포나 어포를 밥과 함께 곁들여 먹으면 밥맛이 호사스럽다고 했다. 여섯 번째는 저장 채소로 씹으면 상큼한 맛이 퍼지니 그 이상 좋을 수 없다. 일곱 번째는 국으로 오른쪽에는 국, 왼쪽에는 밥을 놓으니 밥은 언제나 국과 함께 먹는다고 했다. 여덟 번째는 새싹으로 정신이 산뜻해지고 양치질을 한 것처럼 입안이 상쾌해진다고 하였다. 아홉 번째는 먹는 때다. 산해진미가 차려져 있어도 배부르고 술에 취해 있으면 때를 맞추지 못한 것이고, 밥상에 국 한 사발만 있어도 맛있게 배불리 먹는다면 때를 맞춰 먹은 것이다. 배가 부른데도 먹는 것은 때를 맞추지 못한 것이고 배가 고픈데도 먹지 않는 것 역시 제때를 맞추지 못한 것이다. 밥을 먹기에 가장 좋을 때는 적당히 배가 고픈 때이다. 열 번째는 그릇이다. 어떤 그릇이라도 상관이 없지만 깨끗이 닦아서 담아야 한다고 했다. 그릇에 사치할 필요는 없지만, 음식과 그릇이 조화를 이루면 음식이 더 맛있다고 했다. 열한 번째는 먹는 장소로 장소가 맞아야 제대로 먹는 것이라 했으니 계절을 살펴 버드나무 아래나 정자, 물가에서 먹으면 금상첨화라고 하였다. 마지막은 마음에 맞는 사람과 함께 먹는 밥이 제일 맛있는 밥이라고 하였다. 혼자 먹는 것은 적막하고 많은 사람이 먹으면 시끄러울 뿐이니 친한 벗들과 함께 먹거나 가족과 함께 먹는 것이 제일 좋다고 하였다. 좋은 사람과 함께하는 밥이 행복이고 기쁨이라는 것이다.

취반의연
炊飯宜軟

부드럽게 밥 짓는 법

취반의연

밥을 지을 때는 부드럽게 하는 일이 중요하니, 쌀을 절약할 뿐만 아니라 또 먹으면 비장과 위장이 상하지 않으며 소화시키기 쉽기 때문이다. 다만 노비와 하인들은 매번 된밥을 좋아하므로, 전적으로 안주인이 항상 살펴보면서 세끼에 모두 부드러운 밥을 짓도록 감독해야 한다. 오직 여름에는 부드러운 밥의 경우 혹시 남은 밥이 있으면 쉬어버리기 매우 쉽고, 또한 여름에는 날이 길어서 밥을 많이 먹더라도 소화시키기 어렵지 않다. 혹 밥을 지으면서 물이 끓어오를 때 쌀을 봉우리처럼 가운데를 높이 쌓아 그중 가장자리 절반이 먼저 부드러운 밥이 되게 하면 가장 좋다.《인사통》

밥 봉우리

煮飯要煮軟, 不獨省米, 且食之不傷脾胃, 容易消化. 但奴婢下人每喜硬飯, 全在主母常加照管, 三時俱要爛飯. 惟夏月爛飯, 儻有餘剩, 極易餿壤, 且夏日永長, 食雖多, 亦不難消. 或煮飯, 於水滾時, 將米堆高, 半邊先儘軟飯, 最妙.《人事通》

밥은 부드러워야 한다. 거칠고 억센 밥은 소화를 어렵게 하여 위장을 상하게 한다. 쌀이 수분을 제대로 흡수하지 못한 탓에 팽창하지 못해 밥 양을 늘리지 못한다. 밥이 부드럽지 못하면 이리저리 손해다. 따라서 밥을 부드럽게 해야 하는데 노비와 하인들은 위장이 튼튼하고 씹는 맛이 있어서인지 된밥을 좋아한다. 아마도 부드러운 밥은 질어서 금방 꺼지고 된밥은 포만감이 오래가기 때문이거나, 이 반찬 저 반찬 넣어서 비벼 먹는 식습관으로 부드러운 밥보다는 수분이 적은 된밥을 선호하는 것 같다.

선생은 밥은 짓는 사람의 취향대로 밥을 짓기 마련이므로, 된밥을 좋아하는 자들에게 밥 짓기를 맡기지 말고 안주인이 매번 감독해서 세끼 모두 부드러운 밥을 지어야 한다고 강조한다.

부드러운 밥이 좋기는 하지만 수분이 많아서 여름에는 잘 상한다는 단점이 있다. 여름에는 밥을 많이 먹어도 활동 시간이 많아 소화가 잘되므로 혹여 부드러운 밥이 남으면 쉬게 하지 말고 많이 먹으라고 한다. 하늘이 내린 곡식을 버리는 것을 얼마나 두려워했는지를 이 내용으로 알게 된다. 밥 한 솥을 부드러운 밥으로 하면 먹고 또 먹어도 남아 밥이 상할 수 있으니 밥물이 끓어오를 때 가운데 쌀을 봉우리처럼 높이 쌓아 그중 가장자리가 먼저 부드러운 밥이 되게 하고 가운데는 된밥이 되게 하면 가장 이상적이라고 하였다. 주인도 하인도 다 만족시키는 밥 짓기다.

취신도제독법

炊新稻制毒法

햅쌀밥의 독 제어하기

취신도제독법

쌀은 서리가 내린 후에야 비로소 독이 없어지니, 올벼에는 독이 있어 묵은쌀과 반씩 섞어서 밥을 해야 한다. 만약 1가지로만 밥을 하고자 한다면, 올벼는 반드시 솥에 넣어서 여러 번 끓어오르도록 끓인 뒤, 원래 물을 떠서 버리고 다시 다른 물을 부어 밥을 지으면 독이 적어진다.《증보산림경제(增補山林經濟)》

炊新稻制毒法

稻米霜後始無毒, 早稻米有毒, 須半雜陳米炊飯. 若欲單炊, 早稻米必下鼎, 煎數沸後, 仍酌去其水, 再入他水造飯則毒少.《增補山林經濟》

모든 식물은 자신을 방어하기 위해 독을 지니고 있다. 아무리 몸에 좋은 것도 한번에 많이 먹으면 안 좋은데 이는 독으로 인한 위험 때문이다. 특히, 갓 수확한 햇것은 신선하고 영양 성분은 많지만 순화되지 않아 독성도 활성화되어 있다. 서리를 맞은 쌀은 한낮의 햇볕과 밤의 낮은 기온으로 시련을 겪는 동안 독성이 제거되어 누구나 먹어도 해가 없는 쌀로 거듭난다. 부득이 햅쌀인 올벼로 밥을 지을 때는 묵은쌀을 섞어 밥을 지어 올벼 속의 독을 희석하여 먹는다. 올벼로만 밥을 할 때는 솥에 물을 많이 부은 뒤 올벼를 팔팔 끓이다가 쌀만 건진 후 독이 들어 있는 물은 버린 뒤 다시 물을 잡아 밥을 짓는다. 이렇게 밥을 지어야 올벼의 독으로 인해 몸이 상하는 것을 막을 수 있다고 한다.

이 밥 짓는 방식은 동남아에서 퍼실퍼실한 볶음밥용 밥을 만들 목적으로 전분을 날리기 위해 쓰는 방식이다. 예전에는 밥을 매일 많이 먹기 때문에 올벼의 미량의 독도 문제가 될 수 있다. 특히 올벼로 환자나 노인의 밥을 지을 때는 더욱 그렇다. 지금은 밥을 적게 먹기 때문에 햅쌀밥의 독에 민감하지 않지만, 햅쌀로 이유식을 만들 때는 주의하는 것이 좋다. 잡벼인 앵미*로 밥을 지을 때도 올벼와 같은 방식으로 밥을 짓는다.

---

* 앵미는 '샤레벼'로도 불리는 적갈색의 잡초성 벼다. 재배벼의 수확량과 품질을 감소시켜서 농부의 근심덩어리다. 품질은 떨어지지만 적색을 이용하여 떡을 만들거나 술을 담그기도 한다. 일부 지역에서는 뉘를 '앵미'라고도 한다.

✳ 서리 맞은 벼

벼가 서리를 맞으려면 서리가 내리는 상강을 지나야 한다. 낮과 밤의 큰 일교차가 서리를 내리게 한다. 상강에 관련된 속담 중 '벼는 상강 전에 베어야 한다'가 있는데 서리를 맞은 벼는 더 이상 크지도 않고 벼의 목이 꺾여 미질이 떨어지기 때문이다. 서리를 맞은 벼는 미질이 떨어지는 대신 수분과 에너지를 축적하여 맛이 좋으며 독이 없다. 《동의보감》에서는 "늦게 여무는 쌀이 제일 좋고, 빨리 여무는 쌀은 그보다 못하다. 쌀은 서리가 내린 이후에 거둔 것이 좋다"라고 하였다. 서리를 맞은 쌀은 폐 기운을 좋게 해서 면역력을 높이고 뼈와 인대를 튼튼하게 해 준다. 고지대나 일교차가 큰 지역에서 자라는 만생종 쌀이 맛이 좋은 이유도 서리 맞은 벼가 좋은 것과 같은 이유다.

예전에는 낫으로 벼를 수확하기 때문에 게으른 농부의 논에서 서리 맞은 벼를 볼 수 있었으나 지금은 기계로 쉽게 수확하기 때문에 방치되는 벼가 없다.

서리 맞은 벼가 맛이 있고 건강에 좋다는 과학적인 근거가 밝혀진다면 '서리 맞은 벼'를 상품화하여도 인기가 있을 것 같다.

취맥이숙법
炊麥易熟法

보리밥 잘 익히기

취맥이숙법

일반적으로 보리밥을 할 때는 먼저 보리를 하룻밤 물에 담가놓았다가 물을 넣고 삶아 익힌다. 그리고 조리(笊籬)에 담아서 물기를 제거한 다음 쌀을 섞고 다시 끓여서 밥을 짓는다.《화한삼재도회(和漢三才圖會)》

보리가 알곡을 맺었지만 아직 누렇게 익지 않았을 때는 베어서 햇볕에 말린 다음 찧어 탈곡한 뒤에 멥쌀을 섞어 밥을 지으면 쉽게 익고 맛이 좋다.《증보산림경제》

보리쌀은 단단하고 껄끄러워서 밥을 지어도 쉽게 익지 않는다. 이때는 먼저 한나절 동안 깨끗한 물에 불려서 낱알 안팎으로 모두 습기를 머금게 해야 한다. 그런 후에 다시 보리를 일어서 밥을 지으면 밥이 부드럽고 맛이 좋으며 게다가 땔감도 절약할 수 있다.《옹치잡지》

炊麥易熟法

凡炊麥, 先漬水一夜, 乃和水煮熟. 盛笊籬去汁, 和稻米再煮作飯.《和漢三才圖會》
麥成實未黃熟時, 刈取曬乾舂米, 和粳米炊飯, 易熟味佳.《增補山林經濟》
麥米硬澁, 炊之不易熟, 須先期一半日浸淨水中, 令米粒內外通濕, 然後更淅炊之, 則飯旣頓美, 且可省薪.《饔饎雜志》

보리를 물에 불려서 밥 짓기 1

밥 짓는 방법

① 보리를 함박에 담은 뒤 보리 위로 손가락 두 마디 정도가 잠길 정도의 물을 붓는다.

② 보리를 손으로 5~6회 휘저은 뒤 보리가 딸려 나오지 않도록 주의하며 물을 따라 버린다.

③ 보리를 함박의 바닥과 측면을 이용하여 손으로 20회 정도 문지른다.

④ ③에 물을 부어 3~4회 휘저은 뒤 보리가 딸려 나오지 않도록 주의하며 물을 따라 버린다.

⑤ 가볍게 손바닥으로 함박의 바닥과 측면을 이용하여 6~7회 문지른다.

⑥ ⑤에 물을 부어 2~3회 저어준 뒤 물을 버린다.

⑦ ⑥의 과정을 3~4회 반복한다.

⑧ 깨끗이 씻은 보리를 물에 하룻저녁을 불린다.

⑨ 불린 보리에 물을 붓고 푹 삶아 보리밥을 조리로 건진 후 물을 뺀 뒤 식힌다.

⑩ 솥에 멥쌀과 보리밥을 넣고 잘 섞은 뒤 밥물을 붓고 밥을 짓는다.

재료

보리쌀 360g

불린 멥쌀 180g

보리쌀 삶는 물 600g

보리밥 짓는 물 370g

보리밥은 물에 실컷 불려서 한 번 찐 다음 밥을 해야 한다. 그렇지 않으면 씹히지 않고 입안에서 겉돌아 먹을 수 없다. 이것이 내가 알고 있는 보리밥 짓기의 비법이다.

보리가 쌀보다 단단하고 껍질이 두껍기 때문에 물에 충분히 불리지 않고 밥을 하면 보리가 야생성을 잃지 않고 미끌거린다. 꽁보리밥을 할 때도 잘 불려야 하지만 쌀과 섞어 지을 때 보리를 불려서 삶지 않고 넣으면 쌀은 익고 보리는 익지 않은 뒤죽박죽으로 밥이 된다.

예전에는 보리쌀을 미리 삶아 두었다가 쌀과 섞어서 밥을 지었다. 엄마들은 보리밥을 지을 때 쌀과 골고루 섞지 않고 쌀의 한쪽에 삶은 보리를 얹어서 밥을 지었다. 한쪽은 희고 한쪽은 시커먼 아수라 백작 같은 밥이 되면 가족에게는 쌀밥 쪽을 주고 자신은 보리밥 쪽을 밥그릇에 담았다. 흰쌀밥에 보리쌀이 듬성듬성 섞인 밥과 검은 보리밥에 흰쌀이 섞인 밥이 한 솥에서 나온다.

이덕무(李德懋)《청장관전서(靑莊館全書)》
寒食麥飯。靑山幾處。誰不灑之。何我瘦削。疾又攻身。爰瞻南雲。彈淚然
而已。
한식(寒食)이라 보리밥 먹고 모두 조상의 묘(墓)에 찾아가 눈물짓지 않
은 이 없건만, 나는 이 수척한 몸에 병까지 겹치어 남쪽 구름만 쳐다보
고 눈물을 흘리며 슬퍼할 뿐일세.

정약용(丁若鏞)《다산시문집(茶山詩文集)》
毋日麥硬。前村未炊。毋日麻。視彼赤肌。嗟我諸男。及我諸婦。敬聽台言。
毋有咎。
보리밥을 단단하여 맛없다 마라, 앞마을에는 밥을 짓지 못한 집도 있
다. 삼베옷이 거칠다고 말하지 마라, 저 사람은 그것도 없어 붉은 살이
보인다. 아 나의 여러 아들과 나의 여러 며느리들아, 공경히 나의 이 말
을 들어서 허물이 있지 않게 할지어다.

풋보리밥 짓기 2

재료

풋보리 210g
쌀 50g
물 470g

밥 짓는 방법

① 풋보리의 이삭을 베어서 햇볕에 말린다.

② 말린 풋보리는 찧어서 탈곡하여 풋보리를 얻는다.

③ 함박에 풋보리를 담고 물을 부은 뒤 떠오른 까끄라기를 물과 함께
흘려보낸다.

④ 풋보리를 2~3차례 가볍게 씻어 준다.

⑤ 풋보리를 물에 불린 멥쌀과 섞어 밥을 짓는다.

풋보리는 덜 익은 보리를 말한다. 푸른 기운은 가셨지만 아직 알곡이 여물지 않은 설익은 보리를 말한다. 보리의 초록 이삭을 따서 끓는 물에 삶고 햇볕에 말린 뒤 손으로 비벼 얻은 초록빛 보리다. 이삭의 여문 정도에 따라 누르스름한 빛이 돌기도 한다. 풋보리밥을 지을 때 가장 어려운 과정은 덜 여문 알곡을 얻는 일이

다. 찌거나 굽는 방법을 시도한 적이 있는데 잘되지 않았다. '말려서 한다'라는
선생의 방법으로 해 보았는데 앞의 두 방법보다 나았다. 푸른 보리를 쌀과 섞어
밥을 지으면 밥 양도 늘어나고 영양 면에서도 보리에는 쌀에 부족한 비타민 B1
이 많아 건강하게 봄을 나게 해준다. 풋보리가 맛이 좋고 건강을 염려해서 먹는
밥은 아니다. 보리가 익을 때까지 기다렸다가는 굶어 죽게 생겨서 먹는 밥이 풋
보리밥이다. 형편이 좀 나은 집은 남은 풋보리에 쌀을 섞어 먹었다. 그래서인지
풋보리는 여러 편의 가슴 아픈 '시'를 남겼다.

"뻐꾸기가 처음 울고 세 장날이 지나야 풋보리라도 베어 먹을 수 있으니, 허기진
배를 안고 장날을 헤아리며 기다린다. 날마다 풋보리를 베어다 먹었더니 보리밭
이 거덜이 났구나."
그나마 먹을 수 있는 풋보리라도 되려면 보름은 되어야 할 것 같아 5일마다 돌
아오는 장날이 3번이 가기를 기다렸다. 풋보리가 되기가 무섭게 매일 베어다 먹
었다. 망종 무렵 보리를 수확해서 맛있는 구수한 보리밥을 먹을 꿈에 부풀어 있
어야 하지만 풋보리로 다 먹어버렸다. 앞으로 보리밥을 구경조차 하기 어려워
굶주려야 한다는 안타까운 시이다. 지금은 봄이 누구나 기다리는 꽃의 계절이
지만 어려웠던 시절에는 언제 보리에 이삭이 패는지 애가 달던 계절이었다.

　　　　　농가의 젊은 아낙 저녁 먹을거리가 없어
　　　　　빗속에 풋보리 베어 풀숲 길로 숨고 숨어 돌아오네.
　　　　　생나무 축축하여 불도 연기조차 일지 않는데
　　　　　방문에 드니 어린 딸이 치맛자락에 매달리며 칭얼대네.

농가의 젊은 아낙이 저녁 먹을거리가 없어 비 내리는 날 남의 밭에 들어가 풋보
리를 훔쳐 숲길을 돌아돌아 왔지만, 생나무에 물기가 있어 밥을 짓지 못했더니
어린 딸이 배가 고파 칭얼댄다는 내용의 시에서 보릿고개를 넘던 우리 선인들의
배고픔의 역사가 고스란히 풋보리에 담겨 있다.
풋보리는 연하기 때문에 물에 불리거나 삶아 익히지 않고 밥을 지을 수 있다.
풋보리의 풋풋한 향과 연한 식감이 보릿고개의 상징인 먹기 싫은 보리밥에 대
한 인식을 멀리 날려 보낸다.

보리로만 밥 짓기 3

밥 짓는 방법

① 보리를 함박에 담은 뒤 보리 위로 손가락 두 마디 정도가 잠길 정도의 물을 붓는다.

② 보리를 손으로 5~6회 휘저은 뒤 보리가 딸려 나오지 않도록 주의하며 물을 따라 버린다.

③ 보리를 함박의 바닥과 측면을 이용하여 손으로 20회 정도 문지른다.

④ ③에 물을 부어 3~4회 휘저은 뒤 보리가 딸려 나오지 않도록 주의하며 물을 따라 버린다.

⑤ 가볍게 손바닥으로 함박의 바닥과 측면을 이용하여 6~7회 문지른다.

⑥ ⑤에 물을 부어 2~3회 저어준 뒤 물을 버린다.

⑦ ⑥의 과정을 3~4회 반복한다.

⑧ 깨끗이 씻은 보리에 물을 붓고 서늘한 곳에서 5~6시간 불려준다.

⑨ 보리를 조리로 일어서 돌 등의 이물질을 제거한다.

⑩ 불린 보리에 물을 붓고 밥을 짓는다.

보리밥 1과 보리밥 2는 보리에 쌀을 섞어서 짓는 밥이지만 보리밥 3은 보리로만 짓는 밥이다. 보리쌀은 쌀보다 단단하고 껄끄러워 물에 담가도 전분이 제대로 호화되지 않아서 밥이 퍼실퍼실하고 입안에서 도망다니며 잘 씹히지 않고 겉돌기만 한다. 그래서 보리로만 밥을 할 때는 보리를 하룻저녁 즉, 적어도 10시간 정도 불린 다음 밥을 해야 먹기에 좋다. 이렇게 오래 불려서 밥을 해도 되지만 또 다른 방법으로 보리를 삶은 다음 다시 물을 붓고 밥을 짓기도 하였다. 서유구 선생이 불린 보리로 밥 짓기를 하라고 한 것은 아마도 보리를 삶는 데 들어가는 연료와 노동력을 절약하기 위해서인 것 같다. 우리는 허기진 배를 거친 보리밥으로 채우고 모를 심으며 가을에 풍년이 올 것이라는 희망을 버리지 않았다. 배는 고팠지만 우리의 마음은 거칠고 허기지지 않았다.

* 보리에 많이 들어 있는 비타민 B1은 식사에서 섭취한 탄수화물을 에너지로 바꾸는 데 필요한 영양 성분이다.
* 지금은 보리의 가공법이 다양하고 밥을 짓는 도구가 발달하여 보리를 오래 불리지 않거나 전혀 불리지 않고 밥을 할 수 있다.

✳ **보리밥 편**

보리

추위를 견뎌낸 보리로 지은 보리밥은 여름에, 더위를 이겨낸 쌀로 지은 쌀밥은 겨울에 먹는 것이 몸에 유익하다. 찬 성질을 지닌 보리가 몸의 열을 내려 더위를 이기는 데 도움을 주기 때문이다. 열이 날 때 보리차를 마시는 것도 같은 맥락이다. 보리는 영양학적으로도 비타민 B1이 쌀보다 풍부하고 섬유질이 많아 피로 해소와 장 건강에 좋다.

보리를 사러 갈 때마다 보리의 종류가 의외로 많은 것에 매번 당황한다. 세 말만 있으면 처가 신세를 안 진다는 겉보리, 늘이란 어감으로 든든하게 느껴지는 늘보리, 찰진 식감을 지녔을 찰보리, 납작하게 눌린 압맥, 반으로 딱 갈라진 할맥이 있고 흑보리, 청보리, 자색보리, 오색보리, 황금 찰보리처럼 색으로 구분된 보리에 이어 새싹 찰보리까지 등장하여 어떤 보리를 사야 하는지 헷갈린다. 흑보리가 겉보리에 속하는지 늘보리에 속하는지 보리쌀은 보리의 한 종류인지 보리로 밥을 지을 수 있어 보리쌀인지 알 수 없다. 쌀이나 다른 곡물은 선택하기가 쉽지만 보리는 늘 어렵다. 어릴 때 먹었던 보리를 사고 싶지만, 오리무중이라 보리를 포기하고 다른 잡곡을 먹는다.

늘보리를 사러 왔던 할머니가 봉투 안의 늘보리를 꼼꼼하게 살펴보더니 단호한 얼굴로 안 산다고 한다. 아마도 옛날에 드시던 보리의 형상이 아닌 것 같다. 같이 왔던 자식들이 찾던 늘보리인데 왜 안 사나며 역정을 낸다. 할머니의 마음을 모르는 것 같다.

보리는 인류가 경작해 온 주요 곡류 중 하나로 약 1만 년 전부터 메소포타미아 인근에서 경작되기 시작한 것으로 추정된다. 보리는 단백질 함량이 밀에 근접하게 높고, 도정의 정도와 종류에 따라 다르기는 하지만 곡물 중에서 당지수가 20 정도에 불과하여 체중 감량에 효과적이다.

《농사직설(農事直說)》에서는 "보리는 밀과 더불어 새 곡식과 묵은 곡식을 연결하는 가장 시급한 식량[大小麥新舊穀聞接食 農家最急]"이라 하였고, 《증보문헌비고(增補文獻備考)》에서도 "보리와 밀이 가장 확실한 농촌 식량[兩麥最切於農食]"이라고 하였다.

보리의 종류

보리를 이해하는 일은 그 이삭의 구조를 읽는 것에서 시작된다. 보리 이삭은 낱알이 달리는 방식에 따라 크게 두줄보리와 여섯줄보리로 나뉜다.

두줄보리는 이삭의 양쪽 두 줄에만 낱알이 형성되어 알이 굵고 전분 함량이 높으며, 주로 맥아 생산과 맥주 제조에 이용된다. 우리나라에서 일반적으로 재배되는 여섯줄보리는 이삭의 모든 방향에 낱알이 맺혀 수확량이 많고 단백질 함량이 높아 식용과 사료용으로 널리 활용된다.

여섯줄보리는 이삭의 횡단면 형태에 따라 다시 나뉘는데, 육모보리는 단면이 육각형에 가깝고 곡립이 밀집된 형태이며, 늘보리(네모보리)는 사각형 형태로 이삭이 다소 퍼진 모양이다. 이러한 구조적 특성은 저장성과 건조 속도 등에도 영향을 미친다.

보리는 껍질의 유무에 따라 겉보리와 쌀보리로 구분된다. 겉보리는 껍질이 낱알에 단단히 붙어 있어 도정이 까다롭지만, 향이 깊고, 쌀보리는 껍질이 쉽게 분리되어 조리와 도정이 간편하다.

찰기의 유무 또한 보리의 쓰임이 달라져 찰보리는 밥에 메보리는 죽, 선식, 보리차 등에 적합하다.

최근에는 보리의 색상과 기능성 성분이 소비자의 선택을 이끄는 새로운 기준이 되고 있다. 특히 흑보리는 껍질에 안토시아닌이 풍부하게 함유된 품종으로, 항산화 작용이 뛰어나 면역력 강화와 혈관 건강 유지에 효과적이다. 오색보리는 흑보리, 적보리, 황보리, 청보리, 백보리 등 다양한 색상의 품종을 혼합한 잡곡으로, 각기 다른 기능성 색소인 플라보노이드, 루테인, 베타카로틴, 안토시아닌 등을 지닌 점에서 주목받는다. '청보리'는 일반적인 미성숙 보리와는 달리, 껍질 색이 청록색을 띤 성숙한 품종을 말한다.

보리는 '쌀보다 칼로리가 낮은 곡물'이라고 생각하지만, 100g당 보리는 약 354kcal, 백미는 약 368kcal로 열량 면에서는 큰 차이가 없다.

보리는 백미보다 식이 섬유가 4~5배 많으며, 특히 수용성 식이 섬유인 베타글루칸(β-glucan)을 풍부하게 함유하고 있다. 이 성분은 혈당 상승 억제, 혈중 콜레스테롤 저하, 장내 미생물 환경 개선에 효과적이다. 또한 보리는 단백질 함량이 쌀보다 1.5배 칼슘은 2.5배, 마그네슘은 5배, 철분은 2배 이상 높다. 이 외에도 셀레늄, 아연, 비타민 B군 등 미네랄과 비타민이 균형 있게 포함되어 있어 대사 작용과 면역력 유지에도 도움을 준다.

반불수법

飯不餿法

밥 쉬지 않게 하기

반불수법

생비름나물을 밥 위에 펼쳐 놓으면 하룻밤이 지나도 밥이 쉬지[壞餿] 않는다 【안 수(餿)는 수(餿)와 같다. 밥이 습기와 열기에 상한 것이다】.《구선신은서》

연잎으로 밥을 싸면 더위에도 밥이 쉬지 않는다.《화한삼재도회》

飯不餿法

用生莧菜鋪飯上, 則過夜不壞【案 餿, 同餿, 飯傷濕熱也 】.《臞仙神隱書 》
用荷葉裏飯, 當暑不餿.《和漢三才圖會》

밥은 끼니마다 지어서 먹는 것이 가장 이상적이지만 사람의 수고가 많이 들어가야 하는 일이라 웬만한 집이 아니라면 어렵다. 그나마 장작불이 난방과 취사를 겸하는 겨울에는 조석으로 밥을 지었으나 여름에는 밥 짓기를 최소화하였다. 밥은 수분 함량이 높아 무덥고 습도가 높은 여름에 쉽게 상하기 때문에 조석으로 밥을 지어야 하지만 여름에는 난방이 필요 없고 농사일로 밥을 지을 일손이 부족하다. 본격적인 농사철이 시작되는 단오 이후는 농사일이 바빠 아침에 지은 밥을 저녁까지 먹었다. 물론 더운 여름에 장작불 앞에서 밥을 하는 사람의 고충을 헤아린 점도 있다.
여름철에 밥이 쉬는 것을 방지하기 위해 선인들은 갖은 지혜를 동원하였다. 밥이 쉬지 않도록 쌀을 백세(百洗)하여 밥을 짓고, 밥을 지을 때 식초를 두어 숫가

락 넣거나 밥의 수분량을 낮추기 위해 불리지 않은 쌀로 밥을 하거나 물을 적게 잡아 고슬고슬하게 짓거나 밥을 시루에 찌기도 하였다.

아침에 지은 밥은 바구니에 담아 삼베 보자기를 덮은 다음 바람이 잘 통하고 햇볕이 들지 않는 곳에 매달아 두었다. 이런 궁리와 노력에도 불구하고 밥이 쉬면, 조금 쉰밥은 물에 헹궈 먹고 먹을 수 없을 정도의 쉰밥은 물에 담가 쉰 냄새를 뺀 다음 모시나 삼베옷과 침구류의 풀을 먹이는 데 사용하였다. 선인들은 밥이 쉬는 일은 여름철에 발생하는 불상사로 여겼다. 땅에 떨어진 밥알도 물에 씻어 먹게 하였던 어머니의 가르침을 받고 자란 서유구 선생의 밥 쉬지 않게 하는 비결을 알아보기로 한다. 밥은 여름에 쉬므로 여름에 구하기 쉬운 재료를 활용하였을 것이다. 비름나물밥은 잘 쉬지 않는 자계압란방을 곁들여 사진을 찍었다.

자계압란방(炙鷄鴨卵方)

계란이나 오리알에 겨잣가루, 찹쌀가루, 형개가루, 후춧가루 같은 향신료를 넣고 섞은 다음 가운데를 반으로 가른 대나무 통에 부은 뒤 끈으로 묶어 삶아내는 음식이다. 향신료와 함께 섞인 대나무 향으로 맛이 고소하지만 느끼하지 않고 식감은 탱탱하다. 맛이 특별하여 주로 귀한 손님을 대접하거나 잘 쉬지 않아 먼 길을 떠나는 사람의 도시락 찬으로 사용되었다. 〈정조지〉 권5 할팽지류(割烹之類) 번자(燔炙) 편에 나온다.

비름나물을 덮은 밥

비름나물로 밥을 덮는 방법

①　비름나물을 깨끗이 씻어서 소쿠리에 담아 물기를 완전히 뺀다.

②　깨끗한 행주로 비름나물에 남아 있는 물기를 제거한다.

③　다 지은 밥을 식혀 그릇에 담는다.

④　비름나물로 밥을 덮는다.

여름철 밭고랑에서 흔하게 볼 수 있는 비름은 주로 나물로 먹는데 비타민을 비롯한 미네랄과 독소 배출을 돕는 칼륨과 뼈에 좋은 칼슘이 풍부하며, 이질을 치료하는 약재로 쓰였다. 비름에는 살균과 살충 효과가 뛰어난 수은이 다른 식물보다 많이 포함되어 있다. 비름나물로 밥을 덮으면 밥이 쉬지 않는 것도 수은의 영향이다. 비름이 차가운 성질을 지닌 것도 밥이 쉬는 것을 막아 주는 데 도움이 된다. 비름은 토양 속 수은을 흡수하는 능력이 강하다. 깨끗한 환경에서 자란 비름은 안심하고 먹어도 된다.

비름나물로 밥을 덮는 방법

연잎으로 싼 밥

백련 잎 5장
잡곡밥 1200g

연잎으로 밥 싸는 방법

① 신선한 연잎을 깨끗이 씻은 다음 물기를 제거한다.

② 연잎은 깨끗한 잎의 겉면이 위쪽으로 향하도록 판판하게 편다.

③ 연잎의 겉면 앞쪽에 밥 120~150g을 올려놓는다.

④ 밥을 중심으로 가장 앞쪽 면의 연잎으로 밥을 덮은 다음 좌우측 면의 연잎으로 밥을 덮고 네모지게 말아 직사각형 형태로 만든다.

* 너무 어린 연잎은 향이 약하고 쇤 것은 잎이 두꺼워서 연잎으로 밥을 쌌을 때 투박하고 잎에 흠이 많으므로 연잎 하나를 2~3조각 내어 밥을 쌀 정도의 크기가 적당하다.

연은 버릴 것 하나도 없이 모두 먹을 수 있다. 〈정조지〉에는 연실, 연잎, 연방, 연줄기, 연근, 연꽃으로 만든 밥, 절임, 누룩, 술, 식초 등이 소개되어 있다. 밥 편에는 보자기처럼 넓은 연잎이 음식을 싸기 좋은 점과 방부성을 활용하여 여름에 음식이 쉬지 않게 할 목적으로 연잎에 밥 싸는 법이 나온다. 연의 잎은 '하엽(荷葉)'이라고 하는데, 성질이 차가워 더위와 습기를 물리치고 출혈을 멎게 하며 어혈을 풀어주는 효과가 있다. 연잎은 항산화 작용이 뛰어나 활성 산소를 줄여 줄 뿐만 아니라 항균 작용과 해독 작용이 뛰어나다. 연잎으로 싼 밥은 논이나 밭으로 일을 하러 갈 때나 나물을 캐러 갈 때, 먼 길을 떠날 때도 휴대하기 좋다. 요즘 일회용 용기의 지나친 사용으로 발생한 환경문제가 심각하다. 잘 쉬는 김밥이나 주먹밥을 연잎에 싸서 파는 방안도 생각해 볼 일이다.

대나무 잎으로 싼 밥

用米淘, 栗銀杏赤豆, 以芡葉或葉之.

찹쌀을 깨끗하게 씻고 대추, 밤, 곶감, 은행, 팥을 골고루 섞어 채취한 잎이나 대나무 잎으로 싼다.

밥 짓는 법

찹쌀을 깨끗하게 씻고 대추 살, 익힌 밤, 곶감, 은행, 삶은 팥을 골고루 섞어서 대나무 잎으로 싸서 찐다.

대나무잎밥은 최한기(崔漢綺)의 《농정회요(農政會要)》에 소개된 찰밥이다. 찹쌀에 대추 살, 삶은 밤, 자른 곶감, 은행, 팥을 넣어 대나무 잎으로 싸서 찐다. 대나무잎밥의 유래는 중국의 시인 굴원(屈原)으로부터다. 왕족 출신인 굴원은 중국의 전국 시대 문인이자 정치가로 초나라의 초왕을 섬겨 충성을 다했으나 간신들의 책략으로 호남으로 유배돼 멱라강(汨羅江) 일대를 돌아다니며 슬픈 시를 읊으며 살았다. 어느 어부가 그를 알아보고 초나라 대부가 어찌 이리 되셨냐고 묻자 굴원은 "내가 이 지경이 된 것은 모든 사람이 더러운데 나만 깨끗했기 때문이고, 모든 사람이 취했는데 나만 깨어 있었기 때문이라네."라고 말했다. 굴욕적인 삶을 견디지 못한 굴원은 기원전 278년 5월 5일 돌덩이를 안고 멱라강에 뛰어들었다. 사람들이 그를 구해내려 하였으나 구하지 못했고 여러 날을 애써도 시신조차 찾지 못했다. 일전에 굴원을 만났던 그 어부와 백성들이 그의 시신을 물고기가 먹지 않도록 대나무 광주리에 쌀을 담아 와서 뿌렸다. 후대 사람들은 5월 5일이면 대나무 광주리에 쌀을 담아 뿌리는 대신 찰밥을 참댓잎에 싸서 뿌리며 굴원의 넋을 위로했다. 단오의 대나무잎밥은 이렇게 시작되었다. 사군자의 하나인 대나무는 사철 푸르고 곧게 자란다. 찬 성질을 지니고 있어 몸의 열을 내려주고 음식을 대나무 잎으로 덮거나 싸면 잘 쉬지 않는다. 곧은 성품을 지닌 굴원의 제삿밥을 대나무 잎에 싼 연유다.

청정반방

靑精飯方

청정반 짓기

청정반(靑精飯) 짓기(청정반방)

도홍경(陶弘景)의 《등진은결(登眞隱訣)》에 '태극진인(太極眞人)의 청정건석신반법(靑精乾石䭀飯法)'이 수록되어 있다. 그 방법은 다음과 같다. 흰생멥쌀 1.5곡(斛)을 찧고 일어서 1.2곡을 취한다. 남촉목(南燭木) 【안】《통아(通雅)》에 "심괄(沈括)은 《본초》의 남촉초(南燭草)는 나무로, 남천촉(南天燭)이라 한다. 요즘 사람들은 마당 옆에 남촉목을 심는데, 잎은 멀구슬나무와 같고 가을에 열매를 맺으면 단사(丹砂)처럼 붉다.'라 했다. 내가 살펴보니 이것이 민간에서 이른바 '천죽(天竹)'이라 하는 것으로, 곧 오반수(烏飯樹)이다. 요즘은 오반초(烏飯草)라는 것도 있다."라 했다】 잎 5근 【말린 것이면 3근도 괜찮다】 을 줄기와 껍질을 섞고 삶아서 즙을 낸다. 이 즙을 매우 맑고 차게 만들어 여기에 쌀을 불린다. 쌀이 잘 불었으면 밥을 짓는다.

4월부터 8월 말까지는 남촉목의 새로 난 잎을 쓰기 때문에 밥의 색이 모두 짙고, 9월에서 3월까지는 묵은 잎을 쓰기 때문에 밥의 색이 모두 옅다. 때에 따라서 잎의 양을 조절할 수 있다. 또 부드러운 가지·줄기·껍질을 채취하여 돌절구에서 곱게 찧는다. 가령 4~5월 중에 만들 경우 10근 정도를 익히고 찧어서 쌀 1.2곡과 함께 끓인 물에 담가 물들이면 1곡을 얻을 수 있다. 요즘에는 단지 1~2일간 물에 담가두기만 할 뿐이어서, 끓인 물에 담가놓을 필요가 없다.

남촉목 찌꺼기를 걸러서 그 물로 밥을 하면 처음에는 쌀이 딱 녹색을 띠다가 찌면 곧 감색(紺色)처럼 된다. 만약 색이 좋지 않으면 또 물에 씻어내서 색을 제거한 다음 다시 새로운 즙에 담가도 된다. 쌀을 씻거나 삶을 때 모두 이 즙을 사용하는데, 오직 밥이 정(正) 청색(靑色)을 띠게 한 후에야 그친다.

밥은 높은 곳에 놓고 햇볕에 말리는데, 이때 3번 쪄서 말리고 찔 때마다 항상 남촉목 잎의 즙으로 불려 촉촉하게 해준다. 매일 2승을 먹을 수 있다. 이때 다시 혈식(血食)하지 말아야 한다.

청정반은 위장의 기를 채우고 골수를 보하며 삼충(三蟲)을 소멸시킨다. 혹 먼 길을 가는 경우 다시 쪄서 먹으면 매우 향기롭고 달다.《도경본초 (圖經本草)》

陶隱居《登眞隱訣》載"太極眞人青精乾石餉飯法". 其法：以生白粳米一斛五斗舂治, 淅取一斛二斗, 用南燭木【案《通雅》曰："沈存中云：'《本草》南燭草乃木也, 名南天燭. 今人植庭側, 葉似棟, 秋實赤如丹.' 智按, 此俗所謂'天竹'也, 卽烏飯樹. 今更有烏飯草"】葉五斤【燥者三斤亦可】, 雜莖皮煮取汁, 極令清冷以溲米, 米釋炊之.

從四月至八月末, 用新生葉, 色皆深；九月至三月, 用宿葉, 色皆淺, 可隨時進退其斤兩. 又采軟枝、莖、皮, 於石臼中擣碎. 假令四五月中作, 可用十許斤熟舂, 以斛二斗湯浸染, 得一斛也. 比來只以水漬一二宿, 不必用湯.

漉而炊之, 初米正作綠色, 蒸過便如紺色. 若色不好, 亦可淘去, 更以新汁漬之. 灑濩皆用此汁, 惟令飯作正青色乃止.

高格曝乾, 當三蒸曝, 每蒸輒以葉汁溲令浥浥. 每日可服二升, 勿復血食.

塡胃補髓, 消滅三蟲. 或以寄遠, 重蒸過食之, 甚香甘也.《圖經本草》

청정반 짓기

재료

남촉(南燭)의 줄기와 잎 3kg
물 5kg
쌀 500g

청정반 짓는 방법

① 쌀은 씻어서 반나절 동안 물기를 뺀 뒤, 채반에 널어 반나절 동안 햇볕에 말린다.

② 남촉의 줄기와 잎을 솥에 넣고, 물을 부어 2~3시간 삶는다.

③ 삶은 남촉 물을 취하여 차갑게 식힌다.

④ 차가운 남촉 물에 ①의 쌀을 넣고 3~4시간 불린다.

⑤ 불린 쌀을 시루에 찐다.

⑥ 밥을 채반에 펼쳐서 높은 곳에 두고 햇볕에 말린다.

⑦ 잘 마른 쌀은 차가운 남촉 즙에 담갔다가 시루에 찌고 말리기를 3번 반복한다.

⑧ 완성된 쌀은 종이봉투에 담아 시원한 곳에 보관한다.

도사 도홍경은 도가서(道家書)인 《등진은결(登眞隱訣)》에 태극진인이 먹는 청정건석신반법(靑精乾石䭓飯法)이라는 긴 이름을 가진 밥을 '청정반'으로 간략히 소개하고 있다. 서유구 선생이 밥 편의 총론에서 물들인 밥을 '신(䭓)'이라고 하였는데 원명을 축약하는 과정에서 '신'이 생략되었다. 청정반은 '남촉(남천)목'이라는 나무의 줄기와 껍질, 잎의 즙에 쌀을 담가 물을 들여 짓는 밥이다. 남천목은 천식이나 백일해의 진해제로 좋지만, 잎에 강장 효과가 있어 도가에서는 남천목으로 밥에 물을 들였다. 여기에 남천의 붉은 열매가 마치 단사(丹沙)와 같고 그 줄기가 오죽처럼 검어 범상치 않은 외관도 도사의 밥으로 적합하다는 생각이 든다. 남천목처럼 잎에 양기가 강하여 강장 효과가 있는 오동나무나 버드나무도 청정반을 만드는 데 많이 사용되었다.

너무 강한 햇볕에 말리면 쌀알이 부서지므로 주의해야 한다. 첫 번째는 남촉에서 얻은 즙에 쌀을 불리지만 두 번째와 세 번째는 남촉의 즙을 촉촉하게 적시면 되기 때문에 생각보다 수월하게 청정반을 만들 수 있다.

청정반의 맑은 정기를 보전하고자 고기와 함께 먹는 것을 금한다.

남천의 잎이 여름에는 성하고 겨울에는 잎이 열매와 함께 붉어지므로 여름에 만든 청정반은 그 색이 진하고 겨울에 만든 청정반은 색이 옅다. 청정반은 위장의 기를 채우고 골수를 보하여 기생충을 소멸하고 먼 길을 갈 때는 청정반을 다시 쪄서 가져가면 매우 향기롭고 맛이 좋다고 한다. 당나라 때 의사로 《본초습유(本草拾遺)》를 쓴 진장기(陳藏器)는 청정반은 쌀알이 검고 진주처럼 작고 단단한데 주머니에 넣고 다니면 멀리까지 갈 수 있다고 하여 청정반은 도인의 늙지 않는 밥이자 장기 보관 양식이었다는 것을 알 수 있다.

    * 남천은 모든 재액을 물리친다고 하여 집안에 즐겨 심고 혼례 때 신부의 가마에 넣거나 임산부의 순산을 기원하며 산실에 넣는다. 남천은 여름에는 푸르지만, 겨울에는 열매와 함께 붉어지는데 겨울을 보내기 위해 당을 저장하기 때문이다.

오반(烏飯) 짓는 법(오반법) 1

오반(烏飯) 짓는 법(오반법) : 남촉(南燭)의 줄기와 잎을 곱게 찧어 즙을 낸
뒤 여기에 멥쌀을 담그되 9번 담그고 9번 쪄서 9번 말리면 쌀알이 오그
라져 작아지고 하주(瑕珠, 일종의 보석)처럼 검어진다【안 하(瑕)는 예(瑿)
를 잘못 쓴 것 같다.《정운(正韻)》에 "예는 검은 옥이다."라 했고,《본초》
에 "호박이 천 년이 된 것을 예라 한다."라 했다】. 자루에 담으면, 멀리 가
는 길에 가져갈 수 있다.《당본초(唐本草)》

烏飯法 : 取南燭莖葉, 擣碎漬汁, 浸粳米, 九浸九蒸九曝, 米粒緊小, 黑如
瑕珠【案 瑕, 疑瑿之誤.《正韻》"瑿, 黑玉",《本草》"琥珀千年者爲瑿"】,
袋盛, 可以適遠方.《唐本草》

오반 짓는 방법

① 멥쌀은 깨끗이 씻은 뒤 마른 불림을 2시간 해준다.

② 남촉의 줄기와 잎을 돌절구에 넣고 완전히 짓찧는다.

③ ②에서 나온 남촉 즙을 쌀을 불릴 정도의 넉넉한 그릇에 거둔다.

④ ①의 쌀을 남촉 즙에 4~5시간 정도 담근다.

⑤ ④의 쌀을 건져서 체망에 담가 물을 뺀다.

⑥ 대자리에 삼베보를 깔고 ⑤의 쌀을 골고루 펴서 널어준다.

⑦ 볕이 잘 들고 바람이 통하는 곳에 널어 뒤집어가며 말린다.

⑧ ⑦의 쌀이 바싹 마르면 다시 남촉 즙에 담근다.

⑨ 남촉 즙에 담근 쌀을 말리고 다시 남촉 즙에 담그기를 모두 9차례 한다.

⑩ 쌀을 거두어 종이봉투에 담아 습기가 없는 곳에 둔다.

오반(烏飯)은 남천의 잎에 쌀을 담그고 찐 다음 말리기를 아홉 번 반복하여 만드는 밥이다. 구증구포(九蒸九曝)를 하고 난 오반은 쌀알이 오그라져 마치 검은 진주나 천 년이 지난 검은 호박인 예주(瑿珠)와 같이 된다고 한다. 이렇게 만든 오반을 자루에 담아서 멀리 갈 때 먹으면 곡식이 상하지 않는다. 오반에는 양기가 충만하기 때문에 건강하게 먼 여행을 마무리할 수 있었을 것이다.

오반을 만드는 일은 지난하고 어렵다. 찧고, 찌고, 말리고, 물들이는 과정도 힘들지만, 남천을 구하는 일이 가장 어려웠다. 억센 남천의 줄기와 잎에서 즙이 적게 나와 많은 양이 필요하기 때문이다. 오반이 되어 가고 있는 예비 오반을 종이봉투에 담아 냉장 보관하면서, 2년에 걸쳐 완성하였다. 음식 연구소가 있는 전주에 남천나무가 많다는 것이 다행이었다. 이런 수고 끝에 탄생한 오반은 참으로 대단하였다. 짙은 감청색으로 물들여진 품위 있는 색감과 밥에서 풍기는 향기에 제압당하게 된다. 밥을 씹는 순간, 졸깃거리면서도 탄력이 넘치는 밥의 식감에 다시 한번 놀라게 된다. 죽기 전에 먹어야 할 음식으로 오신반을 추천한다.

오반(烏飯) 짓는 법(오반법) 2

今釋家多於四月八日造之以供佛. 或入枋葉、白楊葉數十枝以助色, 或又加
生鐵一塊, 止知取其上色, 不知乃服食家所忌也.《本草綱目》

요즘은 불자들이 4월 초파일에 많이 만들어서 부처님께 공양한다. 감나
무 잎·백양나무 가지[枝] 수십 개에 달린 잎을 넣어 색이 잘 나오게 하기도
한다. 또 생철 1덩이를 넣기도 하는데, 이는 좋은 색을 낼 줄만 알았지 복
식가(服食家)들이 꺼리는 점인 줄을 모르는 것이다.《본초강목(本草綱目)》

남촉의 잎 400g
남촉의 줄기 250g
감나무 잎 300g
생철 덩이 1개
멥쌀 500g

오반 짓는 방법
① 멥쌀을 씻어 불린 뒤 마른 불림을 한다.
② 남촉 잎과 줄기, 감나무 잎을 찧어 즙을 취한다.
③ 멥쌀에 즙과 생철 덩이를 넣고 밥을 짓는다.

불자들은 4월 초파일에 부처님을 공양하는 데 오반을 많이 올린다. 오반에 색을 잘 내기 위하여 남천 잎과 줄기 이외에도 남천보다 얻기 쉽고 다루기 쉬운 감나무 잎이나 백양나무 잎을 줄기째 따서 넣기도 한다. 어떤 사람은 색을 내는 데 집착하여 생철을 넣고 밥을 짓기도 한다. 생철을 넣고 밥을 지으면 구증구포해서 제대로 만든 오반의 색과 비슷하게 되므로 이런 편법을 쓰는 것이다. 손쉽게 좋은 색을 내는 데만 집착하여 생긴 일로 아마 불자들이 서로 색이 진한 오반을 만들기 위해 경쟁을 벌였던 것 같다. 이는 복식가(服食家)들이 꺼리는 것이라 하였는데 옷을 짓거나 식재료로 음식을 만들고, 집을 지을 때도 그럴싸하게 보이는 겉모습에 치중하지 말고 정성을 들여 제대로 하라는 뜻이다.

감은 다른 나무보다 잎을 늦게 내지만 잎이 두껍고 색이 진해 오반을 물들이는 데 효과적이다. 남천의 잎은 대나무와 비슷하여 억세고 뻣뻣해서 다루기가 어렵고 즙도 적게 나왔다. 감잎을 더해서 만든 오반은 색도 진하고 빠르게 입혀져 오반 만들기가 훨씬 수월하다.

남천으로만 지은 오반을 상품으로 치며 남천에 감나무와 백양나무를 섞어 지은 오반을 중품이라 하고 하품은 이런저런 나뭇잎과 함께 생철을 넣어 지은 오반이다. 생철로 색을 낸 오반은 정성은 들이기 싫고 부처의 가피(加被)만을 얻고자 하는 욕심에서 비롯되었다는 생각과 함께 오반을 마무리한다.

❋ 백양나무

옛날에는 사시나무 종류를 양(楊)이라 하고 버드나무 종류를 류(柳)라고
하여 구분하기도 하였으니, 둘을 합하여 흔히 양류(楊柳)라고 하였다. 양
에 속하는 나무들의 껍질이 하얀 경우가 많아 백양(白楊)이라고 하였다.
양에 속하는 사시나무 종류에는 사시나무와 황철나무가 있는데 재질이
비슷하고 흰색의 껍질을 가지고 있다. 《동의보감》에 "백양나무 껍질은 각
기로 부은 것과 중풍을 낫게 하며 다쳐서 어혈이 지고 부러져 아픈 것도
낫게 한다"라는 내용이 있다. 달여서 고약을 만들어 쓰면 힘줄이나 뼈가
상한 것을 낫게 한다고 한다.

유반방
飦飯方

유반 짓기

유반(飦飯) 짓기(유반방)

좁쌀·핍쌀[稷米]【안 우리나라 민간에서는 피를 '직(稷)'이라 한다】·멥쌀 각 2승, 청량미(청량조) 0.5승, 붉은팥 0.7승, 검은콩 0.1승을 서로 섞어 밥을 지으면 매우 달고 향이 좋다.《증보산림경제》

飦飯方

粟米·稷米【案 東俗指稗爲"稷"】·粳米各二升、靑粱米五合、赤豆七合、黑大豆一合, 相和爲飯, 甚甘香.《增補山林經濟》

유반 짓는 방법

① 팥은 깨끗이 씻어서 팥 무게의 2배의 물을 붓고 40분 정도 중약불에서 팥이 터지지 않을 정도로 삶아 둔다.

② 검은콩은 씻어서 30분 정도 물에 불린 뒤 중약불에서 설컹거릴 정도로 삶아 둔다.

③ 멥쌀은 깨끗이 씻어서 물에 40분 정도 불린 뒤 마른 불림을 20분가량 해 둔다.

④ 좁쌀, 기장, 청량미는 섞은 후 물에 씻어 조리질하여 돌을 제거한 뒤 40분 정도 물에 담근 후 30분 가량 마른 불림을 한다.

⑤ 피를 깨끗이 씻은 뒤 돌을 가린 다음 30분 정도 물에 불린 후 20분 가량 마른 불림을 한다.

⑥ 멥쌀은 1컵 정도를 따로 남겨둔 뒤 나머지를 6가지의 곡물과 함께 섞는다.

⑦ 따로 남겨 놓은 멥쌀 1컵을 밥 지을 솥의 맨바닥에 평평하게 깔아준다.

⑧ ⑦의 쌀 위에 ⑥의 혼합곡을 붓고 밥물을 붓는다.

⑨ 중강불에서 10여 분, 중약불에서 18분, 약불에서 5분간 뜸을 들여 밥을 완전히 퍼지게 한 다음 중강불에서 1분 40초 정도 두어 밥을 완성한다.

유반은 7가지의 다양한 곡물을 섞어 짓는 알록달록한 잡곡밥이다. 유(鈕)는 비빔밥을 의미하므로 유반은 일종의 비빔잡곡밥이다.

유반은 전통적으로 오방색을 갖춘 밥이자 현대인이 선호하는 컬러 푸드(color food)다. 멥쌀의 흰색을 바탕으로 좁쌀과 피의 갈색이 점점이 더해지고 청량미의 푸르른 청색과 적두의 붉은색 그리고 흑대두의 검은색에 기장의 노란색이 더해져 '이보다 더 좋을 수 없는 밥'이 유반이다.

각각의 곡물의 색이 품고 있는 영양 성분과 성질이 우리 몸 안의 오장육부를 이롭게 하는데 7가지 곡물 중 좁쌀, 기장, 청량미와 피를 주목해서 볼 필요가 있다. 지금은 좁쌀과 기장이 모양이 비슷하여 '조'라고 뭉뚱그려 부르기도 하지만, 생동쌀이라고도 하는 청량미는 조의 일종으로 이름 그대로 몸과 마음을 맑게 하는 곡식이다. 특히 위장과 비장에 좋으며 면역력을 키워준다.

기장은 섬유질이 풍부하고 소화가 느리기 때문에 체중 조절에 좋다. 기장에는 글루텐이 전혀 없고 섬유질이 풍부하여 대장 건강에 도움을 주고 콜라겐의 생성을 돕는 아미노산이 풍부하다. 흑대두는 단백질이 풍부하고 우리가 팥이라고 하는 적두는 해독 및 이뇨 작용이 뛰어나 다이어트에 도움을 준다. 벼의 양분을 빨아 가는 피는 뽑아서 버려도 다시 뿌리를 내리는 질긴 생명력을 지녔다. 지금은 피가 천덕꾸러기 신세지만 피는 특유의 향미로 밥맛을 올려줄 뿐 아니라 쌀보다 더 많은 영양소를 지니고 있어 오곡 중의 하나로 꼽히기도 하였다. 피를 넣었다는 점에서 유반을 다시 보게 된다.

* 조의 주성분은 당질이며 차조에 비해 메조가 단백질과 지질, 무기물의 함량이 높다. 《본초강목》에는 차좁쌀이 불면증과 폐병에 좋다고 하였다.

생동쌀로 만든 음식
생동쌀 1말을 고주 1말에 3일간 담갔다가 꺼내어 100번 찌고 100번 볕에 말렸다가 잘 싸서 저장해 둔다. 멀리 갈 때 1번 먹으면 10일간 배고프지 않고 거듭 먹으면 90일은 배고프지 않다.

이삭에 털이 많고 알이 적으며 조 가운데 가장 크고 청흑색을 띤 차조의 한 가지로 금수의 기운을 받은 까닭에 약성이 매우 차다. 맛은 달고 독이 없다. 일반적으로 청량미는 푸른빛이 도는 좁쌀을 지칭하나 의약계에서는 회색빛 차조를 더 쳐준다. 소갈증 치료와 면역력 향상에 탁월한 효능이 있어 전국에 돌림병이 유행할 때도 청량미를 먹은 사람들은 피해가 없었다고 한다. 《본초강목(本草綱目)》에서는 위장의 마비와 배 속의 번열, 소갈을 치료하며 이질, 설사를 멎게 하고 소변을 잘 통하게 한다고 하였다. 기력을 북돋우고 죽을 끓여 먹으면 비장을 튼튼하게 하고 설정을 다스린다고 되어 있다. 비허설리(脾虛泄痢), 냉기, 심통, 노인혈림(老人血淋), 유석발갈(乳石發渴) 등에 합방하여 쓴다.

이 밖에 생기를 주관하고 중풍, 고혈압, 요통의 치료에 뛰어나며 두뇌를 맑게 하는 작용을 한다. 밥이나 떡을 해서 먹거나, 독한 누룩으로 술을 빚어서 식사 30분 전에 복용한다.

생동쌀로 술을 빚을 때에는 생동쌀 큰 되로 3되, 재래종 고춧가루 1되, 우슬(牛膝), 방풍, 강활 각 반 근에서 한 근을 사용한다.

혼돈반방

渾沌飯方

혼돈반 짓기

혼돈반(渾沌飯) 짓기(혼돈반방)

멥쌀·붉은팥·익은 밤·말린 대추를 서로 섞어 밥을 짓는데, 먼저 붉은팥을 푹
삶은 다음 멥쌀·대추·밤을 넣고 푹 쪄서 떡처럼 퍼질 정도로 푹 익힌다. 찹쌀을
조금 더하여 찰기를 띠게 하면 더욱 좋다. 《옹치잡지》

渾沌飯方

粳米、赤豆、熟栗、乾棗, 相和爲飯, 先將赤豆煮熟, 次入粳米、棗、栗爛蒸之, 令糜
爛如饎. 略加糯米, 使有粘氣尤好. 《饔饎雜志》

혼돈반 짓는 방법

① 붉은팥을 깨끗이 씻은 뒤 물을 뺀다.

② 팥은 바닥이 두꺼운 솥에 담고 팥 무게의 2.5배의 물을 부은 뒤 중강불에서 약 6분간 끓인다.

③ 팥 끓인 물을 제거하고 팥을 찬물에 2~3번 헹군다.

④ ③의 팥에 팥 무게의 약 2.2배의 물을 붓고 중강불에서 10분, 중불에서 30분 삶고 약불에서 20분 뜸을 들이는데 팥이 터지지 않도록 주의한다.

⑤ 삶은 팥을 체망에 밭쳐 팥과 팥물을 분리한다.

⑥ 멥쌀을 깨끗이 씻어 50분 정도 물에 담근 뒤 1시간 마른 불림을 한다.

⑦ 대추는 깨끗이 씻은 뒤 씨를 제거하고 대추 살을 3~4조각으로 나눈다.

⑧ 밤은 껍질째 삶은 다음 껍질과 속껍질을 제거한 뒤 먹기 좋은 크기로 쪼갠다.

⑨ 멥쌀을 솥 바닥에 얇게 펴 준다.

⑩ 남은 멥쌀에 팥과 대추, 밤을 넣고 골고루 섞은 뒤 ⑨에 더해 준다.

⑪ ⑩을 시루에 넣고 찌다가 김이 오르면 팥물을 흩뿌려 준다.

⑫ 다시 김이 오르면 팥물 흩뿌리기를 2~3차례 반복한다.

혼돈반 재료

멥쌀 400g

붉은팥 330g

익힌 밤 200g

대추 12개

팥 끓이는 물 1000g

팥 삶는 물 700g

⑬ 불을 끈 뒤 주걱으로 밥을 잘 섞고 5분 정도 시루뚜껑을 덮어 밥이 좀 더
    퍼지도록 하여 완성한다.

'혼돈(混沌)'이란 하늘과 땅, 음과 양이 나뉘기 전, 만물이 뒤섞여 있던 상태로,
우주의 시작을 말한다. 이런 철학적인 이름을 지닌 밥이 바로 혼돈반이다. 혼돈
이라는 이름에 맞게 이 밥은 여러 재료가 섞여 만들어지지만, 단순히 섞인 밥이
라기보다는 서로 다른 재료들이 조화를 이루는 밥이다.

혼돈반은 멥쌀과 찹쌀을 섞고, 삶은 팥과 밤, 말린 대추를 더해 시루에 찐다. 멥
쌀의 포슬한 식감과 찹쌀의 쫀득한 질감을 바탕으로, 붉은팥은 색과 맛을 더하
며, 밤과 대추는 은은한 단맛과 풍미를 더한다. 각각은 풍요와 장수를 상징하기
도 한다.

서유구 선생은 찌는 법에서 이 과정을 생략하였지만, 팥을 삶아 남긴 팥물은 따
로 보관해 두었다가 밥을 찌는 중간에 위에서 뿌려 준다. 이렇게 하면 밥알에 색
이 곱게 배고, 밥이 더 잘 퍼진다. 시루로 찌는 방식은 밥의 수분이 적어 오래 두
고 먹을 수 있게 한다. 덕분에 혼돈반은 주식은 물론, 간식으로도 어울리는 밥
이 된다.

혼돈반의 재료 하나하나에는 복을 기원하는 마음이 담겨 있다. 붉은팥은 잡귀
를 쫓는다고 하고, 대추와 밤은 좋은 기운과 다산을 상징한다. 밥을 한 그릇 지
으면서도 몸과 마음을 살피는 마음이 담긴 밥이라 하겠다.

혼돈반은 여러 곡물과 견과류, 과일이 어우러져 영양이 풍부하고, 설탕이나 기
름 없이도 자연스러운 단맛이 살아 있어 현대인의 건강식으로도 잘 어울린다.

'혼돈반(混沌飯)'은 비빔밥을 뜻하기도 한다. 고기, 채소, 생선 등을 한 그릇에 비
벼 먹는 방식이 다양한 재료의 혼합이라는 점에서 이름이 겹친 것이다. 또한 규
합총서에는 '혼돈병(混沌餠)'이라는 떡이 등장한다. 이 떡 역시 여러 재료를 다양
하게 가공하여 섞어 만든다. 밥과 떡 모두 '혼돈'이라는 이름 아래, 다양한 재료
가 하나의 질서로 이어지는 조화의 철학을 담고 있다.

반도반방
蟠桃飯方

반도반 짓기

반도반(蟠桃飯) 짓기(반도반방)

산복숭아를 따서 쌀뜨물로 푹 삶아 물속에서 걸러두고 씨를 제거한다. 밥이 끓어오르길 기다렸다가 산복숭아를 집어넣고 조금 더 끓이는 공정은 암반법(盦飯法)과 같이 한다. 《산가청공(山家淸供)》

蟠桃飯方

采山桃, 用米泔煮熟, 漉置水中去核, 候飯湧, 同煮頃之, 如盦飯法. 《山家淸供》

① 쌀뜨물을 끓이다가 끓으면 산복숭아를 넣고 2분 정도 삶는다.

② 산복숭아의 씨를 제거하고 산복숭아를 걸러 즙을 취한다.

③ 밥을 짓다가 밥이 끓어오르면 산복숭아 즙과 산복숭아 익은 것을 몇 개 넣고 불을 중불에서 약불로 낮추어 완성한다.

* 산복숭아에는 벌레가 많으므로 산복숭아를 식초 물에 담가서 씻고 물기를 제거한 뒤 벌레가 없는지를 꼼꼼히 확인해야 한다.

반도반은 푸른 산 기운이 담긴 산복숭아를 넣어 지은 밥이다. 〈정조지〉에서는 잘 익은 산복숭아를 넣고 밥을 지으라고 한다. 산복숭아도 복숭아와 비슷한 시기에 수확할 것 같아 복숭아가 한껏 맛이 오른 늦여름에 산복숭아를 구하기 위해 연락을 했다가 뜻밖의 이야기를 듣는다.
"산복숭아는 초여름에 다 딴답니다. 벌레가 먹어서 여름까지 두면 상품성이 없어요."

반도반 재료

산복숭아 20개
불린 쌀 300g
쌀뜨물 550g
밥 짓는 물 400g

설마 하는 마음에 산복숭아를 따서 파는 분들에게 연락해보지만 한결같은 답
변만 돌아온다. 덧붙여서 가을에 딴 산복숭아에는 기관지에 좋은 성분이 없다
고 한다. 물론 풋과 시절에 영양이 풍부하다고는 하지만 꼭 맞는 말은 아닌 것
같다. 늦가을이 되어서야 홍천의 공작산에서 야생 산복숭아를 어렵게 구했다.
복숭아를 딴 분은 찜찜한 듯 대부분의 산복숭아 안에 벌레가 들어 있다는 것을
알고 있으라고 한다. 매실보다 조금 더 큰 산복숭아는 대부분 벌레가 먹어 성한
것으로 골라서 산복숭아 밥을 했다. 어렵게 구한 만큼 기대도 컸는데 시금털털
한 것이 별로 맛이 없다.

그 다음해 산복숭아나무 몇 그루를 키운다는 분에게 산복숭아나무 한 그루를
익을 때까지 두어 달라고 부탁을 드렸다. 추석 즈음에 연지를 바른 듯 곱고 작
은 자태에 맞게 향기조차 섬세한 산복숭아로 반도반을 지었다. 산에 숨어 사는
은자의 밥으로 적합한 산복숭아 밥은 강렬하지만, 여운이 짧은 망고 밥보다 깊
고 푸르다.

* 쌀뜨물에는 전분과 미네랄 성분이 녹아 있어 산복숭아의 시큼한 맛을 부드럽게 중화시
  켜 주며 산복숭아의 독성이나 불순물을 끌어낸다.
* 암반법은 밥물이 끓을 때 부재료를 넣는 방식의 밥 짓기를 말한다.

✳ 산복숭아

산복숭아(개복숭아, Prunus davidiana)는 재래 복숭아의 원형으로, 유기
산과 항산화 성분이 풍부해 건강식 재료로 주목받는다. 과육의 강한 산
미는 위액 분비를 촉진해 위를 따뜻하게 하고 소화를 돕는 데 효과적이
며, 한방에서는 기침과 가래를 삭이는 데도 활용되었다. 비타민 C, 식이
섬유, 플라보노이드, 폴리페놀 등이 들어 있어 피로 해소와 항염, 항산화
에 도움을 준다. 씨앗은 어혈 제거, 혈액순환 개선에 쓰였으나 아미그달린
(amygdalin)이 함유되어 있어 섭취는 하지 않아야 한다. 산복숭아는 발효
액, 잼, 효소음료, 화장품 원료 등으로 널리 활용되며, 작지만 기능성이 뛰
어난 전통 과일이다.

조고반방

凋菰飯方

조고반 짓기

조고반(凋菰飯) 짓기(조고반방)

줄[凋菰]의 잎은 갈대와 비슷하고 그 알곡은 검다. 그래서 두보(杜甫)의 시 중에 "물결에 일렁이는 줄풀의 열매, 구름 속에 검게 잠겼네."라는 구절이 있기도 하니, 지금의 호제(胡穄, 검은 기장쌀)가 이것이다. 줄 알곡을 햇볕에 말렸다가 찧은 다음 씻어서 밥을 지으면 향기도 좋고 식감이 매끄러워진다. 두보는 또 "매끄러워 그립기로는 줄밥이네."라 하기도 했다. 《산가청공》

凋菰飯方

凋菰葉似蘆, 其米黑. 杜甫故有"波翻菰米沈雲黑"之句, 今胡穄是也. 暴乾舂洗造飯, 旣香而滑. 杜甫又云："滑憶凋菰飯."《山家淸供》

조고반 짓는 방법

① 줄의 줄기를 비벼서 알곡을 채취한 뒤 햇볕에 바짝 말린다.

② 말린 알곡은 까끄라기를 제거한 뒤 절구에 넣고 가볍게 찧는다

③ 줄쌀을 깨끗이 씻어 450g의 물에 8~9시간을 불린다.

④ 물 420g을 팔팔 끓인다.

⑤ 줄쌀을 솥에 부은 뒤 ④의 물로 밥물을 잡은 다음 중불에서 약 20분 밥을 짓다가 중약불에서 15분, 약불로 5분 정도 뜸을 들여 완성한다.

> * 줄쌀을 불릴 물을 잡을 때에는 여분의 물이 남지 않을 정도로 물을 잡아 주어야 줄쌀의 구수한 풍미를 살릴 수 있다. 줄쌀밥을 지을 때는 물이 적기 때문에 줄쌀을 3~4차례 뒤집어 위아래가 골고루 불도록 한다.

> **tip.**
> 야생 쌀이나 줄쌀로 밥을 지을 때는 압력밥솥으로 지으면 덜 푸석거린다.

재료

줄쌀 300g

줄쌀 불리는 물 450g

물 420g

수생 식물인 줄은 부들과 비슷하여 구분이 어렵다. 갈대와도 구분이 잘 안 된다. 대부분의 수생 식물이 그렇지만 멀리서 볼 때는 금방 손에 잡힐 것 같지만 가까이 다가가면 물과 근접해 있고 키도 껑충 커서 만져보기도 어렵다.

줄풀이 많이 사는 금강이나 섬진강가의 줄 잎을 채취하는 사람들에게 줄쌀을 구해달라고 부탁했으나 힘들다고 거절한다. 작년 여름 순채를 구하러 간 강가에서 줄을 본 기억이 났다. 줄이 여무는 가을, 줄 알곡을 채취하려고 갔는데 며칠 전 불었던 비바람에 알곡을 날려버린 줄은 홀가분하다는 듯 강바람에 건들건들 춤만 추고 있다. 어렵사리 이삭 몇 개를 따서 줄 알곡을 씹어 보았다. 견과류의 향과 맛이 난다. 쌀과 섞어서 밥을 지으면 예전의 밥 향기가 되살아날 것 같다. 줄도 벼처럼 물에서 자라는 것을 보면 아마도 야생 쌀의 한 종류가 아닌가? 라고 생각한 것을 위안 삼으며 내년을 기약하고 강을 떠난다.

올해는 연꽃을 따러 가는 길에 보아 두었던 줄풀이 사는 강가로 갔다. 줄 이삭에 아직은 푸른빛이 감돌아 후일을 기약하였다. 줄쌀을 수확하러 갈 즈음 긴 가을장마가 시작되었다. 엉성하게 박혀 있는 줄쌀이 바람

에 떨어지고 있을 것 같아 좌불안석일 뿐이다. 장마가 가고 난 뒤 강가를 헤매며 연필심 같은 줄쌀을 채취하였지만, 밥 짓기에는 터무니가 없는 양이다.

"물결에 일렁이는 줄풀의 열매, 구름 속에 잠겼네"라는 두보의 시처럼 줄쌀은 바람을 따라 구름 속으로 사라졌다.

줄쌀과 야생 쌀(wild rice)

외국에 줄쌀이 있는지 찾아보다가 미국과 캐나다의 인디언이 강가에 사는 줄쌀을 먹었다는 것을 알게 되었다. 쌀밥에 섞거나 샐러드에 넣어 건강식으로 활용하는 지금의 '야생 쌀(wild rice)'이 바로 줄쌀이라고 한다. 직접 채취한 줄쌀과 야생 쌀을 비교해 보면 모양은 같지만 야생 쌀이 좀 더 크고 실하여 줄쌀이 품종 개량된 것인지 아니면 만경강에서 채취한 줄쌀이 문열이인지는 모르겠다.

야생 쌀은 매끈매끈하고 엉기지 않아 야생 쌀 자체로는 밥으로 먹기 힘들다. 쌀에 섞어서 밥을 지으면 맛도 좋고 견과류 향이 나는 것이 향미 쌀로 밥을 지은 듯 향기롭다. 두보가 매끄러운 줄쌀밥이 그립다고 한 것을 보면 두보는 퍼실퍼실한 인디카종으로 만든 밥을 선호하였던 것 같다. 줄쌀로 지은 밥은 꼭꼭 씹어 먹으면 고소한 맛이 느껴지면서 그 가치를 알게 된다. 또한 강직하고 아첨을 몰라 굴곡진 삶을 살았던 두보의 성품이 줄쌀과 닮았다는 것도 줄쌀밥을 씹으며 알았다. 밥이 엉기고 눌어붙어야 한다는 고정 관념이 우리가 줄쌀밥을 멀리하게 된 것 같다.

피부를 재생시키는 줄풀

줄풀은 강가나 연못에서 자라는 수생 식물로 고장초, 교초, 장초 등의 이름으로 불리기도 하고, 서양에서는 야생 미라는 뜻의 와일드 라이스(wild rice)라고 한다. 우리나라 전역의 강이나 웅덩이 근처에 무리를 이루며 산다. 줄풀은 씨앗, 줄기, 잎, 어린싹, 뿌리를 모두 먹을 수 있다. 모두 약용으로 사용된다. 굵은 뿌리가 진흙 속으로 뻗어가며 잎이 무더기로 나오고 2m까지 자란다. 줄풀에는 게르마늄 성분이 풍부해서 관절의 염증과 독소를 배출해 주므로 《동의보감》에서는 그늘에 잘 말린 줄풀을 탕약과 함께 마시면 관절염을 완화하는 데 크게 도움을 준다고 했다.

금반방
金飯方

금반 짓기

금반(金飯) 짓기(금반방)

붉은 줄기의 황색 국화꽃을, 초석(硝石) 약간 섞은 감초탕에 데치고, 조밥[粟飯]이 약간 익기를 기다렸다가 데친 국화꽃을 넣어서 함께 끓인다. 오래 먹으면 눈이 밝아지고 수명이 늘어날 수 있다. 만약 남양(南陽)의 감곡수(甘谷水)를 얻어서 끓이면 더욱 좋다.《산가청공》

金飯方

紫莖黃色菊英, 以甘草湯和硝小許焯過, 候粟飯少熟, 同煮. 久食, 可以明目延齡. 苟得南陽甘谷水煮之, 尤佳也.《山家淸供》

늦가을에 딴 붉은
줄기의 황국 100g
메조 200g
밥물 290g
감초 5쪽
초석 1조각
감초탕용 물 600g

금반밥 짓는 방법

① 국화꽃을 한 송이씩 물에 흔들어 씻는다.

② 식초를 탄 물에 국화꽃을 20분 정도 담근다.

③ 국화꽃을 식초 물에서 건진 뒤 2~3번 헹군 후 물기를 뺀다.

④ 감초에 물과 초석을 넣고 30분 정도 중약불에서 끓이다가 감초 물이 우러나면 국화꽃을 넣고 살짝 데친다.

⑤ 메조는 깨끗이 씻어 물에 30분 정도 불린다.

⑥ 메조로 밥을 지어 메조밥이 한창 끓다가 끓는 기운이 가라앉으면 국화꽃을 넣는다.

⑦ 주걱으로 국화밥을 가볍게 뒤집은 뒤 약불로 뜸을 들여 완성한다.

금반은 줄기가 붉은 황국을 넣어 노랗게 물을 들인 꽃밥이다. 금반은 황국의 색을 받아들이기에 가장 좋은 곡물인 흰쌀에 황국을 넣어 짓는 밥으로 알기 쉽지만 누런 조에 황국을 넣어 짓는 밥이다. 우리가 식용하는 국화는 대체로 향이 강하고 꽃잎의 색이 진한 산국과 은은한 향기를 지니고 꽃잎에서 단맛이 나는 감국이 있다.

야국, 개국이라 불리는 산국은 줄기가 옅고 푸른데 감국은 줄기가 붉은색을 띠므로 〈정조지〉 취류지류 밥 편의 금반에서 말하는 붉은 줄기를 가진 황국을 감국으로 정한다. 산국처럼 줄기가 푸른 국화는 맛이 써서 주식으로 먹는 밥에 넣어 먹기에 적합하지 않다.

감초를 달인 물에 초석을 넣고 감국을 살짝 데치라고 한다. 초석은 감국의 색이 변하지 않게 하는데 지금은 초석을 구할 수 없어 오래된 기왓장 가루를 조금 넣고 데쳤다. 감초탕은 국화에 단맛을 넣어 국화 특유의 강한 향기를 순화시켜 주는 역할을 한다. 감국은 간장을 보하고, 눈을 밝게 하며, 머리를 맑게 하여 해독과 두통에 좋다. 또한 항바이러스 작용과 열을 내려 주고 관상동맥을 확장시켜 혈류량을 늘려 주는 데 효능이 있다.

오방색의 하나인 황색은 권력과 고귀함을 나타내는 색으로 우주의 중심을 상징하므로 정중앙에 놓이는 색이라서 그런지 금반에서는 위엄이 느껴진다. 순금반을 만들고 싶어 국화를 좀 많이 넣어서인지 향기와 함께 단맛도 배어들어 그냥 먹어도 맛이 있다. 금반은 찬과 함께 먹는 것보다는 향미 밥으로 조금 곁들이면 좋을 것 같다. 사진보다는 실물이 아름다운 밥이다.

초석

초석은 성분이 질산칼륨(KNO3)으로 무색, 백색, 회색을 띠며 사방정계에 속하는 광물로 염초(焰硝)라고도 한다. 초석은 동굴의 벽이나 천장을 덮는 두꺼운 껍데기에서 생기거나 박쥐나 바닷새의 배설물인 구아노(guano)에 특히 많이 발생한다. 초석은 보통 식물에 질소를 공급하므로 비료로 많이 쓰이는데 예전에는 유황, 숯과 결합하여 화약으로 쓰였다. 맛이 짜고 청량감이 있으며 냄새가 없는 물질로 소시지, 햄 등의 식품 가공에 많이 쓰여 육류의 색 보존이나 발색제로 쓰였다.

감초탕

감초탕은 감초를 달인 물이나 감초에 승마, 계지(桂枝), 당귀, 화초 등을 넣어 달인 물, 감초에 천화분을 넣어 달인 물을 말하나 금반에서는 감초를 달인 물로 본다.

옥정반방

玉井飯方

옥정반 짓기

옥정반(玉井飯) 짓기(옥정반방)

장예재(章藝齋)가 덕청현(德淸縣)을 다스릴 때 좌우에 명하여 옥정반(玉井飯)을 만들게 했는데, 이 밥의 향과 맛이 매우 좋았다. 만드는 방법은 다음과 같다. 연근 껍질을 벗기고 잘라 조각을 낸다. 또 새 연밥을 채취하여 껍질을 제거해 놓는다. 밥이 약간 끓기를 기다렸다가 이들을 넣는 과정은 암반법(盦飯法)과 같이 한다. 한유(韓愈)의 시 "태화봉(太華峯) 꼭대기 옥정(玉井)에 있는 연꽃, 꽃 피면 10장(丈)이나 되고 연근은 배처럼 크네."라는 구절에서 이름을 따온 것이다.《산가청공》

玉井飯方

章藝齋鑑宰德淸時, 命左右造玉井飯, 甚香美. 法削藕截作塊, 采新蓮子去皮, 候飯少沸, 投之, 如盦飯法. 取"太華峯頭玉井蓮, 開花十丈藕如船"之句, 名之.《山家淸供》

옥정반 짓는 방법

① 연실은 물에 살살 씻은 뒤 3~4시간 정도 물에 불린다.

② 쌀을 깨끗이 씻어서 1시간 30분 동안 물에 불린 뒤 40분을 마른 불림을 한다.

③ 연근은 팥알 크기로 잘게 다진다.

④ ②의 쌀에 불린 연실과 연근을 넣고 잘 섞은 밥을 짓는다.

⑤ 밥이 완성되면 밥이 식기 전에 뒤적여 연실과 연근이 골고루 섞이도록 한다.

옥정반 재료

멥쌀 300g

속심을 제거한 연실 100g

연근 50g

밥물 420g

옥정반은 연실과 연근을 섞어 짓는 밥으로 옥정은 태화봉 꼭대기에 있는 옥정 (玉井)이란 연못에 핀 연꽃이 유독 크고 아름다운 것에서 유래하였다고 한다. 연 못은 연을 심은 못이나 오목하게 파인 땅에 물이 고인 곳을 말하는데 연꽃이 피 어 있는 못만 연못이라고 하고 싶다. 산안개가 내려앉은 산속의 연못은 신비스 럽기 그지없다. 옥황상제를 모시고 하늘에 살던 선녀가 옥정의 연꽃이 하도 탐 스럽고 아름다워 옥황상제의 허락을 얻어 잠시 내려온다. 금방 보고 돌아간다 는 것이 연꽃의 아름다움에 취해 하늘에서 내려보낸 두레박을 타지 못하고 옥정에서 울고 있는데 옥정 근처에서 살며 연근과 연실로 옥정반을 지어 어머니를 공양하는 총각의 도움을 받게 되고 둘이는 결혼을 하여 옥정의 연을 바라보며 평생 행복하게 산다는 이야기가 절로 떠오를 만큼 연꽃과 옥정반의 맛은 아름답다. 옥정반을 먹고 평소 고민이었던 배뇨 장애가 개선되었다는 말과 입맛 까탈스러운 젊은이의 '맛있다'라는 평가에 자신을 얻어 지인들에게 옥정반을 먹으라고 권한다.

연은 꽃은 꽃대로, 뿌리는 뿌리대로, 줄기는 줄기대로 하나도 버릴 것이 없지만 연의 백미는 뭐니 뭐니 해도 뿌리인 연근과 세련되고 지적인 향기를 지닌 연실이 아닌가 싶다. 연실은 물리지 않을 정도로 고소해서 밥과 찰떡궁합이고 연근은 아삭한 식감으로 밥에 씹는 재미를 준다.

연실과 연근은 쌀에 부족한 영양소를 완벽하게 보충하므로 이름도 이를 좇아야 한다는 생각이 스쳤지만, 그냥 '옥정반'이란 우아한 이름으로 족할 것 같다. 우아함도 결국 건강해야 갖출 수 있으니까.

풋연실로 지은 옥정반

몇 해를 여문 연실로 옥정반을 지었다. 옥정반 속의 연실은 밥맛을 해치지 않을 정도의 적절한 고소함과 아삭한 식감을 지니고 있어 평생 옥정반을 먹으며 살리라 하였다. 철옹성 같은 검은 껍질에 싸인 연실을 까는 힘듦이 거의 고통 수준이다. 망치로 땅~ 하고 때리면 통~ 하고 이리저리 날아다니는 연실을 잡으러 다니다 보면 화가 난다. 냉장고 밑, 싱크대 밑으로 굴러간 얻어맞고 꽁꽁 숨은 연실을 수색하다가 '옥정반'이 풋연실로 짓는 밥이 아닌가 하는 생각이 들었다. 몇 해 전부터 유행하기 시작한 풋사과, 풋귤, 풋유자 등도 떠올랐다. 당연히 단단한 연실로만 옥정반을 지으라는 말은 〈정조지〉 어디에도 없다. 풋연실을 구하려 방죽이 많아 연으로 유명한 고장으로 갔다. 마침 풋연실을 수확하여 둔 것이 있어 구해 왔다. 껍질이 여물지 않아 연실을 까는 것이 너무 쉽다. 풋풋한 연실로 밥을 지었는데 맛이나 식감은 잘 여문 연실과 별 차이가 없다. 여문 연실은 물에 담갔다가 밥을 지어야 하지만 풋연실은 쌀과 함께 같이 넣고 밥을 지으면 된다.
'옥정'이라는 푸르고[玉] 맑은[晶] 이름 때문인지 풋연실과 잘 어울린다. 풋연실로 옥정반을 지을 때는 옥정반에 연근을 넣지 않는 것이 좋다. 풋연실은 늦여름에 나오지만, 여름에는 연근을 구하기 어렵고 설령 구해도 맛이 없기 때문이다.

* 옥정반은 가공하지 않은 국내산 연실로 밥을 지어야 옥정반 특유의 담백한 고소함과 연한 식감을 느낄 수 있다.

* **연실과 연근의 영양**
연꽃의 씨를 말하는 연실은 연자(蓮子), 석련자(石蓮子) 등으로 불린다. 껍질을 벗긴 연씨를 연육이라고 하는데 맛이 달아서 '감석련(甘石蓮)'이라고도 한다. 연실에는 필수 아미노산인 메티오닌(methionine)이 풍부하여 혈액과 간에 지방이 쌓이는 것을 방지하고 혈당 조절에 도움을 준다. 한방에서는 강장, 설사와 불면증, 그리고 해열제로 많이 사용한다. 《본초서》에는 기력을 길러주고 살을 찌운다고 하여 신경이 예민하고 기운이 없으며 마른 사람이 연실을 먹으면 좋다.
연근은 피를 엉키지 않게 하는 효능이 있으며 어혈을 삭히고 지혈을 하며 소염 작용에 효과가 있다. 연실과 마찬가지로 불면증에 좋아 스트레스에 시달리는 현대인이 많이 먹어야 하는 식품이다. 연근의 뮤신(mucin)은 당질과 결합한 복합 단백질로 단백질의 소화를 촉진한다. 율곡 선생이 어머니인 사임당을 여의고 오랜 기간 실의에 빠져 건강을 상하게 되었을 때 그의 건강을 회복시켜 준 것이 연근죽이었다. 연근은 성질이 따뜻하고 맛은 달며 독이 없다. 생약명으로는 연우(蓮藕)라고 한다.

저반방1
薯飯方

고구마밥 짓기 1

고구마를 햇볕에 말리고 잘게 썬 다음 멥쌀과 함께 밥을 지으면 맛이 단 데다 오랫동안 배가 불러 허기지지 않는다. 김장순(金長淳)《감저신보(甘藷新譜)》

甘藷暴乾剉碎, 同粳米作飯, 味甘, 且久飽不饑. 金氏《甘藷譜》

저반 짓는 방법

① 고구마를 깨끗이 씻은 다음 껍질을 벗겨 햇볕에 말린다.

② 고구마가 말라 시들거리면 고구마를 잘게 썰어 고구마쌀을 만든다.

③ 멥쌀은 깨끗이 씻어 물에 1시간을 담근 뒤 20분 마른 불림을 한다.

④ 멥쌀에 고구마쌀을 섞은 뒤 밥물을 붓고 중불에서 밥을 짓는다.

⑤ 밥이 끓기 시작하면 중불로 10분, 약불로 5분 정도 뜸을 들이다가
　다시 중불로 올려 3분 정도 익혀 완성한다.

* 고구마밥은 고구마쌀이 퍼지지 않도록 마지막에 중불로 올려 수분을 날려 주고
　밥이 완성되면 바로 뚜껑을 열어 김을 빼준다.

고구마밥은 보통 고구마를 밤 크기로 썰어 잘라 밥 위에 얹어서 짓는 밥이다. 이렇게 지어진 고구마밥은 맛과 향이 뒤섞이고 반찬과 어울림도 좋지 않은 이도 저도 아닌 밥이다. 고구마밥 1은 고구마를 통으로 말려서 고구마쌀을 만든 다음 멥쌀과 함께 짓는 고구마밥이다. 고구마쌀을 만드는 과정이 자세히 기술되어 있지 않으므로 만드는 사람의 재량에 기대면 될 것 같다. 고구마를 통으로 말려서 고구마쌀을 만들었는데 고구마의 껍질이 질겨 말리는 데 시간이 오래

걸린다. 다음 방법으로 고구마를 납작납작하게 썬 다음 햇볕에 4일을 말린 뒤 썰었는데 질겨서 잘 썰어지지 않았다. 같은 방법으로 썬 고구마를 이틀을 말린 뒤 고구마쌀로 만들어 햇볕에 하루 정도 더 말려 처음부터 멥쌀과 함께 섞어 밥을 지었다. 고구마쌀이 풀어질까 염려하였는데 고구마쌀이란 이름에 걸맞게 꼬들꼬들한 것이 제 모습을 잃지 않았다. 하얀 쌀밥 속에 노란 고구마쌀이 별처럼 송송 박혀 있는 것이 제법 곱다. 우리가 알고 있던 편안한 고구마밥과는 격이 다르다. 고구마의 달콤한 향과 쌀밥의 구수한 향을 후각뿐 아니라 미각으로도 같이 느끼는 색다른 경험을 고구마밥 1로 하였다. 고구마의 품종, 말리는 정도, 가공 과정이나 순서에 변화를 주면 다양한 식감을 가진 고구마쌀을 만들 수 있다.

현대인의 손꼽히는 건강식인 고구마를 가장 효율적으로 먹을 수 있는 방법이라는 생각이 들며 그냥 고구마로 파는 것보다는 고구마쌀로 가공하여 팔면 소비자는 건강을 판매자는 좀 더 높은 수익을 챙길 것 같다는 생각도 해보게 된다. 고구마밥 누룽지가 예쁘게 생겨 물을 붓고 고구마 눌은밥을 만들었다.

* 고구마밥 1을 지을 때는 멥쌀과 고구마쌀을 처음부터 같이 넣기 때문에 반드시 쌀은 충분히 불린 다음 밥을 지어야 고구마쌀이 식감을 유지한다.
* 고구마의 풍부한 섬유질이 혈당 상승을 막아주기는 하지만 고구마가 탄수화물과 당분이 풍부하므로 고구마밥을 지을 때는 쌀의 양을 조금 줄이고 귀리, 조 등 당 지수가 낮은 곡물을 넣는다.

저반방2

藷飯方

고구마밥 짓기 2

멥쌀로 밥을 지으면서 멥쌀이 익을 듯 말 듯 할 때 비로소 고구마쌀[藷米, 잘게 썰어둔 고구마]을 넣어서 함께 찌되 뜸을 들이는 정도면 된다. 고구마쌀이 너무 익으면 곤죽이 될까 염려되기 때문이다.《옹치잡지》

諸飯方

炊粳米, 將熟未熟, 始入藷米同蒸, 令氣餾爲可, 藷米過熟, 則恐糜爛也.《饔饎雜志》

고구마 150g
멥쌀 160g
물 420g

짓는 방법

① 고구마를 깨끗이 씻은 다음 껍질을 벗겨 햇볕에 말린다.

② 고구마가 말라 시들거리면 고구마를 잘게 썰어 고구마쌀을 만든다.

③ 멥쌀은 깨끗이 씻어 물에 2시간을 담근 뒤 40분 마른 불림을 한다.

④ 멥쌀로 밥을 짓다가 밥이 70~80% 정도 익었을 때 고구마쌀을 넣는다.

⑤ 중약불로 5분 정도 밥을 더 익히다가 약불로 뜸을 충분히 들여 완성한다.

⑥ 완성된 밥은 3분 정도 방치한 다음 솥뚜껑을 연다.

* 고구마밥 2는 뜸 들이는 시간을 보통의 밥보다 길게 하여 고구마가 충분히 익도록 한다.

고구마밥 1은 말린 고구마를 고구마쌀로 만들어 쌀과 섞어 짓는 밥이고, 고구마밥 2는 생고구마를 고구마쌀로 만들어 쌀과 함께 짓는 밥이다. 고구마밥 1은 처음부터 쌀과 고구마쌀을 함께 넣고 밥을 짓는 방식이고, 고구마밥 2는 쌀을 먼저 끓이다가 끓기 시작하는 시점에 고구마쌀을 넣는다. 선생은 고구마밥 2를 지을 때 고구마쌀을 처음부터 넣으면 밥이 곤죽처럼 될 수 있다고 하였다.

제시된 방식대로 쌀이 끓을 때 고구마쌀을 넣고 밥을 지었지만, 고구마와 밥이 잘 섞이지 않았고 고구마쌀은 익지 않아 설컹설컹한 식감만 남아 결국 밥 짓기는 실패로 끝났다. 두 번째 시도에서는 고구마쌀을 처음부터 쌀과 함께 넣고 밥을 지었는데, 예상과는 달리 고구마쌀이 곤죽이 되지 않았고 고구마의 모양과 식감이 잘 살아 있으면서도 촉촉하고 맛있게 익어 고구마밥이 완성되었다.

이 경험을 통해 고구마의 품종이나 고구마쌀의 크기에 따라 밥의 결과물이 달라질 수 있다는 것을 알게 되었다. 고구마밥 2에 사용된 고구마쌀의 크기가 다소 큰 것이 실패의 원인이었을지도 모른다.

밥을 짓고 남은 고구마쌀은 햇볕에 말렸다. 고구마밥 1의 방식으로 고구마쌀을 만들 때는 손이 많이 갔지만, 생고구마를 썰어 말리는 것은 상대적으로 수월했고 빠르게 건조되었다. 표고버섯을 통째로 말리는 것보다 얇게 썰어 말리는 편이 훨씬 효율적인 것처럼, 고구마도 마찬가지였다.

《조선셰프 서유구의 밥 이야기》에 등장하는 수많은 밥 가운데 가장 '우리 다운 밥'을 고르라면 주저 없이 고구마밥을 꼽고 싶다. 소박한 재료로 누구나 만들 수 있는, 건강하고 정갈한 밥이기 때문이다. 또한 고구마로 이렇게 섬세한 맛과 아름다움을 만들어낼 수 있다는 점도 매력적이다.

'밥'이라 하면 단일한 쌀알들의 조화를 떠올리지만, 고구마밥은 일정한 모양을 갖춘 '쌀'이라는 개념이 고구마에도 적용될 수 있다는 사실을 새삼 일깨워준다. 흰쌀밥 위에 송송 박힌 노란 고구마쌀이 은근히 눈에 띄고, 밥을 푸는 순간 고구마의 단내가 퍼지는 그 경은 조용한 감탄을 부른다. 고구마밥은 입으로 먹기 전에 먼저 마음으로 감상하게 되는 밥이다.

✳ 고구마의 여정

고구마는 중앙아메리카 및 남아메리카 북부 지역이 원산지로, 고대 마야와 잉카 문명에서도 이미 오래전부터 재배되어 왔다. 신대륙 발견 이후, 고구마는 15세기말부터 16세기 초에 유럽을 거쳐 세계 각지로 확산되기 시작하였다. 특히 스페인과 포르투갈의 해상 무역망을 통해 아시아로 전래되었다.

1594년경, 필리핀을 경유하여 중국 푸젠(福建) 성 지역에 고구마가 도입되었으며, 이후 류큐(琉球, 오늘날의 오키나와) 왕국을 거쳐 일본 규슈 지역의 사쓰마(薩摩) 지방에 전파되었다. 일본에서는 이 지역명에서 유래한 '사쓰마이모(薩摩芋)'라는 이름으로 널리 불리게 되었다.

조선에서는 1763년(영조 39년), 통신사 조엄(趙曮)이 일본에서 가져온 고구마를 제주도에 시험 재배하면서 처음 소개되었다. 이후 정조 대에 이르러 본격적인 내륙 보급이 이루어졌으며, '감저(甘藷)' 또는 '고여(苦苴)'라는 이름으로 불리며 기근을 대비한 중요한 구황작물로 활용되었다. 대만에서는 일본의 식민 통치기(1895~1945)를 거치며 고구마 재배가 본격화되었으며, 이후 아시아 전역에서 널리 소비되고 있는 작물로 자리 잡게 되었다.

예전에는 쌀밥은 누구나 먹을 수 있는 밥이 아니었다. 대부분의 집안에서는 쌀이 조금 섞인 거친 잡곡밥을 상식하였고, 쌀밥은 생일이나 명절, 제사 때 먹는 밥으로 일상식이 아니었다. 흉년이라면 상황은 더욱 심각하여 돌가루가 섞인 밀기울과 깻묵 등을 얻어다 먹다가 이조차 없으면 산으로 올라가 소나무의 속껍질까지 벗겨서 먹었다.

일본에서 고구마가 들어왔지만 달고 맛이 있어 고을의 사또들이 수탈해 가는 바람에 백성들의 먹거리가 되지 못했다. 배고픈 백성들은 고구마 종자까지 먹어버려 고구마를 재배할 수 없었다. 이후 고구마 농사를 부활하기 위한 여러 노력이 시도되고, 서유구 선생은 전라도 관찰사 시절 고구마 농사법이 담긴 《종저보(種藷譜)》를 짓고 고구마 종자를 보급하여 기근에 시달리던 전라도를 구한다.

한국전쟁 이후에도 보릿고개가 계속되어 대부분 고구마로 밥을 대신하였다. 엄마들은 오전 일을 마치고 나면 매일 고구마를 삶아 바구니에 담아 마루에 올려놓았다. 누구도 밥 대신 고구마라고 말하지 않았지만, 고구마

를 먹고 밥을 달라고 하지 않았다. 마실 온 사람도 멀리서 온 객도 따뜻한 겨울 햇볕을 쬐며 주인과 함께 고구마를 먹었다. 이처럼 고구마가 주식으로서 우리의 생명을 유지시켜 주어서인지 우리는 개인의 호불호를 떠나 고구마에 대한 깊은 애정을 갖고 있다. 이 외에도 고구마로 술을 빚어 감저주(甘藷酒), 장을 담가 감저장(甘藷醬)이라 하였으니 고구마는 두루 우리에게 위로를 주었다.

✳ 제주도 감저조밥

제주도에서는 고구마를 이용한 밥 중 조, 보리에 고구마를 넣은 감저조밥을 많이 먹었다. 좁쌀과 고구마로 밥을 지을 때는 좁쌀이 먼저 익고 고구마는 나중에 익기 때문에 먼저 고구마를 익혀야 한다. 고구마를 한입 크기로 썰어 솥에 넣고 2/3 정도 익으면 좁쌀과 더하여 밥을 짓는다. 좁쌀에 보리쌀을 함께 넣어 밥을 지을 때는 보리쌀과 고구마를 함께 넣고 끓기 시작하면 좁쌀을 넣고 뜸을 들이면 된다.

✳ 고구마의 어원

고구마는 달콤한[甘, 감] 저(藷, 마를 뜻함)라 하여 감저라고 불리다가, 감저가 차츰 감자로 변했다. 원래 감자를 북감저라고 하고 고구마를 남감저라고 부르기도 하였다.
고구마란 이름은 가뭄에 부모를 살리는 효행저(孝行藷, 효도하는 마)라는 뜻의 쓰시마 섬 방언인 코-코이모(Koukoimo, 효행저)가 고구마로 변했다는 설이 유력하다.

죽실반방
竹實飯方

죽실반(竹實飯) 짓기(죽실반방)

두류산(頭流山, 지리산)의 승려가 죽실(竹實, 대나무 열매)을 따다가 밥을 지을 때,
말린 밤의 가루와 곶감 가루를 섞어서 밥을 짓고 팔미차(八味茶)와 먹었다고 한
다. 팔미차의 팔미는 오미자에 인삼·천문동·꿀을 더한 것이다. 《어우야담(於于
野談)》

竹實飯方

頭流山僧, 摘竹實作飯, 以乾栗末、乾柹屑, 和而炊之, 以八味茶下之. 八味者, 五味
子加人蔘、天門冬、蜂蜜也. 《於于野談》

죽실 200g
(줄쌀, 수수, 보리로 대체하였음)
말린 밤 가루 50g
말린 곶감 가루 50g
물 360g

팔미차 재료

천문동 20g
오미자 15g
인삼 20g
꿀 30g
물 1000g

죽실반 짓는 법

① 죽실을 대나무 이삭에서 채취하여 물에 넣은 뒤 물 위로 뜬 이물질을 제거하며 씻어 준다.

② 죽실을 20분 정도 물에 담근 뒤 고운 체망에 밭쳐 물기를 제거한 뒤 밤 가루와 곶감 가루를 더해서 골고루 섞어준다.

③ ②를 솥에 넣은 뒤 물을 붓는다.

④ 중간불에서 약 10분, 중약불에서 20분 정도 밥을 짓다가 약불에서 5분 정도 뜸을 들여 완성한다.

* 죽실반처럼 곡물이나 말린 과일을 넣어 짓는 밥은 일반 밥 짓기보다 불을 20% 정도 낮추어 지어야 가루가 눈거나 타지 않는다.

유몽인(柳夢寅, 1559~1623)이 지은 《어우야담(於于野談)》에는 팔진미(八珍味)의 이름이 나오는데 모두 노인을 봉양하기 위해서라 하였다. 유몽인은 우리의 바다와 뭍에서 나오는 산물은 이루 셀 수 없는데 소박한 것 중에 팔진미가 될 수 있는 것은 산사람과 중들이 즐기는 지리산의 대나무 열매밥(죽실반)과 팔미차, 묘

향산과 금강산의 '송이버섯구이'라 하였다. 팔진미는 용의 간, 봉황의 골, 오랑우탄의 혀, 모기 눈알 등으로 이 세상에 존재할 수 없는 음식 등도 있어 맛있는 음식이나 아주 잘 차린 상을 의미하기도 한다.

죽실의 맛이나 모양이 보리, 수수, 기장, 줄 등과 비슷하다고 달리 표현되는데 대나무의 품종에 따라 죽실이 다르기 때문이다. 죽실의 종류와 상관없이 아밀로오스(amylose)나 아밀로펙틴(amylopectin)이 없거나 아주 적어 죽실로만 밥을 지으면 밥이 흩날릴 것으로 추정된다. 죽실에 녹말이 있는 밤과 끈기가 있는 곶감 가루를 더하여 맛의 형상을 만들어내고 맛과 영양을 보강한 지혜를 죽실반으로 얻게 된다. 찰기가 부족한 곡물로 밥을 지을 때 활용해 볼 일이다.

대나무의 열매가 있으면 꽃도 있어야 하는데 대나무 꽃을 본 적이 없다. 더군다나 대나무는 뿌리로 번식하는 것으로 알고 있으니 꽃과 열매가 낯설다.

여러 기관의 대나무 연구자에게 문의하였으나 죽실을 알지 못한다.

글로 맛보는 '죽실'

윤선도(尹善道)는 〈오우가(五友歌)〉에서 대나무에 대해 다음과 같이 읊었다.

> "나모도 아닌 거시 플도 아닌 거시/곳기는 뉘 시기며 속은 어이 뷔연는
> 다/져러코 사시(四時)예 프르니 그를 됴하ᄒ노라."

윤선도는 대나무에 대해 나무도 아닌 것이 풀도 아닌 것이라고 읊었지만 대나무는 풀이다.

《조선왕조실록》 중 〈태종실록〉에는 죽실(竹實), 죽미(竹米)라 불리는 대나무 열매 이야기가 나온다. "백성들이 이것을 따서 식량을 삼고 혹은 술을 만드는데, 오곡과 다름이 없습니다. 한 사람이 하루에 5, 6두 혹은 10두를 수확하여, 백성들이 모두 7, 8석씩 저축하여 조석 끼니를 마련하였습니다."

이 내용은 이수광의 《지봉유설(芝峰類說)》에도 인용되어 있으며 "남쪽 지방과 지리산에는 대나무 열매가 많이 열려서 그 지방 사람들이 이것으로 밥을 지어 먹는다"라고 하였다.

또 다른 죽실에 대한 기록은 이대규(李大奎)가 쓴 《농포문답(農圃問答)》으로, "죽실은 기장쌀과 같고, 3~4월에 꽃이 피고 익으면 황흑색의 열매를 맺는데, 밥이나 떡을 만들어 먹어 흉년에 사람들이 많이 의지한다."라고 기록되어 있다.

또 울릉도에는 폭풍우로 교통이 두절되어 식량이 떨어졌는데 그 해 마침 대나무 열매가 결실하여 사람들이 굶어 죽는 것을 면하였다고 한다.

허균과 죽실반

〈정조지〉의 죽실반이 호기심을 자극하기는 하지만 죽실이 구하기 어려운 식재료라 막연하다. 죽실이 봉황이 즐겨 먹는 열매라는 것과 〈정조지〉에 죽실반을 지어 먹는 사람들이 지리산의 승려라고 한 것도 죽실반과의 거리를 좁혀지지 않게 한다. 그나마 죽실로 기아를 면했다는 조선시대의 여러 기록이 죽실반이란 존재를 실감나게 해 주었다.

음식에 관한 기록 중 가장 친근하게 다가오는 허균의 《도문대작》에 죽실반에 대한 이야기가 실려 있다. 허균은 죽실반에 대해 "죽실(竹實)은 지리산에서 많이 난다. 내가 낭주(浪州)의 우반곡(愚磻谷)에 있을 때 지리산에서 수행하고 있던 고승 부휴선수(浮休善修, 1543~1615)가 제자들을 시켜 죽실반 재료를 보내왔는데,

죽실에 감과 밤의 가루를 섞어서 만든 것이었다. 몇 숟갈을 먹었는데 종일 든든했다. 참으로 신선들이 먹는 음식이다."라고 기록한 것이다. 허균이 광주 목사에서 파직되고 부안 현감이었던 심광세(沈光世, 1577~1624)의 도움을 받던 때로 대략 1608년경에 죽실반을 먹었을 것으로 추정된다. 허균은 죽실반이 하루 종일 든든한 신선의 음식이라고 평하였다. 죽실의 영양 성분에 대해서는 알 수 없지만 마른 밤 가루와 곶감 가루가 죽실의 맛과 영양, 식감을 보강하여 많이 먹지 않아도 든든한 밥임을 설명하고 있다. 곶감 가루가 밥에 은은한 단맛을 내므로 찬 없이 팔미차를 곁들여서 먹으면 된다. 죽실반의 연관어는 대나무 열매, 봉황, 지리산, 승려의 밥이다. 허균은 이를 함축하여 신선의 밥이라 한 것이다. 죽실반에 가장 적합한 표현이 아닐까 싶다.

* 낭주(浪州)는 지금의 부안이다
  -MS 투데이의 기사 참조-

✳ 죽실 구하기

죽실을 구하기 위해 백방으로 노력하던 중 100년 만에 대나무꽃이 피었다는 기사를 보았다. 꽃이 피었으면 먼저 익은 열매도 혹시 있으리라 생각하고 먼 길을 달려갔다. 대나무꽃을 보려는 사람들로 대밭 주변이 소란스럽다. 다가가면서 본 대숲이 푸른빛이 아니라 누런빛이다. 볼만한 꽃을 기대한 것은 아니지만 기대가 큰 만큼 실망도 컸다. 대나무는 꽃을 피우고는 죽는다더니 대나무가 누렇게 말라 죽어가고 있었다. 꽃이 어디 피어 있는지 아무리 찾아보아도 꽃은 보이지 않는다. 줄풀 이삭 같은 것이 대나무의 맨 꼭대기에 붙어 있을 뿐이었다. 꽃이 졌으면 당연히 열매가 이삭 안에 들어 있을 것 같아 이삭을 비벼 보아도 이삭이 가루만 될 뿐 아무것도 나오지 않는다. 죽실을 좋아하는 봉황이 다 먹어버리고 빈 이삭만 남겨둔 것이라 생각하며 마음을 달랜다. 대나무꽃이 복을 부른다고 사람들이 대나무 가지를 꺾어 간다.
가느다란 이삭 몇 가지를 구해서 가져왔는데 오는 도중 말라서 부서져 버리고 만다.
인터넷 검색으로 중국 무역상이 죽실을 팔고 있다는 것을 찾아내 기쁜 마음에 전화했더니 최소 거래 단위가 1톤이라고 한다. 죽실을 구하여 제대로 된 죽실반을 짓는 일이 숙제로 남았다. 언젠가는 죽실을 구할 수 있을 것이라는 희망을 잃지 않는다.

✳ 봉황

봉황은 상서롭고 고귀한 뜻을 지닌 상상의 새다. 《설문해자》에는 봉황의 앞쪽은 기러기 뒤쪽은 기린, 뱀의 목, 물고기의 꼬리, 황새의 이마, 원앙새

의 깃, 용의 무늬, 호랑이의 등, 닭의 부리, 제비의 턱을 닮았으며 오색을
갖추었다고 한다. 봉황의 생김새에 관해 설명하는 내용이 책마다 다 달라
서 봉황의 모습은 불확실하다. 봉황은 울 때 다섯 가지의 소리를 내고 죽
으면 다시 살아나는 불사조로 묘사되어 있다. 봉황은 오동나무에 둥지를
틀고 아무리 배가 고파도 대나무 씨앗이 아니면 먹지 않는다고 하여 청렴
한 선비와 고귀한 군자를 상징하고 부귀, 장수, 풍년, 귀인을 불러오는 길
조다.

오신반

五辛盤

절식지류(節食之類)　　　　　　　　　　　　　　　　입춘 절식

번역문

입춘에 오신채(五辛菜)를 가져다가 나물을 만들어 먹는데, 이는 대개 새해를 맞이하는 뜻을 취한 것이다. 당나라 때 안정군왕(安定郡王)이 입춘에 처음 오신반(五辛盤)을 만들었다고 전해온다. 두보(杜甫)의 시에서 이른바 "봄날 봄 소반에는 가는 생채라네."라고 한 것이 이것이다. 《풍토기(風土記)》에서는 "설날에 오신채를 먹었다."라고 했고, 《형초세시기(荊楚歲時記)》에서는 "인일(人日)에는 7가지 종류의 채소가 들어간 국을 먹는다."라고도 했으니, 이는 민간의 풍습이 같지 않기 때문이다.

우리나라에서는 매번 입춘에 경기도 산간 고을에서 움파[蔥芽]와 산갓[山芥]과 승검초[辛甘菜]를 진상했고, 지인에게도 보냈다. 움파는 땅광에서 기른 어리고 누런 파이다. 산갓은 초봄에 눈이 녹을 때 산속에서 자생하는 갓이다. 움파와 산갓은 모두 끓는 물에 데쳐서 초간장[醋醬]에 버무려 먹는다. 승검초는 땅광에서 기른 당귀의 순이다. 희고 깨끗하기가 은비녀와 같다. 쪄서 간장[甘醬]에 찍어 먹으면 좋다. 꿀을 찍어 먹어도 좋다. 움파와 산갓과 승검초는 모두 생채 중에서 맵고 독한 재료이다.

그러나 유독 오신채의 명목에 대해서는 그 설이 하나가 아니다. 어떤 이는 달래·부추·염교·유채·고수를 오신채라 하고, 어떤 이는 달래·마늘·부추·유채·고수를 오신채라 하며, 어떤 이는 마늘·달래·흥거(興渠, 아위)·자총(慈蔥, 파의 일종)·각총(茖蔥, 산마늘)을 오신채라고 한다. 또 어떤 이는 마늘과 염교를 제외하고 여뀌와 갓으로 대신하는 경우도 있다.
우리나라의 오신채도 정해진 이름이 없다. 파·갓·승검초 외에 혹은 순무·무를 쓰기도 하고 혹은 생강·산초를 쓰기도 한다.《금화경독기》

원문

立春取五種辛辣菜, 作茹食之, 蓋取迎新之義. 相傳唐 安定郡王, 立春日始作五辛盤. 杜甫詩所謂"春日春盤細生菜"是也.《風土記》則云"元朝, 食五辛",《荊楚歲時記》則云"人日食七種菜羹", 亦俗習之不同也.
我東每於立春日畿甸峽邑, 進蔥芽·山芥·辛甘菜, 亦或饋遺知舊. 蔥芽, 窖養嫩黃蔥也. 山芥, 初春雪消時, 山中自生之芥也. 竝熟水淹之, 調醋醬食之. 辛甘菜, 窖養當歸荀也. 白淨如銀釵, 以蒸甘醬食之, 蘸蜜食亦佳. 皆生菜之辛烈者也.
獨五辛之目, 說者不一. 或以小蒜·韭·薤·蕓薹·胡荽爲五辛, 或以小蒜·大蒜·韭·蕓薹·胡荽爲五辛, 或以大蒜·小蒜·興渠·慈蔥·茖蔥爲五辛. 又或有去大蒜及薤而代以蓼·芥者.
我東五辛, 亦無定名. 蔥·芥·辛甘菜之外, 或用蔓菁·蘿葍, 或用薑·椒.《金華耕讀記》

오신반 1

흰밥 200g

달래 30g

청홍갓 35g

당귀순 15g

마늘잎 20g

부추 30g

오신반 2

흰밥 200g

달래 30g

냉이 20g

순무 30g

당귀순 15g

움파 20g

간장 18g

식초 10g

무즙 20g

오신반 만드는 법

오신반 1 (중국의 오신반)

① 오신채는 깨끗이 손질하여 4cm 길이로 썰어둔다.

② 밥을 그릇에 담고, 밥 위에 오신채를 가지런히 올린다.

오신반 2 (우리나라의 오신반)

① 오신채는 손질하여 끓는 물에 데쳐서 먹기 좋은 크기로 자른다.

② 밥을 그릇에 담고 밥 위에 오신채를 펼친 다음 초간장을 끼얹어 밥과 함께 먹는다.

서유구 선생은 입춘 절식인 오신반의 유래와 오신채에 대해서 아주 상세한 설명을 한다. 아마 선생이 오신반에 관련된 이야기를 많이 알기도 하고 또 궁금한 점도 많아서인 것 같다. 입춘에 오신채(五辛菜)를 먹는 풍속은 당나라 때 안정군왕(安定郡王)이 입춘에 오신반을 먹으면서 비롯되었다고 한다. 오신채로 만든 오신반의 조리법은 나와 있지 않지만, 오신채를 당(唐)나라 시대에는 생채로, 수(隋)나라에서는 국으로, 우리는 데쳐서 초간장을 찍어서 밥과 함께 곁들여 먹는 것이 오신반인 것 같다.

이란에서는 새해 첫날인 누르즈(Nowruz)에 오신반과 비슷한 밥을 먹는다. 누르즈는 '새로운 날'이란 뜻이다. 새옷을 입고 7가지의 S가 들어간 채소로 구성된 하프트신(Haft Sin)이라는 차례상을 차리는데 마늘, 식초 등의 향신료와 사과와 채소 등이다. 이를 나눠 먹거나 집집이 선물을 하며 새로운 마음으로 봄을 맞이하는 동시에 주변과의 관계를 돈독하게 한다.

입춘에 오신채를 진상하거나 지인에게 선물한다는 풍속이 신선하다. 지금은 혹한의 겨울에도 신선한 채소를 먹을 수 있어 '오신채'에 감동받지는 않는다.

겨우내 땅광에서 키운 어리고 누런 움파와 당귀의 순, 그리고 눈을 뚫고 자란 산갓의 청신한 맛은 글을 통해서도 전해져 멍했던 머리가 맑아진다. 선생은 오신채를 사람과 시대에 따라 마늘과 염교 대신 여뀌와 갓을 넣는다고 하여 조금은 혼란스러워 한다.

겨울에 오신채를 어디서 구할지 겁먹을 필요가 없다. 우리 주변을 둘러보면 오신채가 흔하다. 겨우내 먹으려고 심어 놓았던 파와 뽑지 않고 밭에 두었던 파는 움파가 되었고, 광 속에 두었던 무에서는 싹이 돋아나 있다. 눈 속을 헤쳐 보면 가을에 나왔다가 겨울을 버틴 냉이나 산달래를 만날 수 있고 가을에 심은 마늘밭에서는 마늘 싹이 올라왔다. 어느새 오신채가 아니라 칠신채를 구했다.《형초세시기(荊楚歲時記)》에서 오신채가 아니라 칠신채로 끓인 국이라 했는지 알 것 같다. 무가 오신채 중 하나이므로 무밥을 지어서 오신채와 함께 먹거나 오신채를 넣은 양념간장으로 오신반 기분을 내 보는 것도 좋다.

오신채를 규정하여 오신채를 구한다고 힘과 시간을 소모하거나 아예 오신반을 포기하는 것은 바람직하지 않다. 우리나라에서는 무, 순무, 생강, 산초를 오신채

<hr>

* 이란은 페르시아력을 사용하기 때문에 새해는 춘분에 맞춰 3월 21일이 누르즈가 된다.

로 쓴다고 하므로 사실, 오신채는 우리가 즐겨 먹는 채소 중에서 매운맛을 내는
채소면 되겠다. 산초나 생강, 마늘은 상시 보관하여 두고 먹는 재료이므로 한 가
지 정도는 생채보다는 향신료를 넣어 생채의 향을 돋우는 것도 좋다. 매운맛을
내는 후추도 오신채에 해당된다. 지금의 나물 비빔밥이나 생채 비빔밥이 바로
오신반에서 비롯된 것 같다. 입춘은 만물이 잠에서 깨어나며 실제 사람의 한해
살이가 시작되는 시절이다. 매운맛의 채소는 우리 몸의 혈액 순환을 촉진하여
몸에 활력을 주고 겨우내 부족했던 비타민을 공급하여 추위를 뚫고 나온 우리
몸에 활력을 준다. 입춘맞이 선물로 다섯 가지의 매운맛을 내는 귀한 채소를 선
물하는 것, 진실로 아름답고 건강한 선물이라 생각된다. 건강한 봄을 맞이하기
를 바란다는 글과 함께 말이다.

형초세시기
세시기(歲時記)란 계절에 따라 실시되는 초(楚)나라의 연중행사를 기록한 것이며 형초(荊
楚)는 지금의 후베이성[湖北省]과 후난성[湖南省] 일대를 말한다. 양(梁)나라의 종름(宗
懍)이 6세기경에 지은 형초기(荊楚記)를 7세기 초 수(隋)나라의 두공섬(杜公瞻)이 증보하
고 가주(加注)하여 〈형초세시기〉라 하였다. 현존하는 중국의 세시기 중 가장 오래된 것으
로 초나라뿐 아니라 일반적인 풍습도 기록되어 있다.

춘사반과 추사반
春社飯·秋社飯

번역문

준생팔전 춘사일에 여러 가지 고기를 섞고 조미하여 밥 위에 편 것을 '사반(社飯)'이라 한다.

【안】 만드는 방법은 추사반(秋社飯)의 주(注)에 상세히 나온다】

원문

遵生八牋 春社日, 以諸肉雜調和鋪飯上, 謂之"社飯".

【案】 方詳秋社飯注】

번역문

동경몽화록 8월 추사일(秋社日)에 사람들이 각자 사고(社糕, 사일에 먹는 떡)와 사주(社酒, 사일에 마시는 술)를 서로 선물로 보낸다. 귀족들과 궁중에서는 돼지나 양의 고기·콩팥·젖·위·폐, 압병(鴨餠, 밀전병)·오이·생강과 같은 종류들을 장기알처럼 썰어서 양념을 적당히 한 다음 밥 위에 편다. 이를 '사반(社飯)'이라 한다.

【안】 요즘 사람들은 나물에 고기와 기름장을 섞어서 볶은 뒤에 흰밥을 비빈다. 이를 민간에서는 골동반(汨董飯, 비빔밥)이라고 부른다. 추사반을 만드는 방법은 골동반과 서로 비슷하지만, 추사반은 고기가 많고 나물이 적을 따름이다】

원문

東京夢華錄 八月秋社, 各以社糕、社酒相齎送. 貴戚,宮院, 以猪羊肉·腰子·嬭房·肚·肺、鴨餠、瓜、薑之屬, 切作碁子片, 滋味調和, 鋪於飯上, 謂之"社飯".

【案】 今人用菜茹和肉油醬炒熟, 拌和白飯, 俗呼"汨董飯". 社飯之制, 與汨董飯相似, 而特肉多菜少耳】

춘사반 만드는 방법

① 돼지고기, 돼지 콩팥, 돼지 곱창, 돼지 간, 돼지 허파를 손질하여 뜨거운 물에 데쳐서 장기알 크기로 썬다.

② ①에 청주, 참기름, 간장, 후추를 넣어서 버무린다.

③ 새순, 움파, 미나리는 4cm 길이로 썰고 생강은 편으로 썬 뒤 가늘게 채를 쳐서 참기름과 간장에 버무린다.

④ 밥을 그릇에 고르게 펴서 담고 밥 위에 고기와 채소를 올려서 편다.

춘사반 재료

밥 200g
돼지고기 30g
돼지 콩팥 30g
돼지 곱창 30g
돼지 간 30g
돼지 허파 20g
새순 20g
움파 20g
미나리 20g
고기 무침용 참기름 30g
생강 5g
채소 무침용 참기름 15g
고기 무침용 간장 22g
채소 무침용 간장 10g
청주 10g
후추 조금

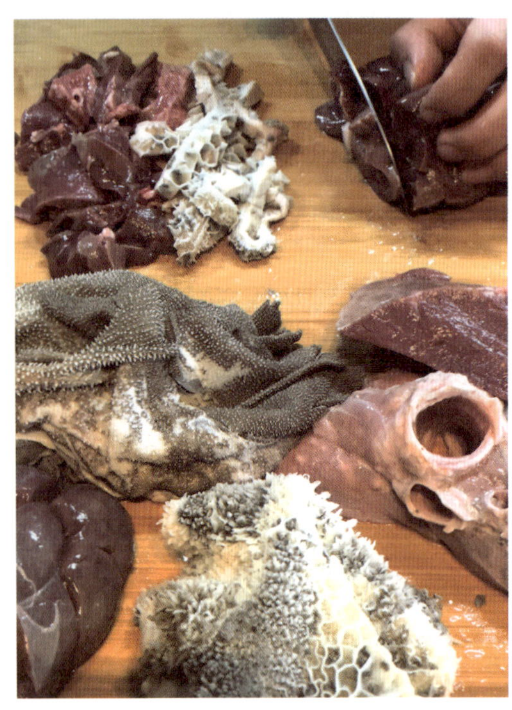

추사반 재료

밥 200g
돼지고기 30g
돼지 콩팥 30g
돼지 곱창 30g
돼지 간 30g
돼지 허파 20g
오이 30g
노각 35g
생강 6g
후추 조금

추사반 만드는 방법

① 돼지고기, 돼지 콩팥, 돼지 곱창, 돼지 간, 돼지 허파를 손질하여 뜨거운 물에 데쳐서 장기알 크기로 썬다.

② ①에 청주, 참기름, 간장, 후추를 넣어서 버무린다.

③ 오이와 노각은 반을 갈라서 씨를 뺀 뒤, 반달 모양으로 썰고 생강은 얇게 편으로 썬 뒤 가늘게 채를 친다.

④ ③에 참기름, 간장, 후추를 넣어서 버무린다.

⑤ 밥을 그릇에 고르게 펴서 담고 밥 위에 고기와 채소를 올린다.

춘사반(春社飯)은 봄에 신에게 농사가 잘되기를 기원하는 제사를 모신 뒤, 추사반(秋社飯)은 가을에 수확할 수 있도록 은혜를 베푼 신에게 감사의 제사를 모신 뒤 먹는 음복 음식이다. 제사상에 오른 고기와 채소를 먹기 좋은 크기로 썰고 양념하여 밥에 얹어 먹었다. 제사 음식이라는 특성상 채소보다는 신에게 희생의 제물로 바친 고기의 양이 많았다. 춘사반과 추사반을 먹는 시기는 달라 채소가 달라지지만, 돼지고기나 양고기를 쓰기 때문에 모양새와 맛은 비슷하였을 것이다. 봄에 고기와 새순을 밥과 함께 곁들이면 춘사반이 되고 가을에 맛이 깊은 채소와 함께 먹으면 추사반이다.

춘사일과 추사일

춘사일(春社日)과 추사일(秋社日)은 춘분과 추분에서 가장 가까운 무일(戊日)이다. 춘사일에는 농신(農神)과 지신(地神)에게 한 해의 풍년을 기원하며 추사일에는 풍성한 수확을 감사하며 제사를 지내는 봄과 가을의 사일(社日)이다.

이는 중국에서 유래하였다. 원래 1274년(고려 충렬왕 1) 이전에는 봄과 가을의 가운데 달[仲月]의 마지막 무일[遠戊日]이 사일이었는데 지태사국사(知太史局事) 오윤부(伍允孚)가 송과 원의 역서에는 모두 달의 첫 무일[近戊日]을 사일로 하였으므로 그를 따라야 한다고 주장하여 사일은 춘추분(春秋分)에서 가장 가까운 무일로 정해졌고, 이날 토지신에게 제사를 지내게 되었다고 《고려사(高麗史)》에 기록되어 있다.

조선시대에는 조정에서 내린 예제에 의해 주부군현(州府郡縣)에서 모두 사(社)를 세우고, 또 향촌(鄕村)에 이사(里社)를 세웠다. 사(社)에서는 "수령이 때때로 제사를 지냈다"라고 〈태종실록〉에 기록되어 있다. 봄과 가을 사일에 모두 제사를 지냈는데, 춘사일을 전후해 비가 오면 풍년이 온다고 믿었다. 1793년(정조 17)에는 신하들에게 "사일의 비가 한 해의 풍년을 알린다[社雨報年登]"라는 주제로 오언율시를 짓게 하였다. 추사일에 부는 바람으로 내년의 농사를 점치기도 하였다.

사일의 제사 형식은 모두 동일하지만, 신에게 기원하는 춘사일에 좀 더 정성을 들였다. 제물로는 양 한 마리, 돼지 한 마리, 술, 과일, 향, 초, 종이를 제물로 올렸다. 제사가 끝나면 참석자들이 함께 술과 음식을 나눠 마시는 회음(會飮)을 행하였다. 사일에 제를 지낼 때 연주되는 곡은 사고(社鼓)라 하여 주로 북 종류가 연주되었던 것으로 보인다.

민간에서는 사일에 비가 내리면 그해에 풍년이 든다고 믿었다. 《산림경제(山林經濟)》에는 춘사일을 전후하여 비가 내리면 그해 농사는 풍년이지만 과일이 적게 난다고 하였다.

또 춘사일은 제비가 오고 기러기는 돌아가는 시기이다. 제비는 춘사일에 강남에서 왔다가 추사일에 돌아간다고 하며, 기러기는 춘사일에 갔다가 추사일에 돌아온다고 하였다. 사람이 서로 엇갈려 만나지 못하는 것을 추사일과 춘사일에 빗대기도 하였다.

-위키실록 참조-

서유구 선생은 춘사반과 추사반을 소개하며 요즘 나물과 고기를 기름장에 볶은 뒤 흰밥에 비벼 먹는 골동반이 유행이라고 한다. 골동반과 추사반을 만드는 방법이 비슷한데 추사반이 골동반보다 채소가 적고 고기의 양이 많은 것이 다를 뿐이라고 한다. 춘사일과 추사일에 먹던 춘사반과 추사반을 집안의 제사에서도 활용하다가 구하기 쉬운 나물이 고기보다 풍성하게 들어간 일상에서도 먹는 골동반이 된 것 같다. 고기와 나물의 많고 적음으로 사반(社飯)과 골동반이 나누어진 것이다. 서유구 선생은 우리에게 골동반, 즉 비빔밥의 뿌리는 사반에 있다고 말한다.

제사를 모신 뒤 공동체가 사반을 나누어 먹는 일은 제사의 한 과정이다. 따라서 사반은 뒤섞어서 먹지 않고 고기와 채소를 밥과 곁들여 격을 갖추어서 먹었을 것으로 짐작된다. 비빔밥도 초기에는 기름장에 볶거나 무친 고기와 나물을 밥과 곁들여 먹다가 간이 부족하면 간장을 추가하여 먹었을 것이다. 고추장이 골동반에 올라가면서 맛의 균형을 잡기 위하여 밥과 나물 등의 재료를 함께 섞어서 비벼 먹게 된 것 같다. 지금 우리 비빔밥에 육회, 볶은 고기, 불고기 등이 올라가는 것 모두 사반의 흔적이라고 할 수 있다. 음식의 뿌리는 하나에서 파생된 것임을 생각하면 골동반이 사반의 영향을 받아 시작된 것은 분명하지만 사반은 채소를 곁들인 일종의 덮밥이고 우리의 골동반은 모든 재료를 뒤섞어 비벼 먹는 비빔밥으로 서로 다르다.

골동반

骨董飯

밥 1공기
소고기 70g
도라지 30g
마른 고사리 35g
무생채 35g
당근 30g
시금치 30g
호박 30g
오이 20g
새송이버섯 30g
청포묵 30g
김 1/2장
깨소금 10g
참기름 15g
고추장 27g
잣 5알
은행 1개

골동반 만드는 방법

소고기 육회 재료

소고기 70g, 다진 마늘 8g, 소금 3g, 진간장 3g, 매실액 4g, 통깨 조금

소고기 육회 만드는 방법

① 소고기는 조리용 흡습지를 이용하여 핏물을 닦는다.

② 고기는 채를 치고 양념을 넣고 무친 뒤 통깨를 뿌린다.

나물 재료

시금치, 새송이, 무, 도라지, 고사리, 호박, 당근, 오이, 김, 청포묵

나물 만드는 방법

① 시금치와 새송이는 손질하여 끓는 물에 살짝 데친 뒤 찬물에 헹궈 물기를 짠 뒤 참기름과 간장으로 무친다.

② 채 친 무는 소금에 절여서 물기를 제거한 뒤 고춧가루, 설탕, 소금을 넣고 무쳐 두고, 도라지는 물에 2시간 정도 담가 쓴 물을 제거한 뒤 기름에 볶아 둔다.

③ 고사리는 전날 물에 담가서 불린 뒤 부드러워질 때까지 삶은 다음, 손질하여 먹기 좋은 크기로 잘라 기름과 간장에 볶는다.

④ 호박, 당근과 오이는 소금에 절여서 물기를 짠 뒤 기름에 볶고, 김

은 불에 구워서 손으로 비벼 부숴 두고, 청포묵은 골패 모양으로 썰어서 기름간장에 무친다.

⑤ 밥 위에 나물과 묵, 김을 돌려 놓고 가운데 육회를 놓고 깨소금을 뿌린 뒤 고추장을 올린다. 참기름을 넣어서 비벼 먹는다.

'골동(骨董)'은 여러 가지 재료가 뒤섞여 어우러진다는 뜻이고, '반(飯)'은 밥을 의미하므로, 골동반은 문자 그대로 다양한 재료가 조화롭게 어우러진 밥이라 할 수 있다. 비빔밥이라는 이름에는 비비는 행위가 강조되어 있는 반면, 골동반은 여러 식재료가 조화를 이루는 데 초점을 맞춘다. 따라서 골동반은 오늘날의 비빔밥처럼 재료를 섞어 먹는 방식뿐만 아니라, 사반(社飯)처럼 덮밥 형태로도 먹었을 가능성이 크다.

골동반의 기원에 대해서는 여러 가지 설이 존재한다. 조선 시대 궁궐에서 남은 진귀한 음식들을 한데 모아 먹던 풍습에서 비롯되었다는 설이 있는가 하면, 민간에서는 제사 후 남은 음식을 나누어 먹는 과정에서 유래했다는 주장도 있다. 어떤 유래를 따르든 공통적으로 골동반은 음식을 최대한 활용하는 실용적 지혜가 담겨 있으며, 서로 다른 재료가 어우러지면서 조화와 균형이라는 우리의 음식 철학을 반영한다는 점에서 그 가치를 찾을 수 있다.

특히, 우리의 전통적인 오방색(五方色) 개념이 골동반에 잘 드러난다. 다섯 가지 색이 조화를 이루는 골동반은 단순히 보기 좋은 음식을 넘어, 건강까지 고려한 음식이다. 또한, 여러 가지 재료를 함께 나누어 먹는 방식은 우리 식문화에서 중요하게 여기는 '나눔의 정신'을 반영하고 있다. 한 그릇에 담긴 다양한 재료는 단순한 혼합이 아니라, 사람들과 함께 어우러지는 식사 문화를 상징한다. 골동반을 비빔밥의 옛 이름이라는 시기의 차이로만 구분하는 경우가 많지만, 이름에 담긴 두 음식 사이의 차이를 활용하여 비빔밥은 현대적인 감각에 맞추어 '비비는 행위'라는 생동감을 강조하고, 골동반은 과도한 양념을 줄여 원재료의 맛을 살리는 방향으로 차별화할 수 있다. 따라서 단순히 비빔밥을 더 고급스럽게 만든다고 해서 그것을 골동반이라 부르는 것은 적절하지 않다.

골동반은 조화, 창의성, 나눔, 실용성이라는 우리의 음식 철학이 고스란히 담긴 문화적 자산이다. 앞으로 골동반이 더욱 주목받기 위해서는 그 역사적 가치와 철학을 대중에게 널리 알리고, 현대적인 감각으로 재해석하는 노력이 필요하다. 다양한 문화와 사람들이 공존하는 시대에 골동반의 재발견은 단순한 음식의 부활을 넘어, 우리 음식문화의 깊이를 다시금 조명하는 계기가 될 것이다.

✳ 서유구의 골동반(汨董飯)

서유구 선생은 추사반을 이야기하며 고기와 내장을 장기알 크기로 썰어서 양념한 것을 밥 위에 펼친 사반과 골동반(汨董飯)이 비슷하다고 한다. 우리의 골동반이 고기와 나물을 기름장으로 볶아서 흰밥과 함께 비벼 먹는데 골동반과 사반의 다름은 고기와 나물이 많고 적음에 있다고 한다. 고기가 많고 나물이 적으면 사반, 고기가 적고 나물이 많으면 골동반이라

하여 골동반이 사반에서 유래하였음을 넌지시 내비친다. 선생의 언급은 골동반의 유래와 함께 골동반을 먹는 방식에도 변화가 있음을 생각해 보게 된다.

원래 골동반은 사반처럼 덮밥 형태로 먹다가 간장 등으로 밥에 맛을 입히고 각종 고기와 나물을 웃기로 올려 먹는 방식으로 발전하였다. 나중에 구하기 어려운 고기보다는 나물이 중심이 되면서 대중화가 되었으며 밥을 비벼서 제공하는 방식은 손이 많이 가니 각자가 비벼서 먹는 방식으로 바뀌었을 것으로 생각된다. 지금도 고추장과 참기름, 고기 등을 넣어 밥을 비빈 다음 전, 나물, 달걀 등의 꾸미를 올려 먹기도 하는데 이는 골동반이 비빔밥으로 가는 과정에서 나온 것이라 조심스럽게 추측해 본다.

선생은 골동반을 우리에게 익숙한 骨董飯(골동반)이 아닌 汨董飯(골동반)이라고 표기했다. '骨董(골동)'은 여러 가지 재료가 한데 섞인 것이고 '반(飯)'은 밥을 의미하므로, '골동반'은 문자 그대로 다양한 재료가 조화롭게 어우러진 밥이다.

'골동반(汨董飯)'의 '골(汨)' 자는 '골몰하다', '다스리다'의 뜻을 지니고 있어 '汨董飯'은 한 그릇에 모든 것이 집중된 밥이라고 할 수 있다. 골(汨)은 물이 힘차게 흘러내리는 역동적인 모습도 상징하여 골동반이 서로 섞이며 비벼질 때의 생동감을 표현한 것일 수도 있다.

〈정조지〉의 각 음식 분야의 총론 편을 보면 음식의 법(法)과 식(式)을 중시하여 재료와 조리법, 가공법, 용처에 따른 미세한 차이로도 음식의 이름과 쓰임을 달리 하였다. 이로 미루어 선생의 汨董飯(골동반)은 밥에 재료가 모이고 비비는 과정에서 잘 다스려진 밥이란 의미를 담고 있는 것으로 생각된다. 골동반이 여러 재료를 섞는 의미로 쓰인다면 굳이 汨董飯(골동반)이라고 쓸 이유가 없다.

골동반(汨董飯)은 '교반(交飯)'이라고도 하는데 교(交) 자는 '사귀다', '오고 가다', '주고받다'는 뜻을 지녀, 교반이 '여러 가지를 함께 섞어 먹는 밥'으로 해석된다.

조선 중기의 문신인 박동량(朴東亮, 1569~1635)이 저술한 《기재잡기(寄齋雜記)》에 골동반인 혼돈반(混沌飯)이 처음으로 등장한다. "밥 한 대접에다가 생선과 채소를 섞어 세상에서 말하는 혼돈반이다(遂以飯一盆, 襍以魚菜, 如

俗所謂混沌飯.).”라고 하였다. 조선 후기의 문신 권상일(權相一, 1679~1759)이 저술한 1724년의 《청대일기(清大日記)》에도 골동반(汨董飯)이라 하였다. 이 익(李瀷, 1681~1763)은 《성호전집(星湖全集)》에서 “나는 골동(骨董)이 물리거 나 실증 나지 않는다(骨董吾無厭).”라며 일상식으로서의 골동반을 말하고 있다. 조선 후기의 문신 유득공(柳得恭, 1748~1807)은 《명물기략(名物紀略)》에 서 “골동반(骨董飯)은 음식을 모아 뒤섞은 밥으로 속언(俗言)에서는 비빔밥 을 부비반(拊排飯) 또는 곡동(谷董)이라고도 부른다(骨董飯, 取飲食雜和飯, 俗 言拊排飯, 又曰谷董.).”라고 하였다. 이 기록으로 ‘骨董飯’이라 쓰고, 부르기는 ‘부빔밥’이라고 했으며, 이 부빔밥을 한자로 기록할 필요에 의해 부빔밥 소 리와 유사한 한자 ‘부배반(拊排飯)’을 만들어서 썼음을 알 수 있다. 부비반 의 부(拊) 자는 ‘거두어 들이다’, 비(排) 자는 ‘늘어서다’, ‘차례(次例)로 서다’ 란 뜻이 있어 음식을 거두어 일정한 격식에 의해 펼친 밥이란 뜻을 담고 있다. 또 다른 이름인 곡동(谷董)의 곡(谷)은 곡식을 뜻하여 곡동은 곡식과 나물 등이 섞인 밥을 말한다.

이덕무(李德懋, 1741-1793)는 《청장관전서(青莊館全書)》에서 골동반을 ‘汨董飯’ 으로, 이학규(李學逵, 1770-1835)는 《낙하생집(落下生集)》에서 ‘骨董飯’과 ‘骨 董’을 같은 의미로 썼다.

이규경(李圭景, 1788~1863)은 《오주연문장전산고(五洲衍文長箋散稿)》에서 채 소골동반(菜蔬骨董飯), 새우알골동반[蝦卵骨董飯], 게장골동반[蟹醬骨董飯], 미초장골동반(美椒醬骨董飯), 볶은콩비빔밥, 갈치·준치·숭어 등을 겨자장 에 비빈 비빔밥 등 다양한 비빔밥을 소개한다. 이 기록으로 조선 후기에 들어 많은 종류의 골동반이 대중화되었고, 고추장 이외에도 간장, 어장 등이 골동반의 간을 맞추며 골고루 쓰였음을 알 수 있다. 또한 평양의 특 산물을 소개하며 “평양의 감홍로, 냉면, 골동반(平壤之紺紅露、冷麵、骨董飯)” 을 들기도 하였다. 홍석모의 《동국세시기(東國歲時記)》에는 중국의 골동반 이 ‘골동지반(骨董之飯)’이라는 이름으로 등장한다.

✱ 《시의전서》 속의 골동반

19세기 말의 조리서 《시의전서(是議全書)》에는 한자로는 ‘骨董飯’, 한글로 는 ‘부빔밥’이라 하고 조리법이 상세하게 기록되어 있다.

"밥을 졍히 짓고 고기 여며 볶아 넣고 간납 부쳐 썰어 넣고 각색 나무새 볶아 넣고 좋은 다시마 튀각 튀여 부숴 넣고 고추가루 깨소금 기름 많이 넣고 비비어 그릇에 담아 위는 잡탕거리처럼 계란 부쳐 골패쪽 만치 썰어 얹고 완자는 고기 곱게 다져 잘 여며 구슬만치 비비어 밀가루 약간 무쳐 계란 씌워 부쳐 얹나니라."

밥을 정성스럽게 짓고, 고기는 재웠다가 볶아 넣고 얇게 부친 전을 썰어 넣고 각색 나물을 각각 볶아 밥 위에 올리고, 좋은 다시마도 튀겨 부숴 넣은 뒤, 고춧가루, 깨소금, 참기름을 넉넉히 넣어 잘 비벼 그릇에 담고, 계란은 잡탕 거리처럼 부쳐 골패 크기로 썰어 얹고 고기를 다져 양념하여 재운 후 구슬 크기로 빚어 밀가루와 달걀물을 입혀 부친 완자를 고명으로 올린다.

《시의전서》의 골동반은 비빔 양념으로 고추장이 사용되지 않았고 밥을 나물, 전 등의 부재료와 함께 기름과 깨소금, 고춧가루 등의 양념을 넣고 비벼서 그릇에 담는다는 점이 지금과 다르다. 지금은 골동반과 비빔밥을 같은 것으로 해석하므로 밥 위에 나물, 전, 고기 등을 펼쳐 놓지만, 골동반은 속재료와 꾸미의 선명한 구분이 특징이라는 것을 알 수 있다. 이 기록으로 골동반이 지역, 집안에 따라서 다른 방식으로 만들어졌으며 조선 후기에는 골동반이 정갈하면서 실용적인 음식으로 발전하였음을 알 수 있다.

잡과반방
雜果飯方

잡과반(雜果飯, 약밥) 만들기(잡과반방)

찹쌀로 밥을 짓고 대추살·곶감·찐밤·잣을 뒤섞은 다음 다시 벌꿀·참기름·묵은
간장을 치고 푹 찐다. '약반(藥飯, 약밥)'이라 부르며 정월 대보름의 좋은 음식이다.
신라 시대의 옛 풍속이다.《동경잡기(東京雜記)》를 살펴보면 신라 소지왕(炤智
王) 10년 정월 15일에 천주사(天柱寺)에 행차했다가 날아가는 새가 왕에게 경고
해줘서 모반을 꾀했던 중을 활로 쏘아 죽였다고 한다. 나라의 풍속에서 정월 대
보름에 찹쌀밥을 지어 그 새의 은혜에 보답하는 제사를 지냈다.《한양세시기》

이수광(李晬光)의《지봉유설(芝峯類說)》에서도 "우리나라의 약밥은 신라에서
까마귀에게 제사지내는 데서 처음 비롯되었다."라 했다. 과연 그렇다면 우리나
라 사대부들이 까마귀에게 제사지내는 밥으로 조상 제사를 모신다는 말이 되
니, 이는 예가 아니다.

위거원(韋巨源)이 저술한《식보(食譜)》〈부장수미가(附張手美家)〉에 수록된 절
식 이름을 살펴보면 상원유반(上元油飯, 대보름에 먹는 기름밥)이 있는데, 이는 '유
화명주(油畫明珠)'라 불린다. 유반을 만드는 방법에 대해서는 비록 자세하지 않
지만 대개 참기름을 써서 밥을 찌고 색은 명주(明珠, 진주)와 같아야 하는 것이
요점이다. 역시 우리나라의 약밥과 같은 종류이다. 약밥이 신라 시대에 처음 비
롯되었다고 하는데, 정말로 그런지는 알지 못하겠다.《금화경독기》

약밥 만드는 법 : 가장 좋은 찹쌀 10승을 곱게 찧고 물에 담가 하룻밤 두었다가
건져서 시루에 얹어 찐다. 찹쌀고두밥이 7/10~8/10 정도 익으면 꺼내고 식어서

따뜻해지도록 둔다. 말린 대추는 씨를 제거하고, 삶은 밤은 껍질을 제거하여 거칠게 자른 대추와 밤 각각 2승, 곶감 잘게 자른 것 0.5승, 벌꿀 1승, 참기름 0.9승, 달인 간장[淸醬] 1작은잔을 찹쌀밥과 함께 뒤섞는데, 충분히 고르게 섞어서 자그마한 덩어리라도 지지 않게 한다. 섞은 것을 다시 시루에 얹어 다시 찌다가 두루 푹 익으면 꺼내서 쓴다【대추씨를 물에 넣고 즙을 낸 뒤 섞어서 찌면 색이 붉어져서 보기에도 좋다】.《증보산림경제》

雜果飯方

糯米爲飯, 揉以棗肉、柹餠、烝栗、海松子, 更調蜂蜜、芝麻油、陳醬, 烝熟. 號“藥飯”, 爲上元佳饌.

新羅舊俗也. 案《東京雜記》, 新羅 炤智王, 十年正月十五日, 幸天柱寺, 有飛鳥警告于王, 射殺謀逆僧. 國俗, 以上元作糯米飯, 祀鳥報賽.《漢陽歲時記》

李晬光《芝峯類說》, 亦謂“我東藥飯, 始自新羅祀鳥”. 果爾則我東士夫, 以祀鳥之飯祀先, 非禮矣.

案韋巨源《食譜·附張手美家》節食之名, 有上元油飯, 號爲“油畫明珠”. 油飯之制, 雖未可詳, 而蓋用麻油蒸飯, 色如明珠則要. 亦我東藥飯之類耳. 謂藥飯始自新羅, 未知其信然也.《金華耕讀記》

造藥飯法 : 精鑿上好糯米一斗, 水浸一宿, 漉出上甑烝, 至七八分熟, 取出放溫. 將乾棗去核, 烹栗去皮, 麤切各二升、乾柹細切五合、蜂蜜一升、麻油九合、煉過淸醬一小盞, 同糯飯搜和, 十分調均, 不許有小塊. 復上甑再烝, 通熟取用【棗核水取汁, 和烝, 色赤佳】.《增補山林經濟》

잡과반 재료

찹쌀 900g
씨를 제거한 말린
대추 280g
삶아서 속껍질을 제거한
밤 350g
잘게 자른 곶감 150g
벌꿀 120g
참기름 100g
달인 간장 110g

잡과반 짓는 방법

① 찹쌀을 좋은 것으로 골라 깨끗이 씻은 뒤 하룻밤을 물에 불린다.

② 찹쌀 불린 것을 소쿠리에 밭쳐 물을 빼준다.

③ 말린 대추는 씨를 제거한 뒤 거칠게 2~3조각을 낸다.

④ 대추씨를 따로 모아서 물을 조금 붓고 졸여 고를 만든다.

⑤ 밤은 삶아서 속껍질을 벗기고 4조각 정도를 낸다.

⑥ 곶감은 씨를 제거하고 가늘게 잘라 둔다.

⑦ ②의 찹쌀을 김이 오르는 시루에 올려 찐다

⑧ 찹쌀이 70~80% 정도 익으면 꺼내 그릇에 담아 잠시 식히는데 온기는 유지한다.

⑨ ⑧에 대추고, 곶감 자른 것, 대추살, 밤 삶은 것, 꿀, 참기름, 간장을 넣고 골고루 섞는데 덩어리가 지지 않도록 한다,

⑩ 시루에 김이 오르면 ⑨를 올려 골고루 편 다음 푹 찌고 익으면 꺼내서 시원한 곳에 두고 식힌다.

* 발라낸 대추씨에 물을 넣고 달인 즙을 넣어주면 약밥의 색이 붉어져서 보기에 좋고 맛도 좋다.

서유구 선생은 조상에게 제사를 모시는 잡과반이 까마귀의 제삿밥에서 유래되
었다는 것에 예가 아니라며 불편한 심기를 감추지 않는다.
선생은 잡과반의 유래를 당나라 때 위거원(韋巨源)이 쓴 《식보(食譜)》의 〈부장수
미가(附張手美家)〉에 기록된 '대보름에 먹는 기름밥'인 상원유반(上元油飯) 중 하
나인 '유화명주(油畫明珠)'가 우리의 약반과 비슷하다고 한다.
선생은 《동경잡기(東京雜記)》나 《지봉유설(芝峯類說)》도 약밥의 유래를 신라 소
지왕을 살린 까마귀의 제삿밥에서 찾지만, 과학적인 사유를 하는 선생은 이 주
장에 대해 "정말로 그런지는 알지 못하겠다."라며 약식과 까마귀의 연관을 인정
하지 않는다. 음식에 담긴 이야기를 그대로 믿을 수는 없지만 약반이 검은색 밥
이란 점을 까마귀와 엮어 보은이란 가치를 음식에 이야기를 담아냈다는 점에서
는 충분한 가치를 갖는다.
선생의 약반은 지금은 잘 넣지 않는 곶감을 넣었다는 점이 다를 뿐 나머지는 같다.
선생의 8대 조모인 고성 이씨 할머니가 약식과 약주, 약과를 잘 빚었다고 하여
약식은 선생과 관련이 깊은 밥이다.

우리 고조리서에 가장 많이 등장하는 밥이 잡과반인 약식이다. 약식은 이름 그대로 먹어서 즐겁고 약이 되는 밥이란 뜻이다. 약식에 관한 가장 오래된 기록은 《삼국유사》 권1 기이(紀異) 사금갑조(射琴匣條)에서 찾을 수 있다. 신라 21대 비처왕(소지왕)이 까마귀 덕분에 목숨을 구했고, 이를 기념해 정월 보름에 찰밥을 지어 까마귀에게 제사를 지냈다는 것이다. 이날을 까마귀의 제삿날을 의미하는 '오기일'이라고 한다. 까마귀의 제물로 색을 검게 물들인 찰밥을 사용하였는데 이것이 '약밥'의 유래라고 한다.

고려시대의 대학자 이색(李穡, 1328~1396)은 《목은집(牧隱集)》 〈점반(粘飯)〉이라는 시에서 "찰밥에 기름과 꿀을 섞고 다시 잣·밤·대추를 넣어서 섞는다. 천문만호(千門萬戶)의 여러 집에 서로 보내면 새벽빛이 창량(蒼涼)하매 갈까마귀가 혹하게 일어난다(粘米如脂石蜜和, 更敎松栗棗交加. 千門萬戶擎相送, 曙色蒼涼欲起鴉)."라는 약식을 노래하였는데, 고려시대에 이미 지금과 다름이 없는 약식을 먹었음을 알 수 있다. 이색은 〈적성의 유 판사가 약밥을 보내왔기에(赤城兪判事送藥飯)〉라는 시에서 "까마귀 울기 전에 찰밥을 향기롭게 쪄서 집집이 서로 보냄은 인정에 합당한 일. 궁벽한 시골 적막한데 어느새 대보름 명절인가. 씹어서 음미하노라니 벗님의 우정이 새록새록 깊어진다(飯蒸香鴉未鳴, 家家相送當人情. 窮村寂寞驚佳節, 咀嚼深知舊故情)."라고 하였는데, 아마도 유배 중에 쓴 시로 생각된다. 이덕무(李德懋)가 쓴 《청장관전서(靑莊館全書)》에는 한양의 세시풍속에 대한 기록이 있는데 "종로 거리를 나서니 길은 십자로 통했고 밤을 알리는 종소리 떙떙 들리는구나. 신년에 온 나라는 화간을 허옇게 세고 민속(民俗)은 집집마다 약밥을 먹는구나! 달빛은 은은하게 술에 비쳐 어른거리고 옷 향기는 산들바람을 타고 계속해 오네. 태평 시대를 장식하여 봄빛은 바다 같은데 그 유창한 글씨 솜씨야말로 희홍을 보겠구나(散步天街十字通。嚴更初夜聽丁東。新年一國禾竿白。習俗千家蜜飯紅。酒影迷離傾澹月。衣香陸續遡微風。太平粧點春如海。落筆翩翩看戲鴻)."라고 하여 한양 사람들이 정월이면 약식을 널리 먹었음을 알 수 있다.

고조리서의 기록을 보면 약밥은 대체로 지금과 비슷한 방식으로 찌지만 들어가는 재료나 찌는 횟수에서 약간의 차이가 있다. 《시의전서(是議全書)》에는 대추씨 삶은 물을 찰밥을 버무릴 때 넣는데 곶감은 쓴맛이 난다고 하여 넣지 않고 메밀이나 깨를 물에 버무려 덮어 센 불로 찌다가 김이 오르면 뭉근한 불로 하룻밤을 지내며 색을 내라고 하였다.

빙허각 이씨는 《규합총서(閨閤叢書)》에서 약식은 찹쌀, 대추, 밤, 잣, 참기름, 꿀, 진간장으로 버무려 쪄낸 밥으로 원래 중국에서는 먹지 않고 우리나라에서 정월 대보름에 먹는 밥이라고 한다. 우리나라의 역관이 연경(燕京)에 갔을 때 정월 대보름에 옹인(饔人, 숙수) 더러 약식을 만들도록 지도하였는데, 연경 안의 귀인들이 모두 약식 맛에 반하였다고 한다. 이를 전수하였으나 끝내 만들지 못했다고 하여 약식이 우리만의 음식으로 그 맛이 뛰어났음을 알 수 있다.

빙허각 이씨의 약식은 지금의 약식 조리법과 같지만 두 번째 찔 때 약식을 찹쌀가루로 덮고 찌면서 붉은 대추물을 뿌려 색이 잘 나도록 하는데 약식의 맛과 향을 올리는 비책으로 《시의전서(是議全書)》의 메밀이나 깨를 물에 버무려 약식을 덮는 원리와 같다.

빙허각 이씨도 《시의전서》의 약식처럼 곶감을 넣으면 약식의 맛이 쓰다고 하여 넣지 않는다. 곶감을 넣지 않는 다른 고조리서의 이유도 곶감의 쓴맛을 언급한다. 《반찬등속[饌膳繕冊]》에서는 약식을 메밥을 하듯 한 차례만 찌는데 기름과 꿀로 늑늑해진 맛을 생강을 더해 해결한다. 《윤씨음식법(尹氏飮食法)》에서는 대추살이 잠길 정도로 간장과 참기름을 부어 둔 대추를 약식에 넣어 맛이 한 맛이 되도록 한다. 《규곤요람(閨壺要覽)》의 약식은 꿀, 대추, 곶감을 많이 넣고 팥은 넣지 않고 팥 삶은 물만 넣어 간장 대신 팥물로 붉은색을 낸다. 이 약식은 추사(秋史)

김정희(金正喜)의 입맛을 사로잡은 밀반홍(蜜飯紅)과 유사하다. 밀반홍은 찹쌀에 팥물을 넣어 지은 홍반에 꿀을 넣어 단맛을 더한 밥으로 짐작된다. 약식은 대체로 간장을 넣어 검은빛이 돌지만, 밀반홍은 붉은색을 띠었을 것이고 《규곤요람》의 약식과 유사하였을 것이다. 충청남도에서 조상 대대로 살아 온 분이 조상 대대로 내려오는 방식이라며 팥밥을 지을 때는 꼭 꿀을 넣어서 단맛을 가미한다. 팥에 남아 있던 아린 맛이 가셔지면서 밥맛도 올라갈 뿐 아니라 자르르 윤기도 흘러 먹음직스럽다. 단맛이 있어 찬이 없어도 간식으로 먹기에 좋다. 팥밥에 단맛을 조금 더했을 뿐인데 팥밥의 맛이 상승한 것에 놀라곤 하였다. 밀반홍이란 낭만 가득한 이름을 남긴 추사의 고향이 충남이고 팥밥에 꿀을 더한 분의 본향도 충남이므로 팥으로 붉은색을 내는 약반을 짓는 《규곤요람》의 저자도 충청도가 고향이지 않을까? 하는 상상을 조심스럽게 해본다. 《규곤요람》은 저자 미상의 고조리서다. 18세기 이후에 쓰여진 것으로 추정되는 저자 미상의 《박해통고(博海通攷)》에는 밀점미반법(蜜粘米飯法)이라는 이름의 약식이 나온다. 조리법은 "꿀과 찹쌀가루의 양을 동량으로 하여 찐 뒤 밤, 대추, 곶감은 형편대로 넣은(蜜與粘米末等分相和造, 蒸之, 棗栗其多小用之)" 약식이다. 찹쌀이 아닌 찹쌀가루에 밤과 대추, 곶감이 들어간 꿀밀찹쌀떡이라고도 할 수 있으나 밀점미반(蜜粘米飯)이라 하여 밥을 뜻하는 '반'이 들어갔으므로 약식이다. 조리법에는 한 번 찐 가루에 밤, 대추, 곶감을 형편대로 넣은 뒤 다시 찌라는 말은 없지만 생략된 것으로 추정된다.

궁궐의 연회나 의식에 사용된 약식은 민간의 것과 조리법이나 재료가 같지만, 밤 대신 건율이라고도 하는 황률을 넣는 것이 다르다. 황률은 말린 밤을 말하는데 위장, 신장을 튼튼하게 하고 혈액순환을 돕는다.

단맛이 귀했던 옛날 꿀, 밤, 대추, 잣, 참기름이 들어간 약식은 최고의 별미 밥이자 완벽한 영양밥이다. 서거정의 《동문선(東文選)》에 소개된 것처럼 과일 등을 넣고 지은 약식은 동남아의 망고찹쌀밥을 능가하는 입이 즐겁고 약이 되는 밥이 되리라 생각한다. 서유구 선생이 '까마귀 밥'의 유래를 거부한 이유는, 약식이 본래 사람을 위한 음식이라는 점을 강조하고 싶었기 때문이라는 생각이 들었다.

서거정의 《동문선》 속의 약밥

香飯,成俔 新春淑氣鷄林垌。翠曉出天泉亭。亭前老鴉自何許。銜遺簡札通丁寧。南風暗引年少子。匕首光韜琴匣裏。歸來飛箭射穿匣。一人無虞二人死。百粲流膏餌滑。碎分諸果漬崖蜜。烝之翠釜香浮浮。年年飼鴉十五日。酬恩報德意不虛。猶勝鍾鼓邀爰居。當時寓作佳味。流傳幾載經居諸。公侯甲第爭豪侈。帳下飯皆玉指。平明封獻九重天。分賜經帳諸學士。我生落魄負良辰。蔬到處潛悲辛。忽從比隣嘗一鉢。腹果不覺凶年貧。功名富貴夢中。渺渺瀛洲隔鸞鳳。天廚仙饌不復餐。麻衣空老寒居洞。

성현(成俔, 1439~1504), 약밥[香飯]

새봄 날씨 따뜻한 계림 교외 임금의 어가가 새벽에 천천정에 나가니 정자 앞 늙은 까마귀는 어드메서 왔는지 서찰을 물어 와서 정성스레 알려주었네. 남풍이 살그머니 소년을 끌어들여 거문고 갑 속에 비수가 빛났것다. 돌아와 한 살로 쏘아 갑을 뚫으니 '한 사람'이 무사하고 '두 사람'이 죽었네. 흰쌀에 참기름을 넣어서 갖은 과일 쪼개어 넣고 꿀에 절여서 가마에 삶아 내니 향기가 물씬. 해마다 보름날에 까마귀 고사 은덕을 갚으려는 뜻이 알차니 종고로 모셔다가 삶보다 낫네. 당시에 놀이로 만들던 진미 몇 해를 유전하여 지금 이른고 장하의 섬섬옥지 밥을 비비네. 첫새벽에 봉하여 임금께 바치면 경연의 학사들에게 나눠 주시네. 나는 천생 낙백하여 양신도 저버린 몸 어디서나 나물밥으로 신산하더니 문득 이웃에서 한 바리를 얻어 맛보니 배가 불쑥, 흉년의 가난도 모르겠네. 공명 부귀는 꿈속의 꿈 아득한 영주엔 난새 봉황도 안 보이고 어주의 선찬을 다시는 먹지 못하고 삼옷 입고 추운 골에서 부질없이 늙어가네.

약밥도 정월 대보름에 먹고 오곡밥도 정월 대보름에 먹는다. 약밥에는 찹쌀과 대추, 밤, 잣, 참기름, 간장, 꿀 등 귀한 재료로 구성되어 있어 백성들은 먹기가 어렵다. 조선 시대 풍속을 정리한 책인 《동국세시기(東國歲時記)》에는 오곡잡반(五穀雜飯)이라고 기록돼 있다.

오곡밥은 쌀, 조, 수수, 팥, 콩 등 다섯 가지 곡식을 넣어 지은 밥으로 지역에 따라 들어가는 곡식이 다소 달랐다. 1809년 여류 학자인 빙허각 이씨가 살림살이에 관해 쓴 《규합총서(閨閤叢書)》에는 오곡밥을 지을 때 넣는 찹쌀, 수수, 흰팥, 차조, 콩, 대추의 비율이 명시돼 있다. 여러 집에서 지은 오곡밥을 모아서 먹어야 풍년이 오고 행운이 깃든다고 믿었다. 보름이 되면 이웃집에 곡물을 주고 곡물을 얻어다 오곡밥을 지었다. '백 집이 나누어 먹어야 좋다.'라는 뜻을 지닌 '백가반(百家飯)'이라는 이름도 전한다. 다섯 가지의 서로 다른 곡식이 어우러진 오곡밥은 오행의 기운이 담긴 건강한 밥 이전에 공동체 정신과 나눔의 철학이 담긴 정녕 우리의 밥이다.

고조리서 속의 밥

〈정조지〉 이외의 고조리서에 소개되는 밥의 가짓수는 많지 않다. 선인들이 밥의 중요성을 간과한 것이 아니라 누구나 밥을 잘 지을 수 있는 기술을 가졌고 밥의 조합이 실로 다양하기 때문에 집안의 형편에 맞게 여러 곡물과 채소, 산채, 해산물 등을 조합하여 지으면 되기 때문이다. 고조리서에 등장하는 밥에 가장 많이 사용된 곡물은 쌀을 제외하고 팥이라는 점을 주목하여 볼 필요가 있다. 또한, 고조리서에는 약밥이 가장 많이 등장하는데, 약밥을 얼마나 귀히 여겼는지 새삼 확인하며 지금 우리가 약밥을 제대로 만들고 있는지를 점검하게 된다. 우리의 밥 짓기가 현대로 이어져 오며 연료가 달라지고 밥 짓는 도구가 달라졌지만, 밥은 쌀을 기본으로 하여 물과의 비율, 불을 조절하는 요령, 그리고 다양한 밥이 오랜 역사에 기인하고 있다는 것. 결국 밥이야말로 시대를 관통하여 전통에 기반하고 있다는 것을 고조리서의 밥 짓기를 통해서 알게 된다.

목맥반(木麥飯)

《산가요록(山家要錄)》

메밀[牟米]을 쓿어[精舂] 한참 동안 물에 담갔다가 메밀쌀이 불면 도로 꺼내 깨끗한 자리 위에 널고 그 위에 또 기름종이를 덮어 햇볕에 쬐여 말린다. 쌀이 아주 뜨거울 때 절구에 찧어 거친 것은 버리고 씻어서 밥을 지으며, 꿀과 함께 올린다.

牟米精, 浸水良久, 米潤還出, 布席上, 米上又布油紙, 日曝。米極熱, 碎去, 炊飯, 水洗, 令以進。

목맥반 재료

메밀 300g

물 400g

꿀 40g

목맥반 짓는 방법

① 메밀[牟米]을 곱게 도정하여 물에 한참 동안 담근다.

② 쌀이 촉촉하게 불려지면 꺼내 깨끗한 자리 위에 펴고 쌀 위에 또 기름종이를 덮어 햇볕에 바짝 쬔다.

③ 쌀이 아주 뜨거울 때 찧어서 거친 것은 버리고 밥을 지어 꿀과 함께 올린다.

목맥은 메밀을 말한다. 세종의 어의이자 식품학자인 전순의(全循義, ?~?)가 목맥반을 《산가요록(山家要錄)》에 수록하였음은 여러 생각을 하게 한다. 세종(世宗)은 고기를 좋아하고 비만하며 당뇨 환자였다. 양녕대군(讓寧大君)과 효령대군(孝寧大君)을 제치고 왕위에 올랐으므로 잘 해야 한다는 압박이 심해서 머리는 과부하가 걸려 열로 가득했을 것이다. 메밀은 차가운 음기를 대표하는 곡식으로 머리에 열이 오르는 것을 막아준다. 소화가 잘되고 칼로리가 낮으며 무엇보다 메밀의 루틴은 혈관을 깨끗하게 하여 성인병을 예방한다. 메밀은 세종에게 최고의 식재료다.

메밀은 꺼칠한 식감 때문에 가루를 내어 국수로 즐겨 먹거나 묵을 쑤어 먹었다. 조선의 왕들 중 세종, 문종(文宗), 효종(孝宗), 정조(正祖)는 종기로 고통을 받았다. 효종은 종기의 출혈이 멈추지 않아 운명을 달리하였고 정조도 종기로 목숨을 잃었다. 정조에게는 몸의 열을 식히는 목맥반이 처방으로 내려졌으나 이상하게도 인삼이 들어간 경옥고를 먹게 되고 정조도 혼수 상태에 빠져 그 길로 의식을 회복하지 못한 채 숨을 거둔다. 정조가 열을 내리는 목맥반을 먹었다면 조선의 역사가 달라졌을 거라는 생각도 해본다. 러시아에서는 메밀을 기름에 볶은 뒤 끓여서 밥처럼 먹는다.

길은 지금 긴 산허리에 걸려 있다. 밤중을 지난 무렵인지 죽은 듯이 고요한 속에서 짐승 같은 달의 숨소리가 손에 잡힐 듯이 들리며, 콩포기와 옥수수 잎새가 한층 달에 푸르게 젖었다. 산허리는 온통 메밀밭이어서 피기 시작한 꽃이 소금을 뿌린 듯이 흐뭇한 달빛에 숨이 막힐 지경이다.

- 이효석의 《메밀꽃 필 무렵》중-

《미암일기(眉巖日記)》

송엽골동반(松葉骨董飯)

송엽골동반 짓는 방법

①　쌀은 씻어서 물기를 뺀다.

②　어리고 연한 소나무 잎을 따서 깨끗이 씻는다.

③　소나무 잎을 끓는 물에 데친다.

④　데친 소나무 잎을 절구에 넣고 늘씬 찧는다.

⑤　찧은 소나무 잎 즙에 물을 붓는다.

⑥　물기를 뺀 쌀에 ⑤를 넣고 40분을 불린다.

⑦　밥을 짓는다.

미암(眉巖) 유희춘(柳希春)의 《미암일기(眉巖日記)》에 부인이 저녁으로 "송엽골동반을 내왔는데 먹고 배가 아프다"라는 기록이 있다. 아쉽게도 조리법은 없지만 골동반에 대한 최초의 기록으로 가치가 있다. 소나무의 송피(松皮)는 식량이 부족할 때 밥 양을 늘리는 구황식으로 알려져 있다. 조선시대 여러 구황식품이 있지만 소나무는 많이 먹어도 탈이 없고 약성이 뛰어나 구황식품으로 권장되었다. 바늘 같은 솔잎[松葉]으로 골동반을 지어 먹는다는 것이 상상이 잘되지 않지만, 미암의 형편은 그리 넉넉한 것이 아니었으므로 밥의 양을 불리기 위해 송엽 이외에도 이런저런 채소를 넣어 지은 채소밥으로 보인다. 미암이 배가 아팠던 것으로 보아 그리 달가운 저녁 식사는 아니었던 것 같다.

소나무 껍질과 솔잎을 먹으며 생명의 끈을 이었던 선인들의 고통을 조금이나마 공감하고 싶어 송엽골동반을 송엽(松葉)으로만 만들어 본다.

마당에 있는 세 가지 품종의 소나무 중 잎이 가장 부드러운 것을 따서 절구에 찧자 억세던 솔잎이 금방 부드러워지는데 수분은 거의 없어 볏짚 같다. 찧은 소나무 잎을 쪄서 부드럽게 하고 쌀을 동량으로 하여 밥을 지었다. 은근한 소나무 향이 퍼지는 부엌이 수행자의 공간에 온 듯한 착각을 일으킨다. 파랗던 송엽이 어두워지며 송엽반(松葉飯)이 지어졌다. 유희춘이 살던 시절에는 고추장이 없었을 것이므로 간장으로 비볐다. 솔향에 담긴 스칠 듯 지나가는 간장의 짠맛이 조금은 낯설다. 밥이 넘치는 세상~ 솔잎의 양을 줄이고 목이, 표고, 느타리버섯 등을 넣으면 거부감 없이 소나무의 우수한 효능을 누릴 수 있는 좋은 밥이 될 것이라는 것이 시식단의 평가다.

《미암일기》
조선 중기의 문신이자 16세기 호남사림(湖南士林)을 대표하는 유희춘(柳希春)이 그의 나이 55세 되던 1567년 10월 1일부터 세상을 떠나던 해인 1577년 5월 13일까지 약 11년에 걸쳐 쓴 일기다. 원래는 14책이었으나 현재 11책만 전하고 있다. 이 중 10책은 그의 일기이고, 나머지 1책은 자신과 부인 송씨의 시문(詩文)을 모은 부록이다. 《미암일기》는 유희춘이 유배에서 돌아와 다시 관직 생활을 할 때의 기록이므로 경연관으로서의 강론 내용을 비롯, 관직 수행과 관련된 조정의 동태가 상세히 기록되어 있다. 이런 점 때문에 이 일기는 이이(李珥)의 《경연일기(經筵日記)》와 함께 〈선조실록(宣祖實錄)〉의 사료로 활용된다.

두부반〔豆腐飯〕
《미암일기》

단단한 두부 1/2모

밥 130g

표고버섯 3개

기름 35g

소금 17g

깨소금 10g

고춧가루 13g

간장 22g

참기름 20g

① 단단한 두부를 가로 2.5cm, 세로 5.5cm, 두께 1.5cm로 썬다.

② 썬 두부의 앞뒤에 소금을 뿌린 뒤 30분 정도 둔다.

③ 두부의 물기를 마른행주로 닦아준다.

④ 물에 불린 표고버섯을 0.3cm 두께로 썰어서 물기를 짠 뒤, 간장, 참기름, 깨소금으로 양념한다.

⑤ 팬에 기름을 두르고 기름이 뜨거워지면 두부를 올린 뒤 불을 줄인다.

⑥ 두부를 앞뒤로 노릇노릇해질 때까지 지진다.

⑦ 밥을 그릇에 담은 뒤 지진 두부와 표고버섯을 올린다.

⑧ 두부 위에 깨소금과 고춧가루를 뿌린다.

선인들이 남긴 시, 산문, 일기 등에 담긴 음식은 생생하고 섬세한 묘사로 고조리서와는 다른 생동감을 느낄 수 있다. 조리법은 없지만 음식을 먹는 장면을 그리며 조리법을 상상해 보는 재미도 있다. 미암은 1569년 10월 14일 일기에 식후에 장모의 기제를 문수사에서 지낸 뒤 두부반을 먹고 해가 기울 무렵 귀가하였다고 하였다. 두부를 넣고 지은 밥인지 두부를 주찬으로 하여 먹은 밥인지 알 수 없지만 두부와 밥의 조화는 시대와 공간을 초월하는 것을 알 수 있다. 450여 년 전 미암 장모의 기제(忌祭)가 열리고 있는 담양의 문수사로 떠나본다.

절의 제사라 하여 특별한 것은 없다. 청아한 독경 소리가 들리는 공양간에서 공양주 스님이 새벽에 만들어 놓은 두부를 큰 골패 모양으로 잘라서 산초기름에 지지고 있다. 두부는 스님들에게 인기 있는 음식 중 하나라 절에서는 한 달이면 서너 번 두부를 만들어 먹는다. 먹고 남은 두부는 얇게 썰어 말리거나 된장 안에 박아 두기도 한다. 이미 지진 두부를 담은 채반 옆에는 도톰도톰 썰어 놓은 표고가 자기 차례를 기다리고 있다.

미암 일행은 제사를 모신 뒤 절에서 공양을 위해 찬방으로 모인다. 흰쌀밥 위에 지진 두부와 표고가 곁들여진 두부반이 나온다. 두부 위에는 고운 고춧가루와 통깨가 올려져 있다. 고기가 올라간 속가의 골동반이 화려한 맛을 자랑한다면 문수사의 두부반은 순순하지만 맛이 깊다. 문수사의 공양주 스님이 만든 두부는 맛있기로 소문이 자자하다. 유희춘은 제사보다 두부반의 맛을 느꼈다는 것에 부끄러운 마음이 들었다. "제사보다 젯밥이란 말이 이래서 생겼나 보다." 유희춘은 툴툴 털어버린다.

북한의 두부밥

미암의 두부밥을 만들다 보니 북한의 길거리 음식이라는 두부밥이 궁금해져 만들어 보았다. 맛도 있지만 휴대가 쉬워 간편식으로 아주 좋을 것 같다. 두부를 기름에 튀겨서 만든다고 하는데 남은 기름 처리가 만만치 않아 기름을 넉넉히 둘러서 지졌다. 노릇노릇하게 지져진 두툼한 두부가 밥이 들어가기도 전에 그냥 먹고 싶을 정도로 맛있어 보인다. 그냥 밥을 넣어도 좋고 버섯, 당근, 나물, 묵나물, 김치 등을 잘게 다져서 넣으면 더 좋다. 콜리플라워 밥으로 만들었는데 그냥 밥보다 촉촉하여 더 나은 것 같다. 다음날 먹으려고 냉장고에 넣었는데 두부가 밥을 감싸안아 주어서 밥이 굳지 않고 촉촉하다. 소박하지만 든든한 모양새가 유부초밥보다 훨씬 매력적이다. 다 만들고 보니 미암이 먹은 두부반을 휴대하기 좋게 만든 것 같다. 두부밥 두 개만 먹으면 한 끼 식사로 손색이 없을 것 같다. 며칠 뒤, 기름진 음식을 싫어하는 지인에게 두부반 만드는 법을 설명하면서 두부반을 오븐이나 에어프라이어에 구워도 좋을 것 같다고 알려주었다.

빙침반 재료

밥 200g
콩가루 70g
얼음 100g

빙침반 만드는 방법

①　얼음을 사기 절구에 넣고 가볍게 깨뜨려 부순다.

②　찬밥과 콩가루에 얼음을 골고루 섞어서 비벼 먹는다.

〈정조지〉 복원의 주된 목적은 우리 음식의 뿌리를 찾아 그 원형을 아는 일이다. 지금 먹는 전통음식도 긴 역사 속에서 이런저런 사연으로 지금의 모습이 되어 있다. 빙침(氷枕)이라는 이름으로는 밥에 콩가루와 얼음을 섞어 비벼 먹는 콩가루얼음비빔밥으로 해석된다. 얼음이 들어가 겨울에 먹는 밥이라 생각될 수 있지만 콩가루밥이 여름에 먹는 밥이었던 것을 생각하면 반가에서 여름 별미로 먹었을 가능성도 있다. 빙침반과 비슷한 1960년대의 콩가루밥은 찬밥에 콩가루와 설탕을 넣었던 밥이다. 원래 설탕과 얼음을 함께 넣던 밥이었으나 구하기 어려운 얼음이 빠진 것으로 변형되거나 지역이나 집안에 따라 얼음을 넣거나 설탕을 넣었을 가능성도 있다. 조선시대에는 얼음과 설탕이 귀한 재료로 콩가루의 텁텁함을 줄여 준다는 공통점이 있다. 아마도 얼음은 깨뜨려서 잘게 넣었을 것으로 짐작된다.

성현(成俔, 1439~1504)

조선 초기의 문신으로, 대표적인 명문가 출신이다. 성현은 23세 때인 1462년(세조 8)에 식년문과(式年文科)에 급제하고 27세 때인 1466년(세조 12)에는 발영시(拔英試)에 급제한 다음 박사(博士)로 등용되었다. 이후 사헌부지평(司憲府持平), 성균관직강(成均館直講), 예문관수찬(藝文館修撰) 등을 역임했으며, 1476년(성종 7)에는 문과중시(文科重試)에 급제하여 학문적 능력을 인정받았다. 이후 홍문관직제학(直提學)과 승지, 강원도와 평안도의 관찰사를 역임하고 이어 한성부(漢城府)의 우윤(右尹)·판윤(判尹), 대사헌, 홍문관대제학 등의 직책을 수행했으며, 지중추부사(知中樞府事)에까지 이르렀다. 성현은 음률에도 뛰어나 장악원(掌樂院)의 제조(提調) 직책을 오랫동안 겸임하였다.

《용재총화(慵齋叢話)》

조선 초기의 문신 성현(成俔)이 지은 시·서예·문장·야담, 그 밖의 사화(史話)·인물 이야기 등이 실려 있는 필기잡록류(筆記雜錄類)에 속하는 책이다. 1525년(중종 20) 경주에서 간행되어 3권 3책의 필사본으로 전한다. 이 책은 실존 인물들의 일화에서부터 평민이나 하층민의 소화(笑話)에 이르기까지 다양한 설화를 담고 있기 때문에 민속학이나 구비문학 연구의 자료로서 큰 의미를 지닌다.

✳   **콩가루밥**

콩가루밥 재료

찬밥 180g, 콩가루 120g, 설탕 30g

콩가루밥 만드는 방법

찬밥에 콩가루와 설탕을 넣고 잘 섞은 뒤 찬밥에 넣어 비벼서 먹는다.

콩가루밥

콩가루밥은 간식을 겸한 여름철 별미 밥이다. 아침에 먹고 남은 밥에 콩가루를 듬뿍 뿌리고 설탕을 솔솔 뿌린 뒤 살살 비빈 콩가루비빔밥이다. 처음에는 콩가루가 밥의 수분을 흡수하여 고슬고슬하다가 설탕이 녹으며 약간 촉촉하게 변한다. 시간의 흐름에 따라 식감과 맛이 달라진다. 콩가루밥은 수저로 먹기도 하지만 손으로 꼭꼭 뭉쳐서 주먹밥처럼 들고 다니며 먹기도 하였다. 콩가루에는 단백질이 풍부하여 반찬이 없이 먹어도 좋다. 콩가루밥에서는 설탕의 역할이 아주 크다. 설탕이 콩가루 특유의 텁텁하고 무거운 맛을 줄이고 목이 메지 않도록 한다. 또한 설탕 속의 과당과 포도당이 피로를 가시게 하여 더위에 지친 몸에 활력을 불어넣어 준다. 그리고 밥이 상하는 것을 막는다.

지금은 콩가루밥을 저렴한 비용으로 만들 수 있지만 예전에는 귀한 밥이었다. 콩가루밥은 여름을 이기는 지혜가 듬뿍 담긴 밥으로 콩가루 집안에서 먹는 밥이 아니다.

장국밥

《시의전서 (是議全書)》

湯飯 탕슈밥

됴흔 빅미 졍히 시겨 밥을 잘 짓고 쥬 고기 쟝국의 무ᄅᆞᆯ 너허 쯸 ... 나믈을 갓초와 국을 말ᄃᆡ 밥을 ᄒᆞᆯᄒᆞᆯ게 제 ... 나믈을 갓초 언고 우ᄒᆡ 약산젹을 언고 호쵸ᄀᆞᄅᆞ 고쵸ᄀᆞᄅᆞ ᄲᅳ리라

번역문

좋은 쌀을 깨끗이 씻어 밥을 잘 짓는다. 고기 장국에 무를 넣어 끓이고 나물을 갖추어서 국에 마는데 밥은 홀홀하게 만다. 나물을 갖추어 얹고 그 위에 약산적을 얹고 후춧가루와 고춧가루를 뿌린다.

소고기 장국 만드는 방법

① 소고기 양지머리를 찬물에 넣고 통무, 통후추, 양파와 청주를 더해
중약불에서 25분을 끓인다.

② ①에 대파를 넣고 10분을 더 끓인 뒤, 모든 건더기를 건져 낸다.

③ ②의 건더기 중 소고기 양지머리와 무를 취하여 먹기 좋은 크기로
썬다.

④ ③을 간장, 마늘로 무친 뒤 잠시 재웠다가 다시 10분을 더 끓여서
완성한다.

소고기 장국 재료

소고기 양지머리 300g

무 400g

양파 1개

대파 1대

마늘즙 15g

통후추 3개

청장 23g

청주 18g

물 1700g

약산적 만드는 방법

① 소고기 우둔살을 아주 곱게 두드린다.

② 두드린 고기에 간장, 후춧가루, 꿀, 설탕, 참기름, 다진 마늘, 다진
파, 깨소금을 모두 더해서 치댄다.

③ ②를 먹기 좋은 크기로 동글납작하게 만들어 석쇠나 팬을 이용하
여 기름을 두르지 않고 굽는다.

약산적 재료

소고기 우둔살 140g

간장 10g

후춧가루 1/3t

꿀 20g

설탕 8g

참기름 10g

다진 마늘 20g

다진 파 15g

깨소금 12g

나물 만드는 방법

① 고사리는 물에 불린 뒤 삶아 거칠거나 질긴 부분을 제거한다.

② 숙주는 꼬리를 따서 데쳐둔다.

③ 취나물은 삶아서 긴 줄기를 제거한다.

④ 숙주는 간장, 참기름으로 무친다.

⑤ 고사리와 취나물은 간장으로 간을 한 뒤, 참기름을 두르고 살짝
볶아준다.

나물 재료

마른 고사리 30g

마른 취나물 40g

숙주나물 200g

참기름 30g

청장 30g

장국밥 말기

① 밥을 국밥 그릇에 담는다.

② 뜨거운 소고기 장국물을 국밥 그릇에 넉넉하게 넣는다. (겨울에는

토렴한다.)

③   소고기 장국물 속의 고기와 무를 건져서 장국밥에 곁들인다.

④   고사리, 취, 숙주나물을 각각 올린다.

⑤   나물 옆에 약산적을 올린다.

⑥   고춧가루와 후춧가루를 올린다.

* 토렴은 국밥이나 국수 등 한 그릇에 담아내는 국물 음식에 밥이나 면을 담은 뒤 국물을 부었다 따라 내기를 반복해 음식을 데우고 불리는 과정을 말한다. 보온 장치가 없던 과거에 밥을 따뜻하게 먹기 위해 고안된 방법이다. 토렴하면 음식이 전체적으로 따뜻해질 뿐 아니라 밥알이나 면이 부드러워지고 밥알이나 면에 국물 맛이 스며서 더 맛이 있다. 또한 잔치 등으로 많은 손님을 대접할 때, 미리 밥과 면을 그릇에 담아 놓은 뒤 토렴하면 빠르게 음식을 제공할 수 있다. 한자로는 퇴염(退染)이라 한다.

장국밥 하면 사극의 영향으로 장에서 먹는 소박한 국밥이 떠오르지만 원래 장국밥은 고깃국물에 온갖 채소를 넣고 장으로 간을 맞춰 끓인 담음새가 얌전한 고급스러운 국밥을 말한다. 《시의전서(是議全書)》에 등장하는 장국밥의 조리법을 살펴보면 "좋은 백미를 깨끗하게 씻어 밥을 잘 짓고, 소고기 양지머리와 무를 삶아 청장으로 간을 맞추고 나물을 갖추어 얹고, 약산적을 위에 얹고 나서 후춧가루, 고춧가루를 뿌린 음식이다." 라고 되어 있다. 장국밥은 조선의 숙종(肅宗)이 좋아하였으며 탕반(湯飯)이라는 이름으로 고종(高宗)에 이르기까지 《승정원일기(承政院日記)》에 꾸준하게 등장한다. 장국밥은 궁궐과 반가의 음식이었다가 세월 속에서 격식을 갖추지 않은 편한 음식으로 바뀌었다는 것도 알 수 있다. 장국밥은 평양의 대표 음식인 온반과 비슷하기도 하여 농사가 많은 평야 지대에서는 소고기가 들어간 장국밥을 먹고 잡곡과 야생 육이 흔한 북쪽에서는 꿩이나 닭을 넣고 빈대떡을 올린 온반으로 각각 발전한 것 같다. 음식도 지역의 특성에 맞게 변화하고 진화하는 것이 환경에 적응하며 살아나가려는 우리의 애씀이라 생각한다. 장국밥을 통하여 긴 세월 동안 산전수전을 겪으며 이어져 내려온 모든 전통음식 하나하나가 얼마나 소중한지를 되새기게 된다.

▲ 송이밥 [松茸飯]

송이를 정하게 씨서셔 파 이잘게 썰지말고 대
강풀립처럼 써럿다가 혼밥이 쓰러날제 써럿든송
이룰 밥에삼분일쯤 넛코석것다가 쓸드려 퍼내여
먹으면 맛운매우 향기롭고 조흐니 밥에소곰을조
곰라서 쓰리는것이 조흐니라

송이밥

(朝鮮無雙新式料理製法)

《조선무쌍신식요리제법》

해설

송이를 깨끗하게 씻어서 너무 잘게 썰지 말고 대강 풀잎처럼 썰었다가 흰밥이
끓을 때 썰어 둔 송이를 밥에 1/3쯤 넣고 섞는다. 뜸들여 퍼내어 먹으면 맛이 매
우 향기롭고 좋다. 밥에 소금을 조금 타서 끓이는 것이 좋다.

① 송이의 흙과 먼지를 털어내고 가볍게 물에 헹군다.

② 칼로 송이를 풀잎처럼 어슷하게 썬다.

③ 흰쌀밥을 짓다가 밥이 끓기 시작하면 송이를 넣고 마저 짓는다. (송이를 넣을 때 소금을 같이 넣어도 좋다)

송이밥 재료

쌀 200g

물 270g

송이 4개

소금물 18g

(소금 3g, 물 15g)

송이버섯은 맛과 향이 뛰어나 예나 지금이나 귀하게 여기는 버섯이다. 송이버섯은 왕의 진상품이자 아랫사람이 윗사람에게 하는 최고의 선물이었다. 목은 이색은 "옛사람들은 신선이 되고자 불로초를 찾아다녔는데 신선이 되는 가장 빠른 길은 송이를 먹는 것"이라고 하였다. 송이를 곧 신선으로 여긴 것이니 세계의 모든 식재료에 대한 평가 중 최고의 극찬이라 생각된다.

송이를 정하게 씻는 방법은 송이에 붙은 솔잎이나 잔 검불 등을 털어내는 일이다. 털어낸 것만으로 충분치 않아 물에 씻고 싶다면 물을 충분히 부은 다음 송이를 흔들어 씻은 뒤 빨리 건져야 한다. 버섯류를 물에 씻으면 수분 흡수가 빨라 향미가 크게 떨어지는데 귀하고 귀한 송이는 더욱 향과 맛을 아껴야 하기 때문이다. 송이밥에 소금을 넣으면 송이가 품은 풍미를 끌어내 밥의 풍미가 올라간다. 송이밥은 가급적 그냥 먹는 것이 좋다. 송이밥을 양념장으로 비벼 먹는 일은 신선의 밥을 속세에 사는 인간의 밥으로 타락시키는 일이기 때문이다.

팥물밥 (홍반)

《규합총서 (閨閤叢書)》

팥물밥 재료

쌀 200g
팥 200g
팥물 460g

팥물밥 짓는 방법

① 쌀을 깨끗이 씻어 바구니에 담아 물기를 제거한다.

② 팥을 씻어 팥 양의 6배 정도의 물을 붓는다.

③ 팥이 터져 무르익도록 삶는데 팥물이 원래 팥 무게의 2.5배 정도 남을 정도로 불을 조절한다.

④ ③에서 팥물을 취한 뒤, ①의 쌀을 넣고 팥물이 쌀 속으로 스미도록 1시간 30분 정도를 불린다.

⑤ 팥물로 밥물을 잡아 타지 않도록 약불에서 밥을 짓는다.

* 팥물밥은 그냥 물로 짓는 밥에 비해서 밥이 잘 타므로 쌀을 오래 불리고 전체적으로 불을 낮춰 밥을 짓는다.

《규합총서》의 팥물밥은 팥 삶은 물을 밥물로 하여 짓는 밥으로 삶은 팥은 넣지 않는다. 임금의 수라에 흰밥과 팥물로 지은 쌀밥인 적두수화취(赤豆水和炊)를 올렸는데 이 밥이 바로 팥물로 지은 밥으로 붉은색이 난다고 해서 홍반(紅飯)이라고도 한다. 팥을 오래 삶아서 전분까지 우러나온 팥물로 밥을 지어야 맛이 좋고 색감도 고운 홍반이 된다. 팥물이 몸에 있는 독을 제거하고 부종을 빼므로 왕이 가벼운 몸으로 하루를 시작하는 데 도움을 준다. 곡물 중에서도 유독 팥이 못된 귀신을 물리치는 힘이 강력하다는 신념이 강하였으므로 팥이야말로 나라님인 왕의 아침 식사로 제격이라고 할 수 있다.

번역문

찹쌀로 밥을 지을 때 얼린 호박, 얼린 도토리, 얼린 메주콩을 섞어 밥을 지은 뒤 먹을 때 참기름과 잣을 넣으면 약밥 맛과 흡사하다. 조청을 넣으면 맛이 더욱 좋다. 만일 냉동 호박, 상수리, 메주콩이 없으면 쌀가루와 늙은 호박말랭이로 떡을 만들면 건시떡처럼 달다. 또 곶감 껍질과 쌀가루로 떡을 만들어 먹어도 좋다.

원문

取米作飯, 和凍南苽凍橡凍黃荳作飯食, 拌香油栢子, 其味宛如藥飯。若灌以造尤美。若无凍南瓜橡荳, 米粉和乾老南瓜條作, 甘如乾。有乾皮和米粉作飯亦好。

새약반 짓는 방법

① 찹쌀에 얼린 호박, 얼린 도토리, 얼린 메주콩을 넣어 밥을 짓는다.

② 밥이 한 김 나가면 참기름과 잣, 조청을 넣는다.

③ 만일 냉동 호박, 상수리, 메주콩이 없으면 쌀가루와 늙은 호박말랭이로 떡을 만들어 먹어도 곶감으로 만든 떡처럼 맛이 좋다.

* 곶감 껍질과 쌀가루를 섞어 떡을 만들어도 맛있다.

약반의 앞머리에 붙은 새(賽)는 굿이나 신에게 올리는 제사를 말하므로 새약반은 제사를 올릴 때 쓰는 약반이다. 새란 단어가 무색하게 약반에 사용되는 재료는 언 것들이다. 아마도 겨울철에 굿을 하거나 산신제를 올려야 할 때 꽁꽁 얼어붙은 산천에서 구할 수 있는 식재료는 가을에 수확하거나 채취하여 먹다가 겨울을 만나 얼어 버린 상수리와 콩, 호박고지 정도다. 아마도 대추, 밤, 곶감, 꿀 등의 약식 재료는 산 아래에 가지고 가서 쌀로 바꾸었을 것이다.

시어머니가 산신제에 쓸 약식을 하라고 하는데 산 아랫마을에서 시집온 며느리는 대추 몇 알도 없어 당황스럽다. 친정에 가서 얻어 와야 하는지 근심하고 있는데 시어머니가 광 안에 있는 자루에서 얼어 버린 도토리와 콩과 잘 말려서 똬리처럼 말아 놓은 호박고지도 가져온다. "우리 새 며느리 새약반 한번 맛있게 지어봐라"며 못 먹을 재료로 맛있게 하라는 시어머니가 원망스럽기만 하다. 며느리의 걱정과는 달리 새약반은 은근하게 단 것이 맛이 좋다. 추위 속에서 단맛이 농축된 호박고지는 잘긋거리고 평범한 메주콩은 얼었다 녹기를 반복하면서 극히 연하고 맛도 깊어졌다. 딱딱한 질감을 가진 식재료가 얼었다가 녹기를 반복하면서 다른 조치를 하지 않아도 부드럽고 달아진다.

대추와 밤, 꿀을 넣어 만든 익숙한 약식도 좋지만 겨울 산골 마을의 정취를 가득 담은 새약반이 음식의 본질에 대해 생각해 보게 한다. '우리가 가진 것은 겨우 얼린 도토리와 콩이라 약반은 어렵지…' 라고 포기하였다면 이런 별미 새약반은 나오지 않았다. 호박고지가 은은하게 단맛을 조율하여 새약반은 소박한 건강 밥으로 적합하다.

* 《오주연문장전산고(五洲衍文長箋散稿)》
  《오주연문장전산고》는 '오주가 쓴 긴 군더더기로 이루어진 흩어진 이야기'란 뜻
  으로 오주 이규경(李圭景, 1788~1856)이 쓴 책이다. 이규경은 이덕무의 손자로
  전통을 바탕으로 근대를 지향한 인물이다. 가학적 전통이 이 책을 쓰는 데 큰
  영향을 주었다. 이 책은 역사, 경학, 천문, 지리, 서학, 풍수, 문학, 음악, 초목,
  어충, 의학, 농학 등의 내용을 망라하고 모든 항목을 변증설로 처리해 고증학
  적인 방법으로 자신의 학문적 견해를 밝히고 있다. 이규경은 성리학에도 해박
  하였지만 여러 사상을 포용하고 통합하여 실사구시를 실천하고자 하였다. 이
  규경은 자신의 호를 오대양 육대주를 의미하는 오주(五洲)라고 할 만큼 서양
  에 깊은 관심을 가지고 있었다. 이규경은 "역사란 나라의 거울로 옛것을 드러
  내고 미래를 여는 것이며 옛것을 법 삼아 오늘에 비추어 보는 것이 역사이다."
  라고 하였다. 우리가 군자국(君子國)으로 인식된 것에 큰 자부심을 가지고 있
  었다. 평생을 벼슬에 나가지 않고 저술에만 전념하였다. 청년 시절은 서울 인
  근에서 보내고 말년에는 외가가 있는 충주와 서천 등 충청도에 머물며《오주
  연문장전산고》를 완성하였다.

▲ 밤 밥 【栗飯】

셰솟한로쌀 흰밥을지을쩨 햇밤이나 무근밤이
나 속섭질을벗기고 두어먹으면 매우조흐니 햇밥
이 더욱조흐나 햇밤을구어 넛는것이 더욱조흐
라

번역문

깨끗한 쌀로 흰밥을 지을 때 햇밤이나 묵은 밤이나 속껍질을 벗기고 두었다가
먹으면 매우 좋으니 햇밤이 더욱 좋으나, 햇밤을 구워 넣는 것이 더욱 좋다.

밤밥 짓는 방법

① 햇밤이든 묵은 밤이든 속껍질을 벗긴다.

② 햇밤은 군밤을 만들어 4~5조각을 낸다.

③ 흰쌀과 함께 햇밤, 묵은 밤, 군밤 중 어느 것이나 넣고 밥을 짓는다.

밤밥 재료

쌀 200g

구운 밤 10알

물 485g

가을이면 밤이 풍성하다. 어린 시절 성묘를 갔다가 밤나무 아래 떨어진 밤송이를 만져보고 그 따가움에 놀랐던 기억이 난다. 바느질할 때 쓰는 시침 핀꽂이는 침 부분이 꽂이 안으로 들어가지만 밤송이는 바늘침이 밖을 향하고 있어 위협적이었다. 당시에 밤송이 위에 앉히는 벌을 주는 선생님도 있다는 괴담이 있었는데 밤송이를 만져보니 그 고통이 참으로 대단할 것 같다.

밤송이는 따갑고 무섭지만 밤은 맛있다. 엄마는 가을에 밤을 많이 먹어야 살이 토실토실 오른다며 찐밤을 까서 주었다. 찐밤을 먹는 것이 물리는가 싶으면 밤은 어느새 밥 위에 오똑 올라앉아 있다. 밥 위에 뭐가 섞여 있는 것은 싫지만 밤밥 속의 밤은 밥과 섞인 듯 섞이지 않아서 좋았다. 《조선무쌍신식요리제법》에는 밤을 구워서 밥을 지으면 더욱 좋다고 한다. '다 배우고 죽은 사람 없다더니…' 새로운 것을 습득할 때마다 엄마가 즐겨 하던 말이 생각난다. 구운 밤으로 밤밥을 했다. 굽지 않은 밤으로 지은 밤밥은 밤과 밥이 하나가 된 모습이라면 구운 밤으로 지은 밤밥은 더 구수할 뿐 아니라 씹는 맛이 있어 정성을 더 들인 값을 한다. 밤 굽기가 번거롭다면 군밤을 사다가 밤밥을 지어도 좋을 것 같다.

북감자를 껍질벗겼다가 밥지을제넛코 한레쓰
려서 펴내여 옷개든지 마음대로 먹나니 이것이
쌀버럼으로 쓰나니라
쏘는감자를 껍질을벗겨 밧삭말려 짓찌여 멥쌀
파한레지여 먹으면 마시달고 쏘오래 배부르고시
장치아니하나니라
쏘는멥쌀이 반씀익을쌔에 감자를넛코 한레쩌
서 쏨드려두는것이 올으니 감자가 너무물으면
물커지기가 쉬우나라 두메속에서는 맨감자만 살
마서 쌀대신먹나니 의서에는 감자를 저무도록먹
으면 오래산다 하엿나니라

감자밥

《조선무쌍신식요리제법》

'북감자'라고도 하고 '마령서'라고도 하는데 이 감자를 껍질을 벗기고 도토리만큼씩 썰어서 깨끗하게 씻은 쌀에 섞어서 솥에 넣는다. 물을 손가락 두 마디까지 올라오게 붓고 끓인다.

감자밥 재료

불린 쌀 200g
물 360g
감자 150g

감자밥 짓는 방법

① 감자는 껍질을 벗기고 씻어서 도토리 크기로 자른다.
② 불린 쌀과 섞은 다음 밥을 짓는다.

감자가 우리나라에 들어온 것이 19세기로 그 역사가 짧아서인지 감자밥은 근대의 고조리서에 많이 등장한다. 날감자를 밥에 넣는 방법부터 감자의 껍질을 벗겨서 바싹 말린 다음 넣기도 하고 감자를 밥 밑으로 넣은 뒤 부수어서 밥과 함께 섞어 먹기도 한다. 감자를 크게 넣었는지 작게 넣었는지에 따라 밥과 어우러지게 먹을 수도, 그냥 감자를 따로 먹기도 한다. 고구마가 들어간 밥은 설탕을 넣은 것 같아 이질감을 줄 뿐 아니라 다른 찬과 어울림을 방해한다. 감자와 밥 둘은 무심한 듯 은근한 맛을 가지고 있어서 잘 어울린다.

하지(夏至) 무렵에는 보리는 수확했지만, 쌀은 떨어질 때이다. 이미 쌀독이 빈 지 오래된 집에서는 감자보리밥을 짓고 이보다 형편이 나은 집에서는 쌀을 넣어 감자밥을 지었다. 사람마다 다르겠지만 보리밥과 함께 지은 감자보리밥이 더 맛있을 거라는 나의 말에 모두들 침묵이다. 침묵의 힘에 눌린 나의 손이 쌀자루로 들어가고 있다. 할 수 없는 일이다. 포슬포슬한 품종의 감자를 도토리 크기로 자른 다음 도셔서 각을 없애 감자가 부서지지 않도록 하였다. 손가락 두 마디이면 물을 좀 많이 넣는 것 같아서 다른 밥보다 오래 뜸을 들여 감자와 쌀이 혼연일체가 되도록 하였다. 누룽지가 맛있게 눌은 감자밥이 만들어졌다. 밥 속의 감자 하나를 먹어보았다. 잘 익은 감자가 아이스크림처럼 기분 좋게 소르륵 녹아내린다. 또 하나를 먹는데 이번에는 미리 눈을 감는다. 감자밥이 이렇게 맛있어도 되는 거냐고 감자밥에게 묻는다.

감자밥을 할 때는 단단한 반찬용 감자보다는 튀밥처럼 껍질이 터지는 감자가 밥과 어우러짐이 좋고 맛도 좋았다. 콩, 옥수수, 무, 콩나물, 은행… 어떤 부재료를 넣은 밥보다도 포근포근한 감자밥이 제일이다.

tip.
감자를 도토리 크기로 자른 뒤 씻어서 감자밥을 하면 전분이 빠져서 담백한 감자밥이 되고 전분을 제거하지 않으면 촉촉하고 부드러운 감자밥이 된다.

✳ 감자

감자를 하지감자, 북감자라고도 한다. 감자를 하지 무렵 수확하므로 '하지(夏至)감자'라고 하고 북쪽에서 왔다고 해서 '북감자', '북저(北藷)'라고도 한다. 감자는 안데스 고원 지대가 원산지로 스페인 탐험대에 의해서 유럽으로 전파되었다. 이규경(李圭景)의 《오주연문장전산고(五洲衍文長箋散稿)》의 북저변증설(北藷辨證說)에 "북저는 일명 토감저(土甘藷)라고 하는데, 순조(純祖) 24~25년(1824~1825) 관북(關北)에서 처음 들어온 것이다."라고 하였다. 김창한(金昌漢)은 그가 쓴 《원저보(圓藷譜)》에 1832년 영국 상선이 전라도 해안에서 1개월 머무르며 감자를 나누어 주고 재배법도 알려 주었다고 한다. 두 이야기로 미루어 짐작해 보면 감자는 순조 때 우리나라에 소개되었으며 초기에는 전라도 지역까지 전파되지 못한 상황에서 영국 상선을 타고 와서 전라도에 머물던 선교사들에 의해 알려진 것이 아닌가 추측된다. 감자는 북쪽부터 전국에 빠르게 전파되어 양주, 원주, 철원 등 강원도 지역에서 흉년과 기아를 면하는 데 큰 도움을 주었다.

굴 밥 【石花飯】

송이잔굴을물에만히 불리지말고 적을정하재굴
으고씨서 물새엿다가 밥이쓰러날째 드러붓고 휘
저어 의힌후에 퍼내여 소금을 조꼼쳐서 먹으면
배를한맛이 매우조니라

굴밥[石花飯]

《조선무쌍신식요리제법》

크기가 작은 굴을 물에 많이 불리지 말고 굴 껍데기
가 없게 깨끗하게 씻어 건져 물기를 없앤다. 밥이 끓
을 때 굴을 붓고 저어주어 익힌 다음 퍼내어 소금을
조금 쳐서 먹으면 맛이 아주 좋다.

굴밥 짓는 방법

① 자잘한 굴을 물에 넣고 10분 정도 불린 뒤, 껍데기를 완전히 제거한다.

② 굴을 물에 깨끗이 씻고 체에 밭쳐 물기를 제거한다.

③ 밥이 끓을 때 굴을 붓고 주걱으로 섞어서 익힌 다음, 소금을 넣는다.

굴밥 재료

쌀 200g

굴 150g

소금 4g

겨울을 상징하는 식재료 하나를 꼽으라고 한다면 단연코 모려(牡蠣)라고도 하는 굴을 꼽고 싶다. 바다의 향기를 가득 담은 굴의 진하고 시원한 풍미가 단연 압도적이다. 서양에서는 굴을 레몬즙이나 향신료를 뿌려 먹고 우리는 초고추장에 무쳐 먹기도 하지만 굴에 다른 맛을 더한다는 것은 그저 헛수고일 뿐이다. 굴은 바다의 우유라고 불리며 피부의 멜라닌

색소를 분해하기 때문에 얼굴을 희게 만든다. 우리가 먹는 굴은 대부분 참굴로 굴의 제철은 9월 말 이후부터 이듬해 4월까지다. 그래서인지 찬 바람이 불면 굴이 생각나고 훈풍이 불면 봄이 온다는 설렘과 함께 굴을 먹을 수 없다는 아쉬움이 교차한다. 굴은 회, 전, 튀김, 국, 죽 등으로 다양하게 먹지만 굴 요리의 정점은 굴밥이다. 굴밥은 반드시 흰쌀로만 지어야 굴의 풍미를 잃지 않는다. 굴을 처음부터 넣으면 굴이 너무 질겨지므로 밥이 끓기 시작하면 넣어준다. 보통 굴밥은 양념간장으로 비벼 먹지만 석화반은 소금만 넣는 진짜배기 굴밥이다.

tip.
굴을 씻는 물에 무즙을 갈아 넣고 휘저어 주면 무즙이 굴의 이물질을 깨끗하게 흡수하여 준다.

* 굴의 진한 풍미가 부담스러우면 겨울에 제맛을 내는 무, 콩나물과 섞어서 굴밥을 지으면 아삭한 식감과 시원한 맛, 그리고 식이섬유를 섭취할 수 있어 좋다.
* 굴은 레몬과 잘 어울리므로 굴밥에 레몬즙을 조금 넣으면 담백한 맛과 비타민 C가 더해진다.
* **굴 먹는 시기**
  굴은 다른 조개와 달리 수온이 올라가면 마비성 패독(貝毒)이 발생할 우려가 있으므로 굴을 먹어서는 안 된다. 이 시기를 우리나라는 '보리가 팰 때'로, 서양에서는 라틴 문자 R이 들어가지 않은 달인 5월~ 8월 사이, 또는 A로 시작하는 달인 4월(April)에서 8월(August) 사이의 5개월 동안을 말하기도 한다. 굴의 산란 시기가 5월이므로 4월부터 8월까지는 굴을 먹지 않는 것이 안전하다. 3월부터 굴은 자취를 감추기 시작하여 4월에는 판매하지 않는다.

중등밥[赤豆軟飯]

《조선무쌍신식요리제법》

중등밥 【赤豆軟飯】

굴고불근 윈팟을 쌀의반분쯤 씨서 솟해넛코 물을만이 부은후에 불을쌔여 팟을살부되 한참끌허다 물으거든 모다퍼내여 체에쑥개여 물을처가며 다질러서 그물에 일등흔쌀을 씨서넛코 물을맛춘후에 밥은짓나니 씀드러퍼내면 밥알이불으고 빗치조코 맛이밥중에제일되고 ⑭ 쏘 병든사람파 늙은이는 먹기에 매우합당하고 아모라도 평생을 먹어도조흐나 혼자먹는데 가하고 여럿이 먹는데는 시용이 드는고로 못되나니라 쏘는윈팟을 삼다가 코 그물에만 밥을지어도 조커니와 건저낸팟을 팟재그양 짓기도하고 쏘팟은 건저내고 걸으지안코 그양 밥을지어도 조커니와 건저낸팟을 주체가 어려운것이 여러사람 먹는밥에 정기째진 팟을 너어먹으란것이 도덕상에 아니할것이라

해설

붉은 통팥을 쌀의 반 분 정도 씻어 솥에 넣고 물을 많이 붓는다. 그리고 불을 때어 팥을 삶다가 한참 끓거든 팥은 조리로 건져내고 팥 삶은 물에 쌀을 안치고 물을 맞춘 후에 다시 끓인다.

중등밥 짓는 방법

① 좋은 쌀을 깨끗이 씻어 1시간 30분을 불린 뒤 1시간 마른 불림을 한다.

② 팥은 씻어서 팥 양의 5배의 물을 붓고 삶아 팥물을 취한다.

③ 팥물에 쌀을 넣고 보통 밥보다 불기운을 낮춰 밥을 짓는다.

쌀 100g

붉은팥 110g

팥물 460g

《조선무쌍신식요리제법》에는 팥밥인 중등밥이란 명칭이 처음 등장하는데 《간편조선요리제법(簡便朝鮮料理製法)》* 에서는 즁등밥이라 하였다가 중등밥으로 변화한다. 팥은 맛도 있고 영양학적으로도 우수하다. 특히 팥이 지닌 붉은색은 악귀를 물리치는 '벽사'의 의미가 있어 선인들은 팥죽, 팥떡 등 팥으로 만든 음식을 즐겨 먹으며 평안을 기원했다. 팥밥은 떡이나 죽보다 만들기 편하고 주식에 색다른 변화를 가해서 먹는 밥이다. 팥밥을 짓는 방법은 팥물로만 밥을 짓는 방법, 삶은 팥과 팥물을 함께 이용하는 방법, 팥을 물에 삶다가 익으면 밥을 넣고 짓는 방법, 팥을 맷돌로 타서 반으로 갈라 짓는 방법이 있다.

팥밥은 밥 중에 제일이고 아무리 먹어도 좋고 병든 사람과 노인이 먹기에 합당하지만 팥물로만 밥을 지으면 여럿이 같이 먹기에는 비용이 많이 들고 색과 맛이 빠진 팥을 다른 데 쓸 수 없으니 팥을 활짝 삶은 다음 체에 거르거나 찌어서 팥물과 함께 짓는다. 팥의 영양 성분이 잘 용출되어 밥에 들어가고 팥의 색도 더 진한 건강하고 아름다운 밥이 지어진다. 1795년 《원행을묘정리의궤(園幸乙卯整理儀軌)》의 수라상 차림에 '반1기 적두수화취(飯一器 赤豆水和炊)'가 오르는데 적두연반(赤豆軟飯)이라고도 하는 중등반이다.

* 1934년에 이석만(李奭萬)이 쓴 요리책. 이석만은 《조선요리제법》을 쓴 방신영의 조카이다.

해설

김치 채 친 것 한 보시기를 솥에 담고 다진 고기를 간장과 후추, 파 등의 양념을 넣고 주무른 뒤 김치 위에 올린 후 불린 쌀 세 홉을 넣고 물 세 홉을 부은 뒤 밥을 짓는다.

원문

김치 채친것 한보시기, 물 세홉, 백미 세홉, 깨소금 한숫가락, 고기 반의 반근, 간장 한숫가락, 파 한뿌리, 호초 조금 김치를 꼭 짜서 채쳐 솥에넣고 고기채쳐서 여러 약념에 주물러서 김치우에 놓고 씻은 쌀을 그우에 얹어 평평하게 하고 물 붓고 밥을 짓나니라

① 쌀을 씻어서 물기를 빼 둔다.

② 김치를 채 친 다음 물기를 꼭 짜서 솥에 담는다.

③ 고기를 곱게 다져서 간장, 파, 후추로 간을 하여 잘 섞어 김치 위에 얹는다.

④ ③ 위에 쌀을 올리고 평평하게 고른 뒤 밥을 짓는다.

침채반 재료

썬 김치 230g
불린 쌀 200g
물 200g
돼지갈비 350g
간장 1숟가락
파 1뿌리
후추 조금
깨소금 1숟가락
참기름 2T

1·4후퇴 때 피난을 나와서 조카딸과 함께 사는 부부와 담을 접하고 살았다. 엄마는 그 집 음식이 우리와 매우 다르다며 이야기하곤 했는데 그중 김치밥이 가장 기억이 난다. 엄마에게 들었던 기억을 더듬어 이웃집의 김치밥 짓는 장면을 되살려 보면 일단 가마솥에 쌀을 넣고 도마를 솥에 척~ 걸친 다음 고춧가루가 적게 들어간 허연 김치를 숭덩숭덩 썰어 넣은 뒤 비계도 제거하지 않은 돼지고기를 썰어서 대략 양념한 뒤 김치 위에 얹는 것이 엄마가 본 옆집 김치밥이었다. 엄마의 이야기로 옆집의 김치밥을 상상하곤 하였는데 김치의 속을 빼고 꼭 짠 뒤 배추의 결을 살려서 가로로 얇게 썬 뒤 곱게 썬 소고기에 약간의 양념을 더해서 김치와 함께 짓는 엄마의 김치밥과는 영 달랐다. 얌전한 엄마는 옆집의 생동감 넘치는 김치밥 짓는 모습이 인상적이었는지 이웃집 김치밥 짓던 풍경을 가끔 이야기하곤 했다.

김치는 팔방미인이다. 그 자체로도 맛이 있지만 어떤 조리법이나 식재료와 합해져도 어우러져 맛을 낸다. 사람으로 치면 사회성과 인간성이 좋은 사람이다. 고기가 없다면 김치로만 밥을 지어도 되는데 허전하다면 달걀을 곁들이기를 권한다. 김치밥은 예나 지금이나 별다를 게 없다. 고기는 취향대로 쓰면 된다. 쌀과 물의 양이 동량인 것을 보면 쌀은 불려서 사용했음을 알 수 있다. 살코기 대신 돼지 등갈비를 넣어서 뜯는 재미를 주고 김치는 새콤하게 익은 백김치를 넣었다.

김치밥을 하는 날 폭설이 내렸다. 뽀드득~ 뽀드득~ 김치를 꺼내러 가는 엄마의 눈 밟는 소리가 들리는 듯하다.

별밥[別飯]

《조선무쌍신식요리제법》

▲ 별 밥 【別飯】

대초를물에씨서 씨를쌔여 둘에짝개고 날밤을
속껍질벗기고 둘에짜귀여노코 찹쌀이나 조흔쌀
을 소용될만치 씨서함께 담고 쏘굴근 검정콩을
조금씨 서넛코 모도석거 밥을짓나니 먼저원팟을
씨서솟해넛코 물을만히부어 살문후에 팟은전지
고 그물에 여러가지롤넛코 쓰러서 오랫동안을
쏨드려푸나니라

해설

대추를 물에 씻어서 씨를 빼고 둘로 쪼개 놓고 또 밤을 껍질을 벗기고 둘로 쪼개어 놓는다. 찹쌀이나 좋은 햅쌀을 사용될 만큼 씻어서 함께 담고 또 검은콩을 조금 씻어 넣고 잘 섞은 후 밥을 짓는다. 먼저 통팥을 씻어 솥에 넣고 물을 붓고 삶은 후 팥은 건지고 그 팥 삶은 물에 쌀을 안쳐 끓이는데 오랫동안 뜸을 들인 후 푼다.

별밥 짓는 방법

① 대추와 껍질 벗긴 밤은 둘로 나누어 놓는다.

② 검은콩은 물에 충분히 불린다.

③ 팥 양의 5배의 물을 붓고 삶은 뒤, 팥은 건지고 팥물을 취한다.

④ 쌀에 대추, 밤, 검은콩을 넣고 팥물을 붓고 밥을 짓는다.

별밥 재료

멥쌀 360g

대추 20알

밤 15알

검은콩 35g

팥 200g

밥물 440g

이름이 예쁜 별밥은 〈정조지〉의 혼돈반에 검은콩을 하나 더 추가하여 지은 밥
이다. 혼돈반이 멥쌀만으로 짓고 찹쌀을 더하는 것은 선택이지만 별밥은 찹쌀
이나 햅쌀 중 하나를 선택하여 짓는다. 별밥의 주재료가 찹쌀로 확대되고 검은
콩이 추가된 것으로 보아 혼돈반이 별밥으로 진화한 것 같다. 이름도 하늘과 땅
이 갈리는 혼란의 시기를 의미하는 혼돈반에서 안정적인 별밥으로 바뀐 것도
그렇다. 별밥은 가을의 시절밥으로 이상적이다. 별밥에 쓰이는 재료로 햅쌀을
거론했기 때문이다. 가을에는 찰지고 윤기가 흐르는 햅쌀로 별밥을 짓고 햅쌀
이 매력을 잃었을 때는 찹쌀을 더하거나 찹쌀만으로 별밥을 지었던 것 같다. 검
은콩을 삶지 않고 넣는 것도 검은콩이 풋콩이란 것을 알게 한다. 이런저런 이유
로 별밥은 가을이 선물한 밥이란 것을 알게 된다.

가을밤 하늘엔 미리내가 흐르고, 삼태별과 좀생이별이 반짝인다. 가을밥 주발
속엔 쌀별, 팥별, 콩별, 밤별이 수를 놓은 듯 곱게 담겼다. 하늘에도, 밥상에도,
온통 별이다.

연어밥

원문

연어가 생선일 때는 살짝 디쳐서 껍질과 뼈를 빼서 부스러뜨리고, 소금에 저린 것을 디쳐서 더운물을 두어 번 갈아 내며, 껍질과 가시를 발리고 부스러뜨려 밥 위에다 얹는다. 밥의 간은 장을 쳐서 맞히는 것이나, 생선이 짤 때가 많고 살빛이 붉으니까 장을 많이 치는 것은 맛도 빛도 좋지 않게 되는 것 같으니, 소금과 아울러 쓰고 미정(味精)은 나중에 넣는다. 밥을 풀 때에 고루 섞어 담으며 식지 않게 하여야 한다.

원문 재료

재료 쌀 2릿틀. 연어 750그람. 장 3숟가락. 미정(味精) 약간. 소금 약간.

재료 쌀 2L, 연어 750g, 간장 3숟가락, 맛술 약간, 소금 약간. 연어가 생선일 때에는 살짝 데쳐서 껍질과 뼈를 제거한 후 살을 부순다. 소금에 절인 연어는 데친 후 더운물에 담가 2번 정도 갈아 낸 다음 껍질과 뼈를 바르고 부수어 밥 위에 얹는다. 간장으로 밥의 간을 맞추기는 하나 생선이 짤 때가 많고 살빛이 붉어서 간장을 많이 치게 되면 맛과 빛깔 모두 좋지 않게 될 수 있다. 따라서 간장과 소금을 함께 쓰고 맛술은 나중에 넣는다. 밥을 풀 때 고루 섞어 담으며 식지 않도록 해야 한다.

연어밥 짓는 방법

① 연어를 살짝 데쳐서 껍질과 뼈를 제거한 후 살을 부순다. (염장한 연어는 데쳐서 더운물에 10분 정도 담갔다가 다시 물을 갈아서 한 차례 더 물에 담근다)

② 뜨거운 밥을 밥그릇에 담고 연어 부순 것을 올린다.

③ 간장, 소금, 맛술을 넣고 간을 맞춘다.

④ 연어와 따뜻한 밥을 골고루 섞어서 먹는다.

연어밥 재료
쌀 500g
연어 750g
간장 2/3T
맛술 1t
소금 조금
물 355g

생선류 중 유일하게 슈퍼 푸드인 연어는 강에서 태어나 바다에서 살다가 다시 자신이 살던 강으로 돌아와 알을 낳고 죽는 회유성 어류다. 우리나라에서는 1990년대 이후 연어를 즐겨 먹기 시작하였다. 연어에 풍부한 오메가3 지방산은 콜레스테롤을 제거하고 중성지방의 수치를 낮추어 성인병을 예방하는 데 큰 도움을 주어 연어의 인기가 날로 높아지고 있다. 한방에서는 연어가 성질이 따뜻하여 주로 비·위장을 이롭게 하고 기를 끌어올려 찬 기운을 풀어주는 효능이 있다고 한다. 또 폐와 피부를 윤택하게 하고 부기를 제거하고 병후에 좋은 음식이라고 한다. 신만(申曼)의 저술 《주촌신방(舟村新方)》*에는 "연어는 성미가 감평하고, 알은 진주와 같은데 붉은 것이 더욱 좋다[魚性平, 味亦甘美. 卵如眞珠, 色紅尤佳]."라고 하여 연어를 부작용이 없고 누구에게나 좋은 식재료로 평가하고 있다.

연어는 회로 먹거나 구워서 먹는데 특히 구운 연어는 밥과 아주 잘 어울린다. 서양에서는 연어 스테이크에 퀴노아(quinoa), 아마란스(amaranth), 야생 쌀 등을 섞어 지은 밥과 함께 곁들이는데 건강식으로 인기가 높다. 연어밥은 살짝 데친 연어를 밥 위에 얹고 소금으로 간을 한 다음 골고루 섞어 퍼서 먹는 밥이다. 연어에 지방이 많아 밥이 식으면 기름지기 때문에 식기 전에 먹으라고 한다. 물에 데친 연어는 구운 연어처럼 기름기가 돌지 않는다. 소금에 절여진 연어는 물에 담가 짠물을 뺀 뒤 쓰라고 하여 연어를 염장하여 음식에 두루 사용하였다는 것을 알 수 있다.

* 《주촌신방(舟村新方)》

1687년(숙종 13)에 신만(申曼, 1620~1669)이 저술한 의서(醫書)다. 신만은 조선 중기의
학자로 송시열의 문하에서 배웠고, 송시열이 효종과 함께 북벌을 논의할 때 함께 조정
에 들어가 이에 관한 의견을 내놓아 반영시켰다. 낙향한 후에는 주촌(舟村)에 기거하면
서, 기존의 처방을 추리고 약제의 적용을 간소화하여 인체의 증상 위주로 처방을 제시
한 의학서 《주촌신방》을 저술하여 보급하였다.

우리의 밥은 주식으로서 구황이란 배고픔의 역사를 담고 있어서인지 참으로 무궁무진하다.

쌀로만 지은 밥만 해도 원곡(原穀) 그대로의 현미밥, 쌀의 도정 정도에 따라 반도미(半搗米) 밥·칠분도미(七分搗米) 밥·배아미(胚芽米) 밥 등이 있다. 그리고 잡곡을 섞은 보리밥·조밥·수수밥·옥수수밥·콩밥·팥밥 등이 있는데, 한 가지만이 아니고 여러 가지 잡곡을 함께 섞기도 한다. 또, 계절에 따라 제철에 나는 채소나 견과류 등을 섞어서 계절의 맛을 즐기는 감자밥·완두콩밥·콩나물밥·무밥·송이밥·밤밥·굴밥 등이 있다. 대보름날 먹는 오곡밥과 약식(반), 그리고 겨울철에 즐겨 먹는 김치밥 등은 맛과 영양이 좋은 밥 중의 하나이다. 밥은 보통 밥그릇에 따로 담아 반찬과 함께 먹는데, 우리의 비빔밥이나 서양식의 필래프(pilaf), 중국식의 차오판[炒飯] 등과 같이 다른 재료와 함께 조미된 밥도 있다. 휴대하기 편리한 형태로는 주먹밥·김밥 또는 쌀밥 등이 있다.

1. 싸라기밥

싸라기밥 재료

싸라기 150g

물 290g

싸라기밥 짓는 방법

싸라기를 살살 씻어서 고운체에 넣고 물을 뺀 뒤 밥물을 붓고 밥을 짓는다.

어린 시절, 닭 모이로 쓰는 싸라기를 앞마당에 뿌리면 전깃줄에 앉았던 참새떼
가 한바탕, 닭들이 한바탕 몰려 들어 쪼아 먹는다. 재미가 있어 자꾸 뿌리고 있
는데 엄마가 옛날에는 벼 방아를 찧고 나온 싸라기는 방아를 찧은 일꾼들에게
품삯으로 주었다고 한다. 헤진 누런 삼베옷을 걸치고 누런 얼굴로 누런 수저를
들고 누런 싸라기밥을 먹는 장면이 눈 앞으로 흐른다. '이런 싸라기가 생명이었
구나'라는 생각에 닭 모이 퍼 주던 것을 멈추었다. 힘든 노동으로 얻은 싸라기
로 밥이나 죽을 끓여 먹는데 형편이 좀 나을 때에는 웃어른과 가장은 쌀밥을
먹고 어린 자식들은 쌀과 싸라기를 섞은 밥을 주고 성장한 딸이나 여자들은 싸
라기밥을 먹었다고 한다.

싸라기밥은 도정 과정에서 깨진 온전하지 않은 부스러기라 전분이 나와 밥이 끈적거린다. 맛과 식감 그리고 모양새가 쌀밥과 비교할 수 없을 정도로 떨어진다. 밥보다는 죽을 쑤면 괜찮을 것 같다. 싸라기를 잘 살펴보면 영양이 풍부한 쌀눈이 많이 포함되어 있다. 현미를 먹는 이유가 쌀눈의 영양과 섬유질의 섭취가 목적인데 싸라기는 섬유질은 부족하지만 영양은 뒤질 것이 없다. 싸라기는 더 이상 배고픔의 상징이 아니다. 이제는 우리 건강의 수호자로 우리 밥상에 오르기를 기대하게 된다. 현미, 보리, 조 등 점성이 부족한 곡물에 섞어 밥을 지으면 찰기가 생겨 식감을 크게 올린다.

서유구 선생을 존경하는 구순을 훌쩍 넘은 농사꾼의 밥상에는 평생 먹었다는 싸라기밥 한 그릇과 나물 김치 한 가지가 전부였다. 마루에는 힘찬 필체로 쓴 '농자천하지대본(農者天下之大本)'이란 족자가 걸려 있었다.

2. 산나물밥

산나물밥 재료

불린 쌀 200g
산나물 150g

산나물밥 짓는 방법

산나물은 뿌리를 살려 깨끗이 씻은 뒤 바구니에 담아 물기를 빼고 먹기 좋은
크기로 손질한 후 불린 쌀로 밥을 짓다가 끓기 시작하면 산나물을 넣고 주걱으
로 가볍게 섞은 다음 뜸을 들여서 밥을 완성한다.

"암먼~ 나물밥 하면 맛있지. 우리 어려서는 먹을 것이 없어 산나물을 뜯어다 밥에도 넣고 죽에도 넣어 먹었어. 순 나물이고 쌀은 어쩌다 묻어 있었으니 말이 밥이지… 아이고~ 우리 산 세상은 말도 말어! 요즘 사람들은 참 좋은 세상에 살아~ 우리 며느리들도 다 편혀. 내가 가라고를 허나 오라고를 허나. 내가 나물 뜯어다 팔아서 손자들 용돈도 주고…" 나물을 파는 할머니는 산에서 직접 뜯은 것이라 어디서도 못 구한다고 맛있게 먹고 건강하라는 덕담과 함께 나물을 건넨다. 나물 이름을 들었는데 할머니의 이야기에 빠져서 나물 이름이 기억이 안 난다. 지리산 사람들이 많이 먹는 나물이라고 하였는데… 할 수 없이 그냥 귀한 산나물이라고 이름을 붙인다. 가까이 보이는 지리산에 하얀 눈이 쌓여 있지만 산자락 양지 녘에는 죽은 풀 사이로 나물이 올라오고 있다. 하루가 지나면 귀한 나물이 향을 잃을 것 같아 돌아오자마자 바로 나물밥을 지었다. 나물의 뿌리도 깨끗이 씻어 밥에 넣었다. 양념장도 만들고 귀한 나물로 김치도 버무렸다. 곤드레, 쑥, 풍년초, 민들레, 씀바귀, 지충개 등 우리 땅에서 자라는 나물은 무엇이든 산나물밥을 지을 수 있다. 처음 들은 나물의 이름은 잊을 수도 있으니 그냥 산나물, 귀한 나물, 봄나물로 부르기로 한다. 산나물밥 한 그릇으로 몸과 마음에 봄이 성큼 걸어왔다.

tip.
산나물의 뿌리는 버리지 말고 밥을 지을 때 같이 넣으면 쌉싸름한 맛과 깊은 맛이 더해져 풍부한 맛이 나는 산나물밥이 된다.

3. 녹차밥

녹차밥 재료

불린 쌀 300g

녹찻잎 30g

녹차밥 짓는 방법

녹찻잎을 씻고 물기를 빼서 준비하고 불린 쌀로 밥을 짓다가 밥이 끓으면 녹찻잎을 넣는다.

녹차를 차로 마실 때는 법식을 갖추어야 한다는 부담이 있어서인지 될 수 있으면 녹차 마시는 일은 피하게 되면서 녹차와 멀어졌다. 그런데 녹차밭에서 먹었던 깔끔한 녹차아이스크림의 맛은 지금도 잊을 수 없다. 차가운 녹차물에 밥을 말아서 보리굴비와 함께 먹을 때의 그 개운함에서 녹차가 가진 매력을 느낄 수 있다. 이처럼 일상 음식에 녹차를 녹아 내면 녹차가 가진 향미와 기운을 편안하게 느낄 수 있다. 녹차를 곡류와 같이 우려내서 먹기도 하므로 녹차밥은 자연스럽다.

녹차에 풍부한 폴리페놀과 플라보노이드(flavonoid) 등의 항산화 성분이 활성 산소를 제거하고 노화를 지연시키며 떫은맛인 카테킨(catechin)은 신진대사를 촉진하고 칼로리를 효과적으로 연소시켜 주어 체중 감량에 도움을 준다. 녹차의 카페인은 아데노신(adenosine)을 차단하여 기억력과 기분 같은 뇌 기능을 향상시킨다.

서유구 선생은 풍석암(楓石庵) 옆에 작은 녹차밭을 두었고 형수인 빙허각 이씨도 집안이 기운 후 녹차밭을 일구어 선생의 집안과 녹차는 깊은 인연을 지니고 있다. 선생이 82세까지 장수하시며 《임원경제지》를 저술할 수 있는 총기를 지니고 있었던 것도 녹차가 준 혜택이라는 생각이 든다.

녹차로 밥을 짓는 방법에는 세 가지가 있는데 첫째는 녹차나무에서 딴 녹찻잎을 넣어서 밥을 짓는 방법, 두 번째는 녹차를 우려낸 물로 밥을 짓는 방법, 마지막 세 번째는 녹차의 가루를 넣어서 밥을 짓는 방법이 있다. 녹차의 효능을 온전히 누리고 싶은 사람은 두 가지 방법을 합하여 밥을 지으면 좋다.

4. 완두콩보리밥

햇보리 200g
물 180g
완두콩 70g

완두콩보리밥 짓는 방법

햇보리는 깨끗이 씻어 하룻밤을 불린 뒤 밥을 짓다가 밥물이 끓어오르면 완두콩을 넣고 밥을 짓는다.

누런 보리밭 위로 종달새가 높이 날고 밭두렁에는 완두콩이 파랗게 익어간다. 완두콩은 보리와 함께 자란다. 보릿고개가 사라진 뒤로 흰쌀에 완두콩을 넣어 밥을 짓지만 원래 완두콩은 누런 보리밥과 함께하며 배고픈 시절을 넘기는 데 큰 도움을 주었던 콩이다. 요즘 보리는 가공이 잘되어 있어 배고픈 시절 먹었던 보리는 아닌 것 같다. 잡곡 상회에 가서 옛날에 먹던 거친 보리를 사왔다.

예로부터 완두콩은 성질이 평이하고 영양이 풍부하여 오장육부를 이롭게 하고, 기운 순환을 조절하여 몸이 조화를 이루도록 돕는다고 하여 몸이 허약한 사람과 노인에게 먹이는 보약 콩이다.

대부분의 식물성 단백질이 필수 아미노산이 부족하지만 완두콩은 이집트콩, 퀴노아, 피스타치오 등과 함께 완전 단백질인 9개의 필수 아미노산을 골고루 갖추고 있다. 완두콩은 탄수화물의 분해를 돕기 때문에 쌀이나 보리와 같이 먹으면 영양 흡수와 소화를 돕는다. 또한 비타민 B1이 풍부하여 정신을 집중시켜야 하는 수험생이나 직장인들에게 좋다.

싱그러운 초하의 상징은 완두콩밥이다. 하얀 쌀밥에 담긴 생기 넘치는 초록 완두콩밥도 좋지만 아직 종다리 노래가 담겨 있는 햇보리밥 위의 완두콩이 더 좋다. 보리가 베어지고 완두콩 줄기가 걷어지면 깃들어 살던 종달새 가족도 보리밭을 떠난다. 보리는 한번 늑씬 쪄서 뜸을 오래 들이지 않아야 완두콩의 색이 예쁘다.

tip.
완두콩의 색감과 식감을 살리기 위해서는 밥이 끓기 시작할 때 넣어야 한다. 조금 늦게 넣으면 완두콩이 익지 않아 설컹거리고 콩 비린내가 난다.

5. 옥수수범벅밥

옥수수범벅밥 짓는 방법

옥수수 알갱이를 찧어서 준비하고 불린 쌀로 밥을 짓다가 밥이 끓기 시작하면 옥수수 찧은 것을 넣고 밥을 짓는다. 밥이 완성되면 주걱으로 저어서 골고루 섞어준다.

야들야들하면서도 낱알이 살아 있고 단 향과 단맛를 갖춘 옥수수는 쪄 놓으면 금세 없어지지만, 껍질이 두껍고 단맛이 약한 옥수수는 천덕꾸러기가 되어 굴러다니다가 버리지도 먹지도 못한다. 버리기 아까워 옥수수를 손으로 까서 밥에 넣기도 하는데 밥 속에서도 떼굴떼굴 겉돌아서 별로다. 맛있는 옥수수도 밥에 어울리게 손질을 하지 않으면 단점만 드러낸다. 그래서일까? 선인들은 옥수수를 맷돌에 타서 껍질을 벗겨서 밥에 넣거나 옥수수 껍질을 벗긴 뒤 찧어서 가공한 옥수수쌀로 밥을 짓는다. 1960년대에는 옥수숫가루에 밀가루와 녹말을 넣은 '옥쌀'을 만들어 먹기도 하였다. 맛과 식감이 떨어지는 삶은 옥수수를 찧어서 옥수수범벅밥을 지으면 옥수수의 향미가 그대로 살아 있고 보드라운 질감과 구수한 향이 기분 좋은 옥수수밥을 먹을 수 있다.

수수 가루, 연근 가루, 좁쌀 가루 등 집에 있는 어떤 곡물도 삶은 다음 찧어서 밥에 넣으면 색다른 맛의 맛있는 범벅밥이 된다.

6. 다슬기밥

다슬기밥 짓는 방법

생다슬기를 물을 붓고 삶은 뒤 살을 꺼내고 다슬기 삶은 물에 깨끗이 씻은 쌀을
불린 다음 밥을 짓다가 밥이 끓으면 불을 끄고 5분 정도 둔 뒤 다슬기살을 밥에
올려 약불로 5분 정도 뜸을 들여 밥을 완성한다.

* 다슬기를 오래 삶으면 질겨지므로 밥이 보글보글 끓은 후에 넣는다.

다슬기밥 재료

쌀 200g
다슬기살 60g
다슬기 삶은 물 345g

섬진강 줄기를 따라가다 보면 다슬기탕을 파는 식당이 많다. 어린 시절 삶은 다슬기를 이쑤시개로 빼 먹던 추억이 있는 사람은 다슬기탕이란 간판만 보아도 반색을 한다. 다슬기를 삶은 물에 된장을 풀고 시래기를 넣은 다슬기 된장국이 다슬기탕이다.

다슬기를 삶으면 다슬기의 살과 국물에서 비췻빛 같은 연녹색이 난다. 이 녹색은 목(木)의 기운으로 우리의 장기(臟器) 중 목의 기운을 가지고 있는 간에 좋다고 한다. 다슬기는 단백질의 함량이 소고기보다 높은 고단백 식품으로 칼슘은 우유보다 10배 이상 높으며 탄수화물과 지방, 미네랄을 골고루 함유하고 있다. 다슬기에 풍부한 아미노산은 간 기능 회복 및 숙취 해소에 탁월한 효과를 보여 해장국으로도 다슬기탕이 제일이다. 다슬기의 첫맛은 고소하지만, 뒷맛은 씁쓸한데 이를 된장이 해결하여 준다. 다슬기 삶은 물로 밥물을 잡고 다슬기살을 넣어서 밥을 지었다. 삶은 다슬기의 살을 빼내는데 쏙쏙 빼내는 재미가 쏠쏠하다. 검고 작은 소라 속에서 검푸른 살을 꺼내 먹던 반 아이들과 "저 묘하게 생긴 것은 뭐야?"라고 수줍어 묻지도 못하고 바라만 보던 짙은 쑥 빛 원피스를 입은 소녀가 떠오른다.

흰쌀에 노란 조를 섞고 다슬기와 푸른 다슬기물을 부어 밥을 지었다. 붉은 고추를 송송 썰어 넣고 검은 깨소금을 넣어 오행의 기운을 더해 준 양념장을 만들어 두었다. 다슬기밥에서 푸르른 강 냄새가 물씬 난다. 부드러운 밥알 사이로 씹히는 졸깃한 식감이 일품이다. 좀 더 일찍 다슬기를 먹었더라면 더 건강하였을 것이란 아쉬움을 그나마 지금이라도 다슬기를 알게 된 것이 다행이란 마음으로 달래 본다.

7. 올벼밥

올벼밥 재료

올벼 쌀 200g
물 260g

올벼밥 짓는 방법

올벼 쌀을 가볍게 씻은 뒤 물을 넣고 밥을 짓는다.

여름방학이 끝나고 방학 숙제 검사라는 한바탕의 태풍이 지나고 나면 아침저녁으로 제법 쌀쌀하다. 이즈음이면 친구들은 오리 쌀이라는 누런 쌀을 들고 와서 오도독오도독 씹어 먹는다. 오리 쌀이 뭐지? 어떤 아이는 '찐쌀'이라고도 했다. 오리 쌀을 먹는 친구들의 얼굴에 맛있는 간식을 먹는다는 행복감 이상의 무언가가 담겨 있었다. 시내에 있는 학교와 떨어진 들녘에 사는 친구들의 간식인 것을 보면 직접 농사를 지을 때 나오는 수확물이라는 것만 확신했다.
오리쌀에 대한 궁금증은 가을마다 되풀이되었지만, 어떤 친구에게도 '오리쌀이 뭐냐'고 묻지 않았고, 친구들도 먹어 보라고 주지 않았다.

수십 년이 지나서야 오리 쌀이 나락이 여물기 전에 훑어다가 솥에 넣고 찐 다음 볕에 말린 쌀이며 추석보다 앞서 '올벼신미'라는 제사를 지내는 쌀이라는 것과 얼굴에 넘치던 행복 이상의 정체가 쌀을 생산하는 농부의 자식만이 가질 수 있는 자부심이라는 것도 알았다. 올벼 쌀은 덜 여문 현미로 찌고 말리는 과정에서 풋풋한 향기와 달짝지근한 맛이 있어 간식으로도 좋고 무른 벼로 만들었기 때문에 밥을 하면 소화가 잘되어 노인의 밥으로 적당하다. 초가을만 되면 코스모스 핀 신작로와 그 너머의 누런 벌판, 그리고 오리 쌀이 떠오른다. 올벼 쌀로 지은 밥은 구수한 냄새가 강하고 맛은 고소하며 점성이 있다.

* 햅쌀은 올벼라 하고 찐쌀은 올벼 쌀로 구분한다.

*** 올벼와 올벼신미**
'올벼 쌀'은 지역에 따라 '오리 쌀', '올게 쌀', '찌갱이 쌀' 등 여러 이름으로 불린다. 올벼밥은 덜 여문 나락을 솥에 쪄서 말린 후 절구에 찧어 나온 쌀로 지은 밥이다. 추석이 빨리 들었을 때 덜 여문 벼를 베어다가 찧어 올벼 쌀로 밥을 지어 차례를 지냈다. 양식이 떨어졌을 때는 올벼 쌀이 밥을 대신하였다. 올벼신미는 올벼 쌀로 밥을 짓고 나물, 술, 조기, 햇무 등 햇곡식과 햇과일을 상에 차려 집안의 조상에게 먼저 대접한 뒤에 온 집안 식구가 모여 음식을 나누어 먹으며 이듬해에 풍년이 들게 해 달라는 기원이 담겨 있다. 따라서 남들보다 일찍 올벼신미를 행하면 좋다고 여겨 서로 경쟁하기도 하였다. 지금은 추석 전에 시장에서 올벼 쌀을 사다가 일반 쌀과 섞어서 밥을 지어 새로 나는 나물 등과 함께 상을 차려 제사를 올리는 형태로 올벼신미가 이어지고 있다. 전북과 충남에서는 '오리 쌀', 전남에서는 '올게 쌀', '찌갱이 쌀'이라고도 한다. 올벼는 올벼신미 이외에도 논의 물길을 만들기 위해 베어낸 벼나 태풍에 쓰러진 못 쓰게 된 벼를 베어내어 만들기도 한다.

8. 상수리밥

상수리 70g

찹쌀 40g

보리 30g

율무 25g

수수 25g

팥물 410g

상수리밥 짓는 방법

껍질을 벗긴 상수리 알맹이는 5일 동안 물을 5번 갈아가며 떫은맛을 뺀 뒤, 절구에 대략 찧고, 쌀, 보리, 율무, 수수는 물에 불려 두고, 팥 5배의 물을 붓고 푹 삶아서 취한 진한 팥물에 준비해 둔 상수리, 찹쌀, 보리, 율무, 수수를 넣고 밥을 짓는다. 멥쌀을 넣을 때는 밥을 풀 때 꿀을 넣어도 좋다.

* 겨울이 길고 추운 산간 지역에서는 겨울에 상수리를 껍데기째 삶아서 얼린 다음, 봄에 녹은 것을 쓿어 깨끗하게 한 뒤에 물을 쳐가며 빻아 밥, 죽, 묵, 떡 등을 한다.

상수리나무

상수리는 도토리라고 칭하는 열매의 한 종류다. 상수리나무, 졸참나무, 갈참나무 등의 열매를 모두 도토리라고 한다. 어린 시절을 큰 감나무가 있는 집에서 보내면서 맛보았던 떫은맛에 친근하다. 가을 태풍이 한바탕 지나가고 난 다음 날 아침, 감나무 아래는 떨어진 땡감이 나뒹굴고 있었다. 땡감이 떫다는 것을 알면서도 깨물어서 맛을 보았다. 홍시가 될 때까지 땡감 맛보는 일을 계속했다. 아마 무료해서 그랬던 것 같은데 덕분에 대부분이 싫어하는 떫고 쓸쓸한 맛을 좋아하게 되었다.

산이 없는 곳에서 자란 탓에 도토리나무를 보지 못했다. 도토리묵은 좋아하지만, 도토리가 지천으로 떨어진다는 산도, 도토리를 볼테기 안에 가득 채우고 겨울 식량을 준비하는 다람쥐도 본 적이 없다. 내가 본 다람쥐는 작은 장에 갇혀 쳇바퀴를 돌리는 노예 같은 다람쥐였다. 〈정조지〉의 '상자죽'을 복원하면서 도토리를 구해서 죽을 끓였는데 죽이라기보다는 묵과 별 다를 바가 없어 도토리 쌀을 만들어 밥에 넣는 것이 더 나을 것 같다는 생각을 하였다.

고조리서에는 도토리와 팥물로 밥을 하라고 하지만 먹기가 어려울 것 같아 쌀, 보리, 율무, 수수 등의 곡식을 넣고 팥물로 밥을 지었다. 요즘은 도토리 채취가 금지되어 있어 산책로에 떨어진 도토리를 모아서 준비하였다. 마침 바람이 분 다음 날이라 도토리를 많이 주울 수 있었다. 도토리의 지나친 쓴맛을 제거하기 위해서 물에 담갔더니 도토리 색의 물이 진하게 빠진다. 선인들은 구황 밥으로 도토리를 많이 넣은 도토리밥을 먹었지만 현대인들은 건강식의 개념으로 도토리밥을 먹으면 좋다. 도토리는 동북아시아에서 농경이 시작되기 전에 먹었던 대표적인 주식으로 암사동 선사유적지나 창녕의 신석기시대 비봉리 유적에서도 도토리 저장고가 발견되어 도토리가 아주 중요한 식량이었다는 것을 알 수 있다.

9. 은행밥

은행밥 짓는 방법

은행은 약불에서 살살 볶아 속껍질을 제거하고 불린 쌀과 섞어서 밥을 짓는다.

어느 산골 마을의 식당에서 방금 지었다는 밥을 받고 밥뚜껑을 열었다. 조명을 받은 듯 반짝거리는 연푸른 은행 몇 개가 흰쌀밥 위에 오똑 올라앉아 있다. 은행의 독특한 향미는 구수한 밥 향기와 함께 어우러져 지친 일행을 들뜨게 한다. 밥에 은행을 더한 사람이 누굴까? 이심전심으로 일행의 눈길이 주방을 향한다. 찬이 조금 부실하면 어떠랴~ 이미 우리의 마음은 쫀득하고 찰진 은행밥으로 맛있는 가을을 듬뿍 먹은 듯 배가 부르다.

은행을 하루 몇 알씩만 먹으면 기관지 건강에 좋다고 하는데 여간해서는 먹어지지 않는다. 가끔 군밤을 굽는 집에서 파는 구운 은행을 사서 먹는데 뜨거울 때 맛이 있지만 식으면 무른 돌처럼 딱딱하고 고무처럼 질겨지면서 식감이 크게 떨어진다.

약식 재료를 사러 건어물전에 갔는데 약식에 은행을 넣으라고 주인이 권한다. 약식은 차갑게 먹기 때문에 은행은 별로지만 불현듯 산골 마을의 은행밥이 떠올라 은행을 샀다. 은행밥은 물 조절을 잘못해서 진밥이 되든 된밥이 되든 상관없다. 은행으로 눈길이 온통 쏠리니까~ 부드럽고 달콤한 밥 사이에서 졸깃한 식감과 고소한 맛을 주는 은행밥으로 가을을 온통 맛본 것 같다. 잊었던 은행밥을 생각나게 한 건어물 가게 주인이 고맙다. 가을은 은행을 남기고 사라지지만 우리는 일 년 내내 은행밥을 먹을 수 있다. 은행은 가을이 준 선물이다.

은행의 효능

은행은 우리 몸에 아주 유용하여 약식동원의 가치가 아주 높은 열매다.

《동의보감》에 은행은 폐의 탁한 기운을 따뜻하고 맑게 하여 기침, 가래, 천식, 기관지염을 낫게 한다고 하였다. 은행에는 피부 보습과 주름을 예방해 주는 테르페노이드(terpenoid) 성분이 있어 피부 나이를 젊게 가꾸어 주고 소염 작용을 하여 여드름에 좋다. 또한 칼슘의 흡수를 돕는 에고스테린(ergosterin)과 레시틴(lecithin)이 함유되어 있어 골다공증을 예방할 뿐 아니라 뇌 건강에도 좋다. 또한 은행은 다른 열매의 성분에는 흔치 않은 카로틴(carotene)이 있어 자양 강장과 피로회복, 면역력 증강에 좋다.

기침에는 은행의 열매를 껍질째 달여 먹기도 하는데 진하게 먹어서는 안 된다. 은행은 효능이 좋은 만큼 독성도 있어 날로 먹으면 안 되고 반드시 익혀서 먹어야 한다.

부등팥밥 짓는 방법

불린 쌀과 부등팥을 섞어 쌀밥 지을 때보다 5분 정도 더 뜸을 들여서 밥을 짓는다.

부등팥밥 재료

불린 쌀 180g
물 290g
부등팥 120g

부등팥이 완숙하지 않은 팥이라고 하여 부등팥을 얻기 위해 가을걷이가 한창인 논두렁으로 갔다. 마음껏 자란 콩과 팥, 녹두가 서로 뒤엉켜 누런 잎을 떨구고 있다. 콩잎은 크지만 얇고 팥과 녹두의 잎은 작지만 두툼하다. 콩은 알곡이 커서 깍지가 넓고 짧아서 짜리몽땅하고 녹두나 팥은 알곡이 작아서인지 깍지도 가늘고 날씬하다. 전체적인 느낌이 콩이 복스럽게 생겼다면 녹두와 팥은 세련미가 있다.

누렇기는 하지만 아직은 수분이 많은 팥깍지를 살짝 벗겨 보았다. 붉은팥이 조금 보여서 남은 깍지도 마저 벗겼다. 아직 졸고 있던 포동포동한 팥 하나가 깜짝 놀란 듯 누런 잎 위로 톡~ 떨어진다. 팥을 주우러 고개를 숙이는데 잘 익은 깍지에서 절로 나온 야무진 팥들이 여기저기 보인다. 놀란 팥을 조심스럽게 주워서 만져보았다. 아기의 피부를 만지는 것처럼 부드럽고 촉촉하다. 집에 돌아와 부등이란 말을 찾아보았다. 우리가 아는 뜻과 함께 갓 태어난 어린 새의 다 자라지 못한 약한 깃을 부등깃이라고 한다는 뜻이 나온다. 풋팥이 영락없이 부등깃 같았다. 풋팥이 얼마나 부드러웠으면 부등팥이라 했을까? 부등옥수수, 부등녹두, 부등콩, 부등땅콩, 부등보리… 풋이란 말도 좋지만 부등이 주는 어감이 더 실감난다.

부등팥은 부동팥이라고도 하는데 서리가 내리기 전에 수확한 팥을 말하는 것인지 부등이 부동으로 변한 것인지를 알 수 없지만 부동보다는 부등이 훨씬 좋다. 부등팥으로 밥을 지으면 단단한 팥을 익히는 수고가 덜어질 뿐 아니라 연하여 식감도 좋다. 마른 팥만 보아서 그런지 팥도 풋풋한 시절이 있었다는 것은 생각조차 못했다. 아들이 유치원 때 했던 말이 떠오른다. "할아버지, 할머니들은 원래 늙어서 태어났어?"

11. 돈부콩밥

돈부콩밥 짓는 방법

돈부콩을 까서 가볍게 씻어 물기를 빼고, 쌀은 씻어서 1시간 불린 뒤 마른 불림을 40분 정도 한 후 돈부콩과 함께 넣어 밥을 짓는다.

돈부콩밥 재료

쌀 150g

돈부콩60g

물 300g

돈부콩밥 짓는 방법

찬 기운이 돌기 시작하면 "돈부콩을 놓아서 밥을 지어!"라고 아버지가 엄마에게 요청한다. "휴우~ 다행이다. 돈부콩밥이라서…" 부뚜막에서 불고 있는 콩만 봐도 어찌 콩밥을 먹을지 걱정이 되었다. 아버지의 밥그릇에 먹기 싫은 검은콩을 몽땅 올렸다가 버릇없다고 혼났으니 몇 알은 밥그릇 뒤에 숨기고 나머지는 나중에 몰아서 한 번에 다 먹을까. 콩을 제거할 이런저런 궁리를 하느라 콩밥을 받으면 한숨부터 나온다. 매일 매일 맛있게 먹는 밥에 원치 않는 콩이 들어가는 것은 보통 심각한 일이 아니다. 아버지가 "콩은 밥에 없는 영양 성분을 채워주니 꼭 먹어야 한다."라고 강조를 해도 우리는 마이동풍이다. 우리의 반응이 시원치 않으면 아버지는 강수를 둔다. "얼마나 단백질이 많으면 학자들이 밭에서 나오는 소고기라고 했겠냐?" "밭에서 나오는 소고기는 가짜지…"라는 딸의 반감을 눈치챈 아버지가 "여자들이 비싼 화장품 얼굴에다 바르는데 다 소용없는 일을 하는 것이다. 밥에 콩을 놓아먹으면 피부도 고와진다."라며 나를 굴복시키려 하신다. 얼마 전 영양 크림 한 통을 산 엄마가 아버지에게 눈을 흘긴다. 아버지는 헛기침을 한 번 하고 아침에 다 읽은 조간신문을 펼친다.

이토록 미워하는 콩떼들이지만 완두와 돈부, 둘만은 예외다. 아버지는 유독 돈부콩을 좋아하고 엄마는 완두콩을 좋아한다. 자식인 우리도 검은 진주 같은 돈부와 예쁜 완두만 먹는다. 암보랏빛 돈부를 듬뿍 넣어 밥을 지으면 보랏빛 밥이 된다. 안타깝게도 두 콩이 나오는 시기는 길지 않다.

올가을에도 돈부콩을 듬뿍 넣은 보라 밥을 짓는다. 비단에 수를 놓듯 "밥에 콩을 놓아라."라는 아버지와 "저 양반은 참~ 돈부콩밥을 좋아하신다."며 장바구니에서 가느다란 장작더미처럼 묶인 돈부콩을 풀어내던 엄마가 그립다. 콩밥을 짓는 일은 짙고 옅은 보라 실, 검은 실, 붉은 실, 초록 실, 노란 실로 수를 놓는 것이라 말해주고 싶다.

* **돈부콩**

  돈부콩은 동부콩이라고도 하는데 작두콩을 제외하고 콩 중에서 꼬투리가 가장 긴 콩이다. 우리 콩의 종류가 많은 탓에 사람마다 좋아하는 콩이 다 다르다. 돈부콩은 단맛이 많고 소화가 잘돼 돈부콩밥을 먹으면 위장이 무겁지 않다. 돈부콩에는 필수아미노산의 하나인 라이신(lysine)의 함량이 높다. 철분이 풍부하여 혈액의 산소를 운반하는 적혈구와 헤모글로빈의 생성을 활성화한다. 동부는 팥과 비슷하나 종자가 약간 길고, 종자의 눈도 길어서 구별된다. 고온을 요하므로 따뜻한 지방에 알맞은 작물이며, 콩의 색상 또한 흰색에서 크림색, 옅은 갈색, 녹색, 빨간색, 갈색, 검은색 등으로 다양하며 폴리페놀 함량이 팥보다 높아 노화 방지와 혈액순환에 좋다.

콩밥

우리는 콩의 민족이라고 할 정도로 콩 재배의 역사가 길고 수천 가지의 토
종 콩을 재배하였다. 곡물에 콩을 섞은 콩밥을 즐겨 먹었으며 지금도 건강
한 밥의 대명사는 콩밥이지만 대부분은 콩밥이 좋아서 먹기보다는 건강
을 생각해서 먹는 것 같다. 채식이 인기를 끌면서 고기의 대체식으로 병아
리콩, 렌틸콩이 큰 인기를 끌었고 지금도 여전히 인기가 있다. 이국의 콩은
특유의 부드러운 식감과 다른 재료와의 어울림이 좋고 무엇보다 가격이
저렴하다.

우리도 예전의 토종 콩의 종류에 비할 바는 아니지만, 대두, 검은콩, 푸른콩, 쥐눈이콩, 완두콩, 강낭콩 등이 있다. 이 중 밥에 넣어 먹는 콩의 숫자는 더욱 줄어서 검은콩밥, 초하에 먹는 완두콩밥이나 가을에 먹는 팥을 닮은 동부콩밥 정도가 대표적이다.

콩마다 영양 성분과 맛, 식감이 다르므로 가족들의 입맛에 맞고 필요한 영양 성분을 갖춘 색다른 콩밥의 시도가 건강의 바탕이 되는 좋은 밥을 위한 선택의 폭을 넓힌다는 점에서 꼭 필요하다. 새로운 콩밥으로 호랑이콩밥을 추천한다. 호랑이처럼 얼룩덜룩한 콩으로 덩굴 강낭콩의 일종이며 울타리콩이라고도 한다. 호랑이콩이라는 이름과는 달리 맛이 순하고 식감이 부드러워 먹기에 좋은 콩이다. 호랑이콩은 완전히 성숙하지 않아도 먹을 수 있는데 성숙한 콩에 비해 비타민 C와 메티오닌이 풍부하다. 호랑이콩이 다른 콩보다 더 고소하고 크림처럼 부드러워서인지 그 밥맛도 깊고 진하다. 호랑이 표피의 문양이 호랑이마다 다르듯 호랑이콩도 한 깍지에서 나온 콩이지만 다 다르다. 물론, 얼룩덜룩한 콩깍지도 문양이 다르다. 밥에 올라간 호랑이콩의 각기 다른 문양을 보는 것도 호랑이콩밥이 주는 즐거움이다.

* 완두콩과 강낭콩의 영양을 비교해 보면, 완두콩은 강낭콩에 비해 탄수화물 함량이 약 46%, 지방은 약 50%, 단백질은 64% 정도 낮아 총칼로리가 약 2배 이상 낮다. 체중 조절을 위해서는 강낭콩보다는 완두콩이 효과적이다.

12. 녹두밥

녹두밥 짓는 방법

녹두를 깨끗이 씻어 끓는 물에 넣고 3분 정도 삶아 체망에 건져 두고 불린 쌀을
밥솥에 담은 뒤 삶은 녹두를 올리고 녹두 삶은 물로 밥물을 잡아 밥을 짓는다.

녹두밥 재료

불린 쌀 170g

껍질 있는 녹두 110g

물 250g

팥은 죽으로도 밥으로도 많이 먹지만 녹두는 밥으로는 잘 지어 먹지 않는다. 엄청난 밥의 가짓수를 살펴봐도 녹두밥은 드물다. 잡곡밥이라는 테두리 안에 녹두는 잘 들어가 있지 않다. 몇 년 전 녹두밥을 했는데 녹두가 곤죽이 되어 실패했던 기억이 난다. 거피한 녹두를 갈아서 빈대떡을 부치는 것으로 녹두를 쓰는 것이 익숙한 탓에 녹두가 팥이나 콩보다 작고 섬세하다는 인식이 없어 팥이나 콩처럼 오래 삶은 것이 실패의 원인이었다. 녹두가 삼계탕의 죽 재료로 즐겨 쓰이는 것을 보면 녹두의 쓰임이 이렇게 한정되어야 하는가? 라는 생각을 하곤 하였다.

녹두는 공해와 피로에 시달리는 현대인의 독을 제거하고 부종을 완화하며 소염 작용이 뛰어나 피부 질환과 미백 작용에 좋아 현대인이 필수적으로 먹어야 하는 곡물이다. 맛이 풍부한 팥밥은 간식용 밥으로 더 어울리지만 담백한 녹두는 수식으로 먹는 밥에 잘 어울린다. 팥의 붉은 색이 담고 있는 '벽사'의 능력으로 팥은 밥으로 즐겨 먹고 상대적으로 녹두는 덜 먹어서 그런 것 같다. 현재 다섯 가지의 식물 중 두 가지가 멸종 위기라고 한다.

잘된 녹두밥은 터질 듯 말 듯한 상태로 녹두 알갱이가 살아 있어야 한다. 녹두는 조리 시간이 짧아 호화가 빨리 일어나는 찹쌀과 잘 어울린다. 압력밥솥으로 밥을 할 때는 녹두는 불리기만 해도 된다. 녹두에는 필수 아미노산이 많아 영양학적으로 우수하다.

* 녹두물과 팥물은 비단옷 세제로 사용되었다. 옛날 여인들은 녹두 가루를 이용해서 세수를 했다. 녹두는 사람뿐 아니라 섬유의 때도 벗기는 최고의 천연 해독제 역할을 하며 우리의 건강을 지켜 준 고마운 곡물이다.

13. 순무밥

순무밥 짓는 방법

순무를 깨끗이 씻어서 약간 굵게 채를 썰어 두고 불린 쌀과 함께 넣어 밥을 짓
는다.

추수하고 가을 갈무리가 끝나면 김장을 한다. 요즘 김장은 배추가 중심인 김장
이지만 예전에는 김장에서 무의 비중이 컸다. 동치미, 섞박지, 겁들지, 무왁지,
비늘김치, 생채김치, 깍두기 등으로 많다.

지금은 무라고 하면 무청 아래가 푸른빛이 도는 청근(菁根), 나복(蘿蔔)이라 불
리는 무를 뜻하지만, 우리가 김장을 하고 겨우내 먹었던 무는 만청(蔓菁)이라 불
리는 순무였다. 고려 중엽에 이규보가 지은 《동국이상국집(東國李相國集)》의 〈가
포육영(家圃六詠)〉이라는 시 속에 순무를 재료로 한 김치가 등장한다. "순무로 장
아찌를 담그면 여름철에 먹기 좋고 소금에 절인 순무는 겨울 내내 반찬되네."라
고 하여 순무김치가 일반적이었음을 알 수 있다. 서리를 맞은 순무는 배보다 맛
이 있다고 하였다. 김장에 넣고 남은 거친 무청은 삶아서 새끼로 엮은 다음 바
람이 잘 드는 장소에 걸어 두고 말렸다. 김장을 하고 남은 실한 무나 배추도 땅
을 파서 묻은 뒤 가마니를 덮어 보온해 두었다가 겨우내 꺼내서 생으로 깎아

먹기도 하고 채를 썰어 무밥을 지어 먹었다. 무밥은 활동량이 적은 겨울철에 먹는 밥으로 알맞다. 쌀 절약에도 큰 도움이 되는 것은 물론이다. 순무는 소화를 돕고 기혈이 허한 데 좋으며 소변을 잘 나오게 하여 노인의 보양식으로 쓰였다. 무밥과는 어떻게 다를까 하는 기대 속에 순무밥이 완성되었다. 배추꼬랑이와 비슷한 매운맛과 냄새는 사라지고 순무의 단맛이 쌀알에 충분히 녹아 들어가 조청을 넣은 듯 깊은 단맛이 난다. 청근으로 지은 무밥과는 다른 풍미가 나는데 순하고 부드러워 노인이나 아이들이 먹기에 더없이 좋을 것 같다. 순무밥을 양념장에 비벼 먹어도 좋지만, 밥을 할 때 다시마 우린 육수와 맛간장을 조금 넣고 밥을 한 다음 찬과 함께 먹는 것도 좋다. 밥에 어스름한 분홍색이 감도는 멋진 밥이다.

tip.

1. 순무가 무보다 연하기 때문에 순무로 밥을 지을 때는 오래 뜸을 들이지 않는 것이 좋고 무밥은 순무로 지을 때보다 조금 더 뜸을 들이고 질기기 때문에 처음부터 넣는다.
2. 부드러운 무(청근)밥을 원하면 무의 결과 반대로 채를 치고 무의 식감을 살리고 싶으면 결을 살려서 채 친다. 무를 너무 가늘게 채를 치면 곤죽이 되므로 약간 두껍게 채를 치는 것이 좋다.

14. 콩나물밥

콩나물밥 짓는 방법
중간 길이의 콩나물을 씻어서 물기를 빼놓고 솥에 쌀을 넣고 물을 부은 뒤 콩나물을 위에 올려서 밥을 짓는다.

중간 길이의 콩나물을 씻어서 물기를 빼놓고 솥에 쌀을 넣고 물을 부은 뒤 콩나물을 위에 올려서 밥을 짓는데 콩나물의 아삭한 식감을 살리기 위해 뜸은 너무 오래 들이지 않는다. 콩나물은 콩이 싹튼다는 뜻으로 두아(豆芽), 두아채(豆芽菜)라고도 불렀다. 우리말로는 콩의 싹을 기른다고 하여 '콩기름'이라고 하였다. 콩나물은 오래된 콩 문화를 가진 우리의 대표 건강식품이다. 우리의 다양한 별미 밥 중 가장 자주 먹었던 밥이 콩나물밥이다. 늦가을에 수확한 콩으로 겨우내 콩나물을 길러 먹었다. 콩나물은 따뜻한 곳에서 키워야 해서 윗목에 두었고 물을 자주 주어야 해서 잠귀가 밝은 사람들은 콩나물 물 주는 소리에 새벽잠을 설치곤 하였다.

콩나물밥 재료

불린 쌀 200g
물 200g
콩나물 220g

겨울은 곡물을 수확한 지가 얼마 되지 않아서 그런대로 식량 걱정이 덜하기는 하지만 긴장을 늦춰서는 안 된다. 마음껏 밥을 먹고 손님이라도 자주 오면 어느 새 쌀독은 바닥을 보인다. 이제 겨우 설이 지났을 뿐인데… 행여 가족들의 배를 곯릴까 봐 가슴이 덜컥 내려앉는다. 올해 유난히 김장김치가 맛이 있어서 식구들이 밥을 많이 먹는 탓도 있는 것 같아 시어머니는 솜씨 좋은 며느리가 원망스러워진다. 콩나물이 어서 자라기를 바라는 마음에 물 한 바가지를 퍼서 콩나물 시루에 골고루 뿌린다.

콩나물밥은 쌀도 절약하고 맛도 있으며 겨울에 부족한 비타민을 보충하여 건강한 겨울을 날 수 있게 하였다. 콩나물밥은 아무리 잘 지어도 콩 특유의 비린내가 나므로 간장 양념장에 비벼서 먹는 것이 좋다. 콩나물밥은 겨울철 최고의 알뜰 보양 건강식이다.

콩기름

우리는 대두뿐 아니라 다양한 콩으로 콩나물을 길러 먹었다. 콩나물은 한 동이 안에서도 길이가 달라 각기 다른 요리를 해 먹었다. 약간 짧은 콩나물은 콩나물국을 끓이기에 좋고 중간 크기는 국을 끓이거나 콩나물밥을 짓고, 나물을 무쳤다. 콩나물이 너무 길면 맛도 떨어지지만 밥을 비비거나 먹을 때 불편하기 때문이다.

15. 섭톳밥

섭톳밥 짓는 방법

섭은 솔로 껍질을 깨끗이 문질러 씻은 뒤 이물질을 떼어내고 불에 굽거나 물을
조금 붓고 삶은 다음 섭살을 빼서 놓고 생톳은 먹기 좋은 크기로 자른 뒤 불린
쌀에 밥물을 붓고 밥을 짓다가 김이 오르면 톳을 넣고 끓기 시작하면 섭을 넣
고 밥물이 잦아들면 불을 끈 다음 5분 뒤 불을 켜서 뜸을 들인다.

섭톳밥 재료

불린 쌀 150g

섭 15개

생톳 100g

물 165g

요즘 자연산 '섭'이 많이 나온다는 연락이 태안에서 와서 반가운 마음에 섭을
주문했다. 섭을 홍합이라고 하는데 섭과 홍합은 다르다. 원래 홍합은 토종 담치
를 가리키며 '섭'이라고도 한다. 우리가 흔히 먹는 홍합은 진주담치로 지중해가
고향이다. 무역선의 바닥에 붙어서 왔다가 왕성한 번식력으로 토종 홍합의 자
리를 차지하게 되었다. 진주담치가 홍합이 되면서 원래 진짜 홍합은 참담치라
는 이름을 얻게 되었다. 섭(참담치, 홍합)은 손바닥 크기 정도로 크고 진주담치보
다 쫄깃하고 풍미가 진하다. 연세가 드신 분 중 "홍합 말린 것이 옛날에는 아주
컸는데 요즘은 작다."라며 머리를 갸우뚱하는 것이 이해가 간다. 빙허각 이씨
는 "바다에서 나는 것은 모두 짜지만 유독 홍합만 싱거워 담채(淡菜)라고 한다."
라고 《규합총서》에 기록하였다. 겨울의 끝자락에 홍합의 속살을 말리면 해산

물이면서도 짜지 않고 채소처럼 담백하다고 하여 '담치'라 하였고 동쪽 바다에서 많이 서식하고 여자에게 좋은 음식이라 해서 《본초강목》에서는 섭을 '동해부인(東海婦人)'이라고 불렀다. 섭은 바라만 보아도 심란할 정도로 많은 것들이 껍질에 다닥다닥 지저분하게 붙어 있다. 당연히 손질하기도 어렵고 속살을 얻는 과정도 힘들다. 특히, 섭 껍질에 손이 베이지 않도록 주의해야 한다. 어쨌든, 바다의 향기가 물씬 풍기는 섭톳밥이 완성되었다. 톳이 섭과 밥을 이어주고 섭의 주황빛과 톳의 검은색이 어우러져 고급스럽다. 미인이 많은 지역에서는 섭을 즐겨 먹는다고 한다. 섭톳밥은 진주담치와는 비교가 되지 않을 정도로 그 향미가 진하여 많이 넣으면 부담스럽다. 양념장에 비벼서 먹는 것보다는 향과 맛을 살리기 위해 동치미 등의 물김치류와 같이 먹으면 좋다. 톳은 칼슘이 풍부해서 성장기 어린이와 노인 그리고 신경이 예민한 사람에게 특히 좋다.

tip.
섭톳밥은 뜸을 오래 들이지 않아야 섭과 톳의 향이 살아 있고 질기지 않다.

16. 콩비지시래기밥

콩비지시래기밥 짓는 방법

돼지고기는 거칠게 다져서 후추, 참기름, 맛술, 청장으로 밑간을 해 두고 삶은 시래기는 먹기 좋은 크기로 잘라 참기름과 청장으로 주물러 둔 다음 밥을 안치는데 솥의 바닥에 쌀의 반을 넣은 다음 콩비지, 시래기, 돼지고기를 넣은 뒤 남은 쌀을 맨 위에 얹고 밥을 짓는다.

두부는 여름에는 잘 쉬기 때문에 만들지 않다가 찬바람이 나면 만들어 먹었다. 지금은 사시사철 두부를 먹을 수 있지만, 냉장고가 없을 때는 두부가 빠지면 안 되는 줄 아는 된장찌개에 호박과 감자를 넣어 먹었다. 두부를 만들고 남은 비지는 비지찌개를 끓여서 먹거나 비지밥을 해 먹었다. 거칠면서 부드럽고 구수하면서 칼칼한 비지찌개는 같은 콩을 주재료로 만든 청국장이나 된장에는 없는 식감과 맛까지 갖춘 겨울철의 별미였다. 고소한 비지와 김치, 그리고 돼지고기가 비지찌개를 구성했다면 밥에는 김치 대신 시래기를 넣었다. 국물 음식인 찌개에는 개성미 넘치는 김치가 어울리지만, 밥에는 순순한 시래기가 더 어울릴 것 같았다.

돼지고기는 두부가 가져간 맛과 영양을 더해주고 시래기는 친근한 볏짚 냄새

콩비지시래기밥 재료

쌀 100g
콩비지 100g
삶은 시래기 120g
돼지고기 앞다릿살 80g
청장 18g
참기름 30g
맛술 15g
후추 조금
물 180g

와 초겨울 태양에게 받았던 기운을 온전히 내어놓았다. 콩비지시래기밥을 슴
슴한 양념장에 비벼 먹으면 천하의 진미가 따로 없다. 두부를 살 때 덤으로 받
은 비지 한 봉지와 구워 먹고 남은 돼지고기, 그리고 시래기 한 주먹이면 된다.

17. 석이버섯밥

석이버섯밥 짓는 방법

석이버섯은 물에 담가 20분 정도 불린 뒤 돌과 이물질 등을 제거하고 손으로
비벼 세척하여 큰 송이는 손으로 뜯어서 팬에 기름을 조금 두르고 살짝 볶아
준 뒤 밥이 끓을 때 석이버섯을 넣고 밥을 완성한다.

깊은 산속의 바위 표면에 사는 석이(石耳)는 그 모습이 마치 바위에 붙은 귀 같
다고 하여 붙은 이름이다. 석이는 우리 음식의 고명으로 필수적인데 석이를 올
리는 순간 음식은 안정감과 기품을 갖추게 된다.

김시습(金時習)의 《매월당집(梅月堂集)》 권6에는 석이버섯에 대한 시가 있다.

"푸른 벼랑 드높아서 올라갈 엄두 못 내는데/ 우레와 비가 이 돌 위의 석이버섯
키웠구려/ 안쪽은 거칠거칠 바깥쪽은 매끈매끈/ 따 와서 비벼대니 깨끗하기
종이와 같네/ 소금과 기름으로 볶아 놓으니 달고도 향기로와/ 입에 즐거운 소
고긴들 그 아름다움을 당할쏘냐?/ 먹고 나니 나도 모르게 속마음이 시원해지
는 건/ 그대가 송석(松石) 속에서 자랐기 때문임을 알겠도다/ 이 때문에 배 속

석이버섯밥 재료

멥쌀 250g
석이버섯 70g
물 380g

산에 푸른 봉우리들이 자리 잡았으니/ 네가 사는 곳이 나의 몸과 마음으로 옮기었네/ 이미 십 년 동안 현격히 달라진 자취 모두 잊고 나니/ 오장육부 때로 꺼내 씻을 필요 없어라.”

김시습의 시에는 석이가 자라는 환경과 손질법, 조리법, 효능, 맛, 성질이 잘 드러나 있다. 석이가 몸에 좋은 것은 물론, 마음도 맑게 한다는 것을 알게 된다. 석이를 여름철 음식에 넣으면 음식이 상하는 것을 방지하고 김치에 넣으면 김치에서 이취(異臭)가 나지 않는다고 한다. 석이는 설사를 그치게 하고 더위 먹은 데 좋으며 눈을 밝게 한다. 석이는 엽산이 풍부하여 비타민 C가 풍부한 귤과 같이 섭취하면 그 효과가 배가 된다. 칼로리가 낮고 섬유질과 무기질이 풍부해 현대인에게 좋은 식재료다.

* 지의류는 단일한 생물이 아니라 곰팡이와 조류가 서로 도움을 주며 살아가는 공생 생물로 강인한 생명력을 가지고 있는 균류다. 생명체가 살기 어려울 정도로 추운 겨울철 툰드라 지역의 순록들은 지의류가 중요한 먹이다. 지의류는 뜨거운 온도에서도 잘 견뎌 화장품의 천연 방부제나 자외선 차단제의 원료나 첨가제로 사용된다. 지의류는 강인하지만, 생장이 느리다. 석이가 어른의 귀만큼 자라려면 10년 이상이 걸린다고 한다. (네이버 지식백과 참조)

18. 온반

빈대떡

거피 녹두 2컵에 불린 찹쌀 1/4컵을 넣고 거칠게 간 다음 7~8g 정도의 소금을 넣고 간을 맞추고 팬에 기름을 두르고 부치다가 송송 썰어서 참 기름으로 무친 김치와 잘게 썰어서 양념한 고사리와 쪽파를 올려서 앞 뒤로 지진다.

육수

물에 황기를 넣은 뒤 중불에서 30분 정도 끓이다가 약불로 낮춘 후 청장 을 넣고 2시간 정도 더 끓인 뒤 식으면 다시마를 넣고 맛이 우러나면 다 시마는 뺀다. 다시마는 온반의 고명으로 활용해도 좋다.

불린 쌀 180g

황기 물 190g

청장 1T

빈대떡 2장

표고버섯 70g

느타리버섯 70g

목이버섯 40g

후추 조금

지단채 30g

온반 짓는 방법

황기를 우려낸 물로 밥물을 잡아서 밥을 짓다가 뜸이 들 때 청장을 넣어서 잘 섞은 후 완성하여 그릇에 밥을 담고 빈대떡을 올린 다음 빈대떡 위에 표고, 느타리, 목이버섯 나물과 달걀지단을 올린 뒤 육수를 부어 먹는다.

온반은 밥에 육수를 부어 따뜻하게 먹는 고상한 장국밥이다. 온반은 육수, 빈대떡, 채소 등의 맛이 조화를 잘 이루고 있어야 하지만 온반의 맛을 결정하는 것은 밥이다. 온반을 만드는 밥은 질어도 안 되고 밥알이 물러서도 안 된다. 온반에 적합한 쌀 품종을 선택하는 것에서 온반 만들기가 시작된다. 쌀이 육수 속에서도 자기의 모습을 잃지 않으면서 육수의 맛을 흡수해야 하므로 온반에 적합한 쌀은 쌀알이 크고 단단하며 적당한 찰기가 있는 묵은쌀이 좋다. 황기 물로 밥물을 잡고 밥을 짓다가 뜸이 들 무렵, 청장을 조금 넣고 주걱으로 밥을 뒤적여 주었다.

온반에 올리는 빈대떡에는 황기밥과 녹두의 맛을 살리기 위해 고기를 넣지 않았다. 꿩이나 닭고기 대신, 지진 두부를 고명으로 사용하였다. 온반은 담는 방법이 중요한데 중앙에 빈대떡을 두고 나물을 돌려 담거나 빈대떡 위에 나물과 달걀지단을 올리기도 하지만 육수를 고명이 닿지 않을 정도로만 부어야 한다는 것은 같다. 황기 온반도 좋지만 녹차 온반, 치자 온반 등 밥에 색을 들인 온반도 좋을 것 같다. 지금이야 감동이 덜하지만 춥고 배고프지 않게 하는 음식으로는 온반이 으뜸이라는 생각이 든다.

* 온반은 북쪽 지방에서 즐겨 먹는 음식으로 밥 위에 고기, 나물, 전, 국물이 한 번에 들어가 있다. 나박김치와 함께 먹는다.
* 황기가 약용으로 사용된 역사는 2천 년 이상으로 길다. 황기는 만성피로, 식욕부진, 기력저하 등에 좋은 효과를 보인다. 황기는 순하고 독성이 없으며 노약자나 어린이도 먹을 수 있어 밥물로 적당하다.

19. 풋배추콩가루버무리밥

풋배추콩가루버무리밥 만드는 방법
풋배추를 씻어 물기를 뺀 다음 콩가루를 뿌린 뒤 대략 털고 밥이 한창
끓을 때 넣는다. 밥이 다 되면 밥과 잘 섞어 양념장에 비벼 먹는다.

채소에 곡물 가루를 버무려 찐 뒤 나물처럼 무쳐도 좋고, 떡을 쪄 먹거
나 국을 끓여도 된다. 그냥 채소만 넣었을 때와는 다른 깊고 구수한 풍미
가 배어난다. 마치 옷을 갖춰 입은 사람처럼, 채소도 흰 밀가루를 입으면
희고 단정한 옷차림이 되고, 누런 콩가루를 입으면 구수한 향이 깃든 누
런 옷이 된다.

풋배추콩가루
버무리밥 재료

쌀 250g
풋배추 140g
콩가루 50g
물 375g

봄과 가을, 햇볕이 좋은 날에는 해조류나 채소에 가루즙을 입혀 말린 뒤 기름에 바삭하게 튀겨 부각을 만든다. 이는 채소에 부족하기 쉬운 단백질과 지방을 보충하는 지혜로운 방식이다. 얇고 여린 채소도 곡물 가루라는 옷을 입고 나면 무게감과 맛이 달라진다. 가벼운 것이 묵직해지고, 낯익은 채소도 새롭게 느껴진다.

봄에는 냉이나 달래 같은 새순이, 여름엔 텃밭에서 손쉽게 구할 수 있는 상추, 연한 호박잎, 들깻잎, 콩잎이, 가을엔 풋배추가 좋고, 겨울이면 말린 시래기로 계절을 담는다. 이렇게 사철 채소에 곡물 가루를 입혀 만든 콩가루버무리밥은 언제든 지어 먹을 수 있는 한 끼이자 시절을 품은 별미밥이다.

요즘은 곡물 가공 기술이 발달해 옥수숫가루·율무가루·연근 가루·조가루·수수 가루·뚱딴지 가루처럼 다양한 가루를 쉽게 구할 수 있다. 냉장고 속 채소에 솔솔 뿌려 가볍게 버무린 뒤, 열정적으로 끓고 있는 밥 위에 얹어보자. 그 순간, 단순한 밥이 깊고 구수한 향을 품은 보물로 바뀐다.

풋배추에 콩가루를 입혀 지은 밥은 콩가루의 고소함이 풋배추의 거친 향과 맛을 다독이고, 쌀밥과 절묘하게 어우러져 산뜻하면서도 깊은 맛이 완성되었다. 그냥 양념장에 비벼 먹어도 좋지만, 풋배추 잎에 밥을 싸서 양념장에 찍어 먹으면 눈을 흘기지 않아도 먹을 수 있다. 누구라도 기꺼이 숟가락을 들게 되는 맛이다.

주먹밥 만드는 방법

멥쌀과 찹쌀을 따로 깨끗이 씻어 멥쌀은 50분, 찹쌀은 15분간 담근 뒤 마른 불림을 1시간 정도 한 후 동량의 물과 식용유를 붓고 밥을 한다. 뜨거운 밥을 소금으로 간을 한 뒤 한 김 식으면 손에 소금물을 바르고 원하는 모양과 크기로 만들어 푸른콩가루, 흑임자 가루, 깻가루, 김 가루에 굴려서 옷을 입힌다.

주먹밥 재료

주먹밥용 밥 385g
찹쌀 15g
소금 7g
설탕을 넣은
푸른콩가루 30g
소금을 넣은
흑임자 가루 30g
소금을 넣은
깻가루 30g
구워서 간장으로
무친 김 가루 26g

여인들은 솥을 걸고 밥을 했다. 소금물에 손을 담근 뒤 뜨거운 밥을 이손 저 손으로 옮겨가며 둥근 주먹밥을 만들었다. 전쟁터를 향하여 행군하는 군인들에게 바구니나 앞치마에 담은 주먹밥을 나누어 주며 "살아서 돌아와라!", "이기고 돌아오라!"라고 외쳤다. 주먹밥을 받은 군인들은 눈에는 결기가 넘쳤다. 전쟁 영화 속에 나오던 주먹밥이다. 난리통이라 소금 간만 한 주먹밥이었다고 한다. 본격적인 전투가 시작되면 주먹밥이나마 먹을 수 없었을 것이다.

지금은 갖은 고기와 채소를 넣어 알록달록 화려한 옷을 입은 주먹밥을 만들어 먹어도 여전히 주먹밥은 여행, 피난, 전쟁을 상징하는 비상용 밥으로 인식되고 있다. 아마도 영화 속 주먹밥에 대한 기억이 강렬한 탓인 것 같다.

주먹밥은 넣는 재료에 따라서 간단한 밥일 수 있고 손이 많이 가는 밥일 수 있다. 이번 주먹밥은 냉장고에 있는 재료를 활용하여 간단하게 만들어 보기로 한다. 전쟁통에 먹었던 주먹밥처럼 소금으로만 간을 하기로 하였다. 밥과 소금의 간결한 맛에 집중하기 위해 참기름은 넣지 않았다. 주먹밥을 하는 밥은 질지도 되지도 않고 촉촉해야 잘 뭉쳐지고 맛이 있다. 갈색, 녹색, 검은색의 주먹밥이 요란하지 않은 것이 더 주먹밥이란 이름에 어울리는 주먹밥이다. 밥 안에 장아찌, 멸치조림, 콩자반 등의 반찬을 넣어 주먹보다 작게 만드는데 쥐기만 한다 하여 쥐기밥이라고 한다.

닭알밥 짓는 방법

쌀을 씻어서 30분을 물에 불린 다음 마른 불림을 30분 한 쌀로 밥을 짓
다가 뜸의 마지막 단계에서 주걱으로 밥을 살살 헤친 뒤 달걀을 깨뜨려
넣고 밥을 다시 덮어준 다음 뚜껑을 덮고 2분 뒤에 퍼서 장조림 간장과
참기름을 넣고 비벼 먹는다.

닭알밥 재료

불린 쌀 120g

달걀 1개

장조림 간장(간장) 1T

참기름 1T

물 195g

닭알밥 짓는 방법

이 세상에서 가장 간단하지만 가장 맛있는 음식이 어린 시절 자주 먹던 날달걀밥이다. 지금도 가끔 달걀밥을 먹는다. 엄마는 금방 갓 지은 뜨거운 김이 나는 밥을 내 밥그릇에 반 주걱 담는다. 옆에 준비해 두었던 달걀을 토~ 톡~ 깨뜨려 밥 위에 얹고 다시 밥 반 주걱을 그 계란 위에 덮은 뒤 밥뚜껑을 덮어 잠시 둔다. 밥뚜껑을 열고 수저로 밥을 살살 헤치면 달걀이 보름달처럼 노란 얼굴을 내민다. 달걀을 좀 더 익혀서 먹고 싶으면 밥 속에 좀 더 두면 된다. 달걀을 밥과 함께 뒤섞은 뒤 장조림 간장과 참기름을 넣어 비벼준다. 부드러움과 고소함의 진수를 담은 그 밥이 너무 맛있어 뚝딱 한 그릇을 먹곤 하였다. 달걀밥은 약간 질척해야 목에 감기듯 부드럽게 넘어가서 맛이 있다. 요즘엔 달걀의 위생이 걱정되어 밥이 뜸 들 때 밥을 살살 헤친 다음 달걀을 깨서 넣었다. 엄마가 해주던 달걀밥보다 좀 더 익혀서 생긴 퍽퍽함은 참기름이 해결한다. 장조림 간장도 좋지만 가끔은 약고추장을 넣어 비벼 먹기도 한다. 갓 지은 밥에서 나오는 에너지를 이용해서 만든 완벽한 밥이다. 단순함이 맛있다.

〈정조지〉의 조리법과 식재료를 활용한 밥

〈정조지〉 권2 취류지류 밥 편에 소개된 내용을 바탕으로, 취류지류 죽(鬻) 편, 권4 교여지류 자잡채(煮煠菜) 편, 엄장채(醃藏菜) 편 등의 조리 방법과 식재료를 응용하여 현대인의 입맛과 건강을 동시에 고려한 건강 밥을 지어보았다. 전통의 지혜를 현대적인 감각으로 재해석함으로써, 바쁜 일상 속에서도 건강을 챙길 수 있는 균형 잡힌 밥의 가능성을 제안하였다.

버들벼 150g, 물 230g

진주반 짓는 방법
버들벼를 맑은 물이 나올 때까지 깨끗이 씻은 다음 40분 정도 물에 불린 뒤 마른 불림을 30분 한 후 무쇠솥에 넣고 밥을 짓는다.

조와 국화꽃으로 〈정조지〉 속의 '금반'을 지으면서 흰쌀밥이라는 정직한 이름 대신 은반이라 이름을 지었다. 금반이 노란 국화를 넣었으므로 흰색 꽃을 넣어 은반을 지을까도 생각했으나 토종 쌀로만 은반을 짓기로 한다. 우리가 가장 좋아하는 쌀로 밥을 짓는 방법은 쌀의 품종, 열원, 도구, 짓는 사람에 따라 달라질 뿐 아니라 사람마다 좋아하는 밥맛이 달라,

하나로 규정짓기가 어렵다. 은반은 서유구 선생의 밥 짓기를 모범 사례로 하여 밥을 지었다. 은반을 짓고 나서 밥을 들여다보니 아무래도 은보다는 우아한 진주에 가깝다. '은반'을 '진주반'이라고 개명하고 싶은 마음이 모락모락 피어오른다. 누구나 은보다 금을 더 좋아하고 금과 태생이 달라 근본적으로 비교가 불가한 진주반으로 이름을 교체한다. 조선 시대의 쌀의 도정 상태는 지금과 비교하면 7분 도미 정도가 되었다고 하므로 약간 진주색이 나고 빛깔도 맞는 것 같다. 또한 진주는 눈물을 상징하므로 눈물겨운 밥의 역사와도 진주가 맞다. 진주반은 우리 토종 쌀 중 밥맛이 깊고 진한 버들벼로 지었다. '쌀의 민족' 답게 우리의 토종 쌀 중 내 입맛에 맞는 쌀을 선택해서 나만의 진주반을 갖는 것도 새로운 음식 문화 트렌드가 되었으면 좋겠다. 당신의 진주반은?

피쌀밥

피쌀 200g, 물 305g

피쌀밥 짓는 방법

피를 고운 체망에 넣고 체망보다 큰 그릇에 물을 담고 피가 담긴 체망을
담가서 가볍게 흔들어 씻기를 반복한 다음 밥을 짓는다.

피는 아담한 벼들 사이에서 껑충 솟아 있어 눈에 띈다. 마치 벼들과 같이
있는 것이 답답하다는 듯 고개를 쑥 빼고 있어 반항아처럼 보인다. 피는

뽑아버려야 하는 잡초가 되었지만, 예전에는 피를 직(稷)이라 하여 오곡(五穀) 중 하나로 꼽기도 하였다. 오곡은 우리가 주식으로 하는 다섯 가지 곡물을 말하는데 오곡의 종류가 시대에 따라 조금씩 달랐다. 오곡을 꼽는 이유는 다섯 곡물을 먹음으로써 건강과 장수를 도모한다는 오행(五行) 사상으로 인해서다.

서유구 선생은 〈정조지〉 권1 식감촬요(食鑑撮要)에서 물 다음으로 오곡을 논하는데 오곡은 하늘이 내준 것으로 사람의 생사를 관장한다며 오곡의 중요성을 말하였다. 지금은 쌀밥을 주로 먹기 때문에 오곡이 아니라 삼곡(三穀)을 꼽기도 어렵다.

7~8년 전 피죽을 끓여서 먹었는데 고소하여 의외로 맛이 있었다. 쌀과 섞어 밥을 지었는데 조나 수수보다 훨씬 더 맛이 좋았다. '뽑아서 없애야 하는 피'에서 '맛 좋은 피'로 나의 생각은 바뀌었다. 피로 만들어 보고 싶은 음식이 너무 많았지만 시간이 허락하지 않았다. 5년 뒤, 피를 구매하러 갔는데 피가 없다. 사는 사람이 없어 농사를 짓지 않게 되었다고 한다. 이제 피 농사를 짓는 사람이 없다고 시름에 잠겨 있던 중 우연히 피 농사를 짓는다는 농부를 만나 피를 구했다. 그때의 피는 짙은 갈색이었는데… 이 피는 올벼처럼 노르스름하여 피에 여러 품종이 있었으며 피가 오곡으로 대접받았다는 것이 이해가 되었다. 피로만 밥을 지었다. 아주 부드러울 뿐 아니라 조보다 구수하다. 피밥을 즐겨 먹어야 농부도 신이 나서 계속 피 농사를 지을 텐데… 피밥이 맛있는 것도 잠깐, 내년에는 피를 구하지 못할까 하는 걱정이 앞선다.

백
합
밥

불린 쌀 180g, 물 195g, 백합 뿌리 65g

백합밥 짓는 방법

백합의 뿌리를 깨끗이 씻어서 팬에 기름을 두르지 않고 뚜껑을 닫아서
구운 다음 비늘을 하나씩 가른 뒤 쌀과 함께 섞어서 밥을 짓는다.

시선을 사로잡는 화려함과 함께 진한 향기를 겸비한 백합(百合)은 순우
리말로 '나리'라고 한다. 백합의 '백' 자를 흰 '백(白)' 자로 착각하는데 백
합의 백 자는 일백 '백(百)' 자이다. '백(百)' 자인 이유는 백합의 알뿌리[球
根, 구근]가 수많은 비늘줄기[鱗片, 인편]가 모여서 이루어졌다고 하여 일
백 백(百) 자와 모일 합(合) 자를 쓴다. 백합이란 이름은 꽃이 아니라 뿌리
에서 유래되었음을 알 수 있다. 서해의 갯벌에서 나는 백합(白蛤)은 흰 백
(白)으로 속살이 희어서 백합(白蛤)이다. 백합의 뿌리 모양이 마늘을 닮

았고 맛은 마와 비슷하여 '산뇌서(蒜腦薯)'라고도 하며 꽃, 잎, 뿌리가 사방으로 자라서 강구(强瞿)라고도 한다. 백합의 화려함과 진한 향기로 인해 백합에 독이 있을 것 같지만, 백합은 고구마나 감자처럼 구워 먹거나 간장에 졸여 먹는 식재료다.

백합 뿌리에는 녹말, 사포닌(saponin), 플라보노이드(flavonoid) 성분이 있어 진액을 만들고 폐를 윤택하게 하여 예로부터 허약 체질을 개선하는 약재로 쓰였다. 서양에서도 백합은 약용 식물로 사랑을 받았는데 그리스(Greece)에서는 부인병의 약으로, 슬로바키아(Slovakia)에서는 백합 뿌리를 삶아서 진통제로 사용하였다.

백합은 흰색 이외에도 황색, 분홍색, 주황색, 검은색 등이 있으며 모두 약용할 수 있다. 백합은 말려서 차로 달여 먹거나 구워서 감자처럼 먹기도 하였다. 백합밥을 지을 때는 말린 백합으로 짓는 것도 좋지만,《조선무쌍신식요리제법》의 밤밥처럼 통으로 구워서 인편을 하나씩 떼어 낸 다음 쌀과 섞어 짓는 백합밥이 훨씬 더 맛이 좋다. 땅속이 아니라 밥솥에서 나온 백합은 생으로는 마늘과 양파의 맛을 섞은 샬롯과 식감과 맛이 비슷하였으나, 구운 탓인지 감자와 토란, 마를 합한 듯한데 조금 알싸한 정도다. 백합밥은 우리의 사라져 가는 식재를 밥에 담았다는 것으로 그 의미가 있다.

백합

백합에는 수용성, 불용성 식이섬유가 풍부하여 변비를 예방하고 정장 작용을 한다. 콜레스테롤을 낮추고 혈당을 억제하여 성인병 예방에 좋다. 백합은 짜증과 초조를 달래주어 정신안정과 숙면에 효과가 있으며 자율신경 실조증에도 좋다. 양질의 전분과 함께 단백질도 감자의 2배로 높다. 백합 뿌리는 한 조각씩 벗겨 갈색 부분을 제거하고 삶아서 먹거나 오븐에 넣고 구운 다음 뜨거운 버터로 샤워를 시킨 뒤 먹기도 한다.

참
외
밥

멥쌀 200g, 참외 1개, 물 385g

참외밥 만드는 방법

참외의 노란 껍질을 약간 남겨서 깎은 뒤 속을 빼내고 쌀뜨물에 삶아 반은 즙을 내고 반은 작은 깍두기처럼 썰어 둔다. 참외 물로 밥물을 잡은 뒤 밥을 짓다가 밥이 끓으면 참외를 넣고 뜸을 들여 밥을 완성한다.

참외는 여름을 대표하는 우리의 과채류이자 양식이었다. 보릿고개를 겨우겨우 버티고 나도 배고프기는 여전하였다. 이때 부족한 밥을 대신하여 참외를 먹었는데, 참외 철에는 밥 대신 참외를 먹어서 쌀값이 떨어질 정도로 참외를 좋아하였다. 참외의 '참'은 허름하지 않고 썩 좋은 뜻을 지니고 있고 '외'는 오이를 뜻한다. 예전에는 오이를 '외', '물외'라고 불러 참외와 구분하였다. 여름에 갈증을 제거하고 더위를 쫓는 데 참외만 한 과일이 없다. 참외의 매력은 뭐니 뭐니 해도 담백한 단맛과 아삭한 식감이다. 참외처럼 뛰어난 향미를 지닌 딸기와 복숭아가 매무새 좋은 도시의 여인이라면, 참외는 마음씨 고운 순박한 시골 아낙네 같다. 멜론의 등장으로 참외의 인기가 시들하다가 참외의 아삭아삭한 식감을 부드럽고 무른 멜론이 대신하기엔 역부족이라 참외가 위상을 회복하였다. 참외는 과일인지 채소인지 헷갈리는데, 참외로 장아찌나 김치를 담그면 단맛도 사라지고 오이와 별다를 것이 없기 때문이다.

우리에게 밥이었던 참외로 밥을 지었다. 찹쌀로 지어도 멥쌀로 지어도 좋고 무처럼 채를 썰어도 좋고 깍둑썰기를 해서 밥을 지어도 좋다. 찬밥이 있다면 계란과 양파 등의 채소를 넣은 참외 볶음밥에 참외 샐러드를 곁들이면 꿈속에서라도 보고 싶다던 쌀밥을 밀어내고 참외를 먹었던 선인의 후손으로 부족함이 없을 것이다. 참외를 넣은 비빔밥도 좋다. 참외가 들어간 음식은 향기롭고 열량이 100g당 30kcal 정도로 낮아 다이어트에 도움을 준다. 먹지 않고 버리는 참외의 꼭지 부분을 달인 물로 밥물을 잡아 지으면 참외가 가진 효능을 통으로 누릴 수 있으니 꼭 한번 시도해 보기 바란다.

* 과채류는 열매를 식용하는 채소류를 통틀어 일컫는 말로 가지, 토마토, 호박, 오이, 수박 등이 있다.

✳ 참외

우리는 참외를 참으로 좋아하여 1933년 7월 23일 자 동아일보 기사에는 "경성에서 하루 먹어 없애는 참외 중 금과는 약 만 접이고 수박이 만 개가량 팔린다"라고 하였다. 한 접이 100개이므로 어림잡아도 경성 사람이 먹은 참외가 어마어마한 양이었음을 알 수 있다. 토종 참외는 중국이나 일본 어느 나라에도 없는 과채류다. 참외가 《고려도경(高麗圖經)》에 그 이름이 보이는 것으로 보아 고려시대부터 참외를 즐겨 먹었을 것으로 짐작된다. 허균의 《도문대작(屠門大嚼)》에는 "참외는 의주(義州)에서 나는 것이 좋다. 작으면서도 씨가 적은데 매우 달다."라고 하였다.
허균과 동시대를 산 이응희(1579~1651)는

참외라는 이름에서 '참'의 의미는
내 그 이치를 궁리하여 알 수 있다네.
짧은 놈은 당종(唐種)이라 부르고
긴 놈은 수통이라 부른다지.
갈라놓으면 금빛 씨가 흩어지고
잘라 놓으면 꿀 같은 살이 가득해
품격이 흔연히 이와 같으니
수박이란 말과 같이 간다네.

라는 시를 남겨 우리와 친근하여 수더분하고 소박한 참외의 또 다른 모습을 발견하게 한다.
일제 강점기에 나오던 잡지 《별건곤(別乾坤)》에는 알록달록한 개구리참외,

겉이 노란 꾀꼬리참외, 색깔이 검은 먹통 참외, 속이 빨간 감참외, 모양이 길쭉한 술통 참외, 배꼽이 쑥 나온 배꼽참외, 유난히 둥그런 수박 참외 등이 소개돼 지금과는 비교도 할 수 없을 만큼의 다양한 참외가 있었으니 가히 '참외 왕국'이라 불릴 만 했다.

참외는 90%가 수분이므로 여름철 수분 공급에 좋고 비타민 C가 풍부해서 피로 해소에 도움이 된다. 또한 참외의 씨앗이 붙은 태좌에 엽산이 풍부해서 빈혈이나 산모에게 좋다.

《본초강목(本草綱目)》에는 "참외는 갈증을 멎게 하고 번열을 없애며 오줌을 잘 나가게 한다. 참외 꼭지는 황달을 치료하며 여러 가지 음식을 지나치게 먹고 체했을 때 토나 설사하게 한다"라고 했다. 《동의보감(東醫寶鑑)》에는 "참외가 진해거담(鎭咳祛痰) 작용을 하고, 풍담(風痰), 황달, 이뇨에도 효과가 있다"라고 되어 있다. 또한 과채(瓜菜)라고 불리는 참외의 꼭지를 넣고 참외 차를 끓여서 마시면 피부염과 이뇨 작용에 효과가 있다. 참외 꼭지에 함유된 쿠쿠르비타신(cucurbitacin)이 항암 작용과 간기능 향상, 혈액순환에 도움을 준다는 것이 밝혀졌다.

-우리문화편지에 실린 김영조 소장의 글 참고-

* 《별건곤(別乾坤)》은 1926년 개벽사(開闢社)에서 취미와 가벼운 읽을거리를 위하여 창간한 잡지로 언론 잡지인 《개벽》의 뒤를 이었다.
* 쿠쿠르비타신(cucurbitacin)은 박과 식물 특유의 스테로이드의 일종으로 쓴맛이 난다. 오이, 멜론, 참외, 수박 등의 설익은 부분에 포함되어 있다. 쿠쿠르비타신은 최근 연구에서 암세포 억제, 간세포에서의 해독 작용 등의 긍정적인 생리 활성 물질로 재평가받고 있다.

삼취반

삼취반 재료

불린 쌀 300g, 물 320g, 구기자 잎 50g, 어린 죽순 40g, 작은 표고버섯 5개

삼취반 짓는 방법

구기자 잎과 죽순, 표고버섯은 손질하여 먹기 좋은 크기로 자른 뒤 뜨거운 물에 살짝 데쳐서 기름에 살짝 볶은 후 표고버섯은 밥을 지을 때 같이 넣고 구기자 잎과 죽순은 밥이 끓기 시작하면 넣는다.

삼취반 재료

〈정조지〉교여지류 자잡채(煮煠菜) 편에 3가지 부드러운 재료를 넣어 끓인 삼취갱(三脆羹)이 소개된다. 어린 죽순과 작은 표고버섯, 구기자 나물을 기름에 볶아 국을 끓이는데, 후추를 더하면 좋다. 조밀부(趙密夫)가 이 국을 좋아하여, 삼취갱의 재료를 얹은 떡국을 끓여 부모님을 봉양했는데, 이를 '삼취면(三脆麪)'이라고 한다.

삼취(三脆)의 '취(脆)'는 연하다는 뜻으로 어리고 연한 세 가지 나물을 말한다. 이를 응용하여 세 가지의 다른 나물로 구성된 삼취반(三脆飯)을 해도 무방할 것 같다. 구기자는 동양권뿐 아니라 전 세계적으로 인정받고 있는 자양 강장 식품이다. 구기자 새순은 차, 녹즙으로 이용하거나 나물로 먹는다. 몇 년 전 건강 밥이라 맛에 대한 기대는 접고 구기자 잎을 넣어 밥을 지었다. 쌉쌀하면서도 감칠맛이 나는 묘한 구기자밥의 매력에 사람들이 큰 감동을 받았다. 중국 황실에서 구기자 나물을 애용했다는 것이 이해되었다. 이때의 놀람이 삼취반을 짓게 하는 동력이 되었다. 고기의 식감을 대신하며 육수와 고명, 졸임으로 널리 쓰이는 표고버섯은 식재료계의 팔방미인으로 뛰어난 효능은 누구나 잘 알고 있다. 마지막으로 죽순은 태생적으로 대나무의 자식이므로 색도 곱고 모양새도 독특하여 음식의 품격을 올려주지만 향 때문에 싫어하는 사람이 많은 것 같다. 죽순을 다른 재료로 대체할까 고민하다가 자른 죽순의 개성 넘치는 모습이 아른거려서 죽순으로 정한다. 완성된 삼취반은 향기도 맛도 멋져서 우리 밥이 가진 무궁무진한 가치를 조금이나마 느끼게 된다.

건강한 밥을 원한다면 단연 삼취반을 추천한다. 삼취반을 먹다 보면 죽순과 친해질 것 같다. 표고버섯과 죽순, 구기자 잎의 향과 맛이 강해 담백한 인디카 쌀로 삼취반을 지었다.

산사 현미밥

불린 현미쌀 180g, 말린 산사 10개, 산사 우린 물 200g, 산사주 20g

산사 현미밥 짓는 방법

현미를 씻은 뒤 현미밥을 지을 때 필요한 양의 물을 계량하여 물에 담그
는데 마른 산사를 넣고 함께 2시간을 불린다. 물에서 산사를 건진 뒤 물
과 현미를 넣고 밥을 짓는데 뜸이 들 때 산사를 넣는다.

현미밥이 몸에 좋은 것은 알지만 소화가 잘되지 않아 꺼려진다는 사람들이 많다. 소화기가 약하고 몸이 마른 사람들은 가급적 현미밥을 먹지 말라고 한다. 요즘은 압력밥솥이 있어 부드러운 현미밥을 먹을 수 있지만 취사 시간이 길어져 여전히 현미밥 짓기가 부담스럽다. 압력밥솥을 쓰지 않으면 현미를 물에 불렸다가 밥을 해야 하므로 바쁜 현대인들이 현미밥을 지어 먹기가 번거롭다. 〈정조지〉에서는 산사를 고기의 연육제로 쓰거나 소화를 돕는 과자로 먹는다. 현미밥을 부드럽게 한다는 소주를 넣은 밥도 좋지만, 산사가 들어간 술에 산사 즙을 더하여 현미밥을 지어본다. 산사는 현미의 유효 성분이 우리 몸에 잘 흡수될 수 있도록 돕고 막힌 위장을 열어주어 소화를 촉진하고 순환기 장애에 도움을 줄 뿐만 아니라 우울증에도 효능이 있다고 한다. 우리가 산사 현미밥을 많이 먹어야 하는 이유다.

토란
물쑥밥

토란 물쑥밥 재료

불린 쌀 200g, 작은 토란 12개, 물쑥 한 줌, 물 210g

토란 물쑥밥 짓는 방법

작은 토란은 식초 물에 10분 정도 담근 뒤 살짝 삶아서 팬에 기름을 두
르고 노릇해질 때까지 볶은 다음 밥이 끓을 때 넣고 물쑥은 밥이 뜸이
다 들 무렵 넣는다.

토란(土卵)은 '땅의 알'이란 뜻이고 토란의 또 다른 이름 토련(土蓮)은 토란 잎이 연잎을 닮아서 얻은 이름이다.

토란은 특별한 맛은 없지만, 식감이 졸깃하고 부드러워 먹기에 좋다. 반면 매끌거리는 식감과 흙 향기로 호불호가 갈린다. 〈정조지〉에는 토란을 쌀과 함께 섞어 만든 떡인 우병(芋餠)이 등장하여 토란이 많이 쓰였다는 것을 알게 된다.

토란은 주성분인 녹말이 저항성 녹말을 함유하고 있어 음식물의 소화를 늦추고 흡수는 낮추어 혈당과 체중 관리에 유익하다. 저항성 녹말이 토란의 식이섬유소와 함께 장내 세균에 의해 발효되어 장 건강을 도와준다.

물쑥은 〈정조지〉에 누호(蔞蒿)라는 이름으로 등장하는데 물가에서 자라므로 참쑥보다 부드럽고 향기도 은은하여 밥에 잘 어울린다. 감자밥처럼 토란밥을 지어 먹는 것만으로도 건강한 삶으로 방향키를 돌리는 일이라 생각된다. 무덤덤한 토란의 맛에 말쑥한 물쑥의 향기가 더해진 진미 밥이 되었다.

tip.

물쑥은 생명력이 강해 겨울에도 잘 죽지 않지만 구하기가 어렵다. 꼭 물쑥이 아니더라도 식감을 돋우는 머윗잎, 쑥갓, 부추, 달래, 냉이, 민들레, 취, 곤드레 등 어떤 나물을 넣어도 좋다.

토란은 공처럼 둥근 토란과 갸름한 토란이 있는데 둥근 토란은 맛이 찰지고 포근하며 갸름한 토란은 아삭하고 수분이 많다.

토란으로 차린 하와이 식탁

토란은 카리브해 연안과 아프리카 등 따뜻한 지역에서 수프를 끓여 먹는 정도지만 하와이를 비롯한 폴리네시아에서는 주식으로 먹는다. 굽거나 쪄서 익힌 토란을 으깨서 물에 섞은 요리인 포이(Poi)는 시간이 흐를수록 단맛이 발효되며 신맛이 형성된다.

라우 라우(Rau rau)는 하와이 소금으로 양념한 돼지 목살을 부드러운 토란 잎으로 여러 겹 싸서 찐 음식이고 오징어 루아우는 코코넛밀크로 익힌 토란 잎에 문어나 오징어를 잘게 잘라 넣은 요리이며 쿠로로(Kuroro)는 토란에 코코넛밀크와 흑설탕을 넣어 만든 하와이안 디저트다. 코코넛 아이스크림과 함께 먹으면 좋다.

해당화꽃 상추밥

쌀 200g, 물 300g, 해당화 꽃잎 6개, 상추 4장

해당화꽃 상추밥 짓는 방법

깨끗이 씻어서 불린 쌀에 물을 넣고 밥을 짓다가 밥이 끓기 시작하면 해당화꽃과 상추를 같이 넣어서 밥을 완성한다.

〈정조지〉에는 해당화 상추 뿌리라는 김치가 있다. 쌉쓸한 상추 뿌리에 해당화 가 더해진 해당화 상추 뿌리 김치는 어둑하고 깊어서 고대의 신비로움까지 느껴 진다. 지금은 상추가 고기와 단짝으로 날로 많이 먹지만 예전에는 살짝 데쳐서 나물로 즐겨 먹었다. 상추를 데치면 의외의 고급스러운 향기가 난다는 것에 조 금은 놀란다. 상추가 잠을 잘 오게 하므로 예민한 성정을 지닌 사람들은 상추를 저녁상에 즐겨 올렸고 시험을 앞둔 사람에게는 상추를 먹이지 않았다. 해당화 꽃은 장미보다 곱고 장미의 향기보다 우아하고 섬세하지만 날카로운 가시가 있어 접근이 쉽지 않다. 상추밥은 상추를 날로 먹을 때는 몰랐던 상추의 매력을 알게 할 뿐 아니라 같이 오른 해당화의 향기와 어우러진 해당화꽃 상추밥의 아름다움에 모처럼 기분이 들뜬다. 해당화꽃 상추밥은 칼로리가 낮을 뿐 아니라 해당화꽃의 약성도 누릴 수 있어 특히 여자들에게 좋은 밥이다. '해당화꽃 상추밥'으로 할지 '상추 해당화밥'으로 부를지 고민하다가 '화룡정점(畵龍點睛)'인 해당화를 앞에 두기로 한다. 해당화꽃은 향기가 진하고 오래가므로 조금만 넣어도 그윽한 밥을 얻을 수 있다. 자신의 취향에 따라 꽃 양은 조절하면 된다.

해당화
'매괴(玫瑰)'라고도 부르는 해당화는 꽃과 향기가 아름답기로 유명하다. 꽃은 향수와 약재로 이용되며 해변의 모래밭이나 산기슭에서 자란다. 맛은 달고 약간 쓰며, 약성은 따뜻하다. 해당화 뿌리는 오랫동안 민간에서 당뇨병 치료제로 사용되었다. 해당화 열매는 혈당 수치를 조절해 주고 인슐린(insulin) 분비를 활성화하는 키나아제(kinase) 효소 활성화에 도움을 주며 어혈을 풀어주어 혈액순환 개선에 도움을 준다. 또한 해독 작용이 있어 간 손상을 최소화하며, 노폐물 및 독소 배출에 도움을 준다. 또한 해당화 열매 속의 카테킨 성분이 콜레스테롤을 조절하고 암세포의 전이를 억제한다.

대추 홍반

대추 홍반 재료

불린 쌀 200g, 대추 물 205g

대추 홍반 짓는 법

마른 대추를 칼집을 넣은 다음 찬물에 넣고 대추살이 물러질 때까지 삶은 후 면 보자기에 넣어서 거르고 거른 물로 밥물을 잡아서 밥을 짓는다.

불린 쌀 200g, 대추 물 205g

팥도 붉은색을 내지만 대추도 붉은색을 낸다. 같은 붉은 계열이지만 맛과 효능이 다르다. 그래서일까? 빙허각 이씨는 《규합총서(閨閤叢書)》의 주사의(酒食議) 편에 등장하는 팥죽에 대추를 넣어 단맛과 영양을 더하는 기지를 발휘한다. 또 약반에는 대추 물을 넣어 밥에 색을 더한다. 팥을 넣은 음식의 붉은색을 더 곱게 하는 데 대추만 한 것이 없다.

'홍반'은 팥물로 짓는데 《조선무쌍신식조리제법》에서는 팥 삶은 것을 으깨어 넣은 홍반을 짓는다. 죽 형태의 팥이 들어가므로 텁텁하여 깔끔함은 덜한 대신 맛과 영양을 갖춘 홍반이 된다. 팥은 귀신을 쫓고 액운을 막아 주는 데 제일이라는 믿음이 강하지만 사실 벽사의 효능은 대추도 뒤지지 않는다. 폐백을 할 때 액운을 물리치고 자손을 많이 두라는 의미로 대추를 던지는 것을 봐도 그렇다. 대추는 심신을 안정시키므로 마음이 강건해지면 귀신과 액운이 범접을 못하기 때문이다. 팥밥의 색을 낼 때 대추가 도움을 주는 것처럼 대추 홍반을 지을 때 팥물의 도움을 받아도 좋다.

tip.
대추 홍반은 대추를 삶아서 거른 물로 밥을 지어도 좋지만 마른 대추살에 물을 넣고 갈아서 밥을 지으면 적은 양의 대추로도 깊은 진한 맛의 대추 홍반을 지을 수 있다.

하추 매실밥

불린 쌀 200g, 물 240g, 마른 민어 1/2마리, 매실절임 5~6개

하추 매실밥 짓는 방법

마른 민어를 불에 살짝 구운 뒤 손으로 뜯어서 참기름과 간장으로 양념을 하고 매실절임의 씨를 제거해서 칼로 굵게 다진 다음 밥이 끓을 때 함께 넣고 뜸을 들여 밥을 완성한다.

마른 민어를 사러 갔는데 요즘은 살이 두꺼운 민어를 말리기가 힘들어 반건조한 민어만 있다고 한다. 민어를 파는 젊은이가 민어로 밥을 하면 맛있는데 말린 민어로 해도 좋다고 한다. 반건조한 민어를 좀 더 말리면 마른 민어가 될 것 같아 사 가지고 왔다.

마른 민어로 밥을 해 본 적은 없지만 〈정조지〉의 '하추죽'이 떠올랐기 때문이다. 말린 생선에는 쫄깃함과 고소함이 있고 풍성한 질감과 씹는 맛이 갖추어졌다. 마른 민어를 두드려 뜯은 다음 살짝 구워서 맛과 향미를 입힌 뒤 양념을 하여 두었다. 민어 하추와 함께할 식재료를 찾느라 두리번거리는데 올봄에 담아 둔 소금에 절인 매실이 눈에 띈다. 소금에 절였지만, 매실의 신맛과 어우러지면서 짠맛보다는 신맛이 강렬하게 느껴진다. 매실은 작게 다져서 시고 짠 맛이 두드러지지 않도록 조절하였다. 한 번도 시도한 적이 없는 식재료의 조합이라 걱정이 된다. 단맛과 신맛, 신맛과 매운맛의 조화는 익숙하지만 신맛과 짠맛 그리고 거기에 건어와 익힌 매실절임이라니? 그것도 밥 속에서 말이다.

유채꽃밥 재료

불린 쌀 170g, 유채 꽃줄기 150g, 물 190g, 바지락 10개

유채꽃밥 짓는 방법

꽃봉오리가 피지 않은 유채의 꽃줄기를 따서 가볍게 씻은 뒤 소금물에
잠깐 데치고 해감을 한 바지락, 불린 쌀을 유채 데친 줄기와 함께 넣고
밥을 짓는다.

유채는 야생 배추와 양배추의 자연 교잡종이다. 유채를 순우리말로는 '평지', '가랏나물', '겨울초'로 부른다. 유채의 잎은 나물이나 쌈으로 먹고 씨앗은 기름을 짜는데 우리가 즐겨 먹는 '카놀라유'가 유채 기름이다. 유채꽃은 배추꽃과 비슷하여 소박하지만 몰려 피어 있으면 노란 물감을 뿌려 놓은 듯 아름답다. 유채는 예로부터 채소가 귀한 이른 봄철에 중요한 식재료였다. 유채꽃은 잎과 더불어 봄의 향취를 담아 요리하기에 좋은 시절 재료로 또 다른 기쁨을 준다. 〈정조지〉 권4 교여지류(咬茹之類)에는 유채꽃을 따서 물에 데친 다음 말려서 종이봉투에 보관하였다가 두고 먹는 쇄운대방(曬蕓薹方)이 소개되어 있다. 유채꽃에는 유채 잎에 담긴 비타민, 미네랄, 눈 건강에 좋은 베타카로틴이 더 풍부하다고 한다. 유채는 추운 곳에서 자라 면역력이 강하고 농약이나 비료를 주지 않아도 잘 자라는 것도 우리가 유채를 많이 먹어야 하는 이유다. 바닷가 마을의 유채밭을 떠올리며 유채꽃에 바지락을 더했다. 봄을 실컷 먹었다.

   * 유채는 대규모 단지에서 자란 것보다 노지에서 자란 유채를 구하여 음식을 만드는 것이 좋다.

호라복(당근)밥

호라복(당근)밥 재료

불린 쌀 180g, 물 195g, 채 썬 당근 110g, 당근 잎 30g, 참기름 15g, 들기름 15g, 소금 6g

---

호라복(당근)밥 만드는 방법

당근을 채를 썰어서 참기름, 들기름과 섞은 뒤 밥이 끓으면 당근 잎, 소금
과 함께 넣고 밥물이 잦아들면 골고루 섞어주어 완성한다.

호라복(胡蘿蔔)은 당근(唐根), 홍당(紅唐)무라고 한다. 당근(唐根)의 당(唐)은 당근이 중국에서 왔음을, 호라복(胡蘿蔔)의 호(胡)는 호초(胡椒)처럼 서역(西域)에서 유입된 음식이라는 것을 알게 한다. 원나라에서 16세기경 들어온 당근은 흰색이었는데 무에 치어서 음식에는 널리 쓰이지 못하였다. 20세기 이후에 붉은색 품종이 들어오면서 홍당무라는 이름을 얻었고 요식업에서 많이 쓰며 친하게 되었다. 음식을 만들 때 당근이 없으면 섭섭하기는 하지만 그냥 만든다. 당근이 건강에 좋다는 것은 알고 있지만, 음식 맛에 결정적인 영향을 미치지 않고 당근의 딱딱한 식감과 특유의 향기는 식재료로서 별로 매력적이지 않기 때문이다.

맛은 별로지만 당근에는 상피세포 생장과 재생을 촉진하는 베타카로틴이 풍부해 탈모나 피부 주름 완화, 시력 개선을 돕고 면역력을 높여 암 예방과 치료에 도움을 준다. 칼슘과 인은 뼈를 튼튼하게 한다. 건강에 좋은 당근이 주인공인 음식은 거의 없는 것 같다. 카레, 볶음밥, 잡채를 할 때 당근을 많이 넣는 정도다.

여러 밥을 지으면서 당근밥을 지으면 좋겠다는 생각이 들었다. 당근의 단맛이 쌀알에 스며들면 맛이 좋을 것 같았다. 당근 잎이 달린 당근을 구매하여 당근은 채를 쳐서 쌀과 거의 동량을 넣고 기름을 넣어 밥을 지었다. 미나릿과로 미나리 꽃을 닮은 당근의 꽃말은 '죽음도 아깝지 않으리'인데 호라복밥은 둘이 먹다가 하나가 죽어도 좋을 만큼 맛이 있다. 단순, 간소, 간결한 조리법으로 건강까지 챙길 수 있는 밥이 당근밥이다.

* '당근'의 '당'이 엿과 단맛을 뜻하는 '당(糖)'으로 당근은 단맛이 나는 뿌리라는 설도 있다. 근거로 당근이 우리나라에 유입된 것이 원나라 때라는 것을 들고 있다. 그러나 한자가 분명히 당(唐)이고 단맛은 주황색 당근부터 보강되었다는 점으로 당이 중국 자체를 의미하는 것은 아닐까 생각한다. 당면도 그러하다.
* 당근에는 비타민 C를 파괴하는 아스코르빈산 산화제(ascorbic acid oxidase)가 함유되어 있으므로 비타민 C를 함유한 식품과는 같이 조리하지 않는다. 당근의 저장 기간이 길수록 산화 효소 활성도가 증가하므로 자주 구매하여 먹는 것이 좋다.
* 당근의 베타카로틴(β−carotene)은 지용성이므로 반드시 기름과 함께 요리한다. 생으로 먹으면 90% 정도의 영양소가 흡수되지 않는다.
* 당근의 베타카로틴은 껍질에 많이 함유되어 있으므로 가급적 껍질을 벗기지 않고 조리하는 것이 좋다.

산마 버섯밥

산마 버섯밥 재료

불린 쌀 180g, 물 235g, 마 40g, 목이버섯 5개, 애타리버섯 40g, 간장 1T, 청주 1T

산마 버섯밥 짓는 방법

마는 씻어서 장갑을 끼고 껍질을 벗긴 후 콩알 크기로 썰어 두고 목이버
섯과 애타리버섯은 가볍게 씻어서 손으로 뜯어 둔 후 간장과 버섯을 넣
고 밥을 짓다가 밥이 끓고 밥물이 잦아들 즈음 마를 넣고 뜸을 들인다.

마는 '산에서 나는 장어'라는 별명으로 불릴 만큼 자양 강장에 좋다. 마의 끈적이는 성분인 뮤신(mucin)은 위를 보호하여 위장 건강에 좋은 것이 자양 강장의 효력을 내는 바탕인 것 같다. 장어의 미끌거리는 점액도 뮤신이지만 장어 손질 과정에서 제거되므로 마에 비할 바가 못 된다. 위장의 기능이 시원치 않으면 아무리 좋은 음식을 먹어도 시달리기만 할 뿐 살이 되고 피가 되지 않는다. 몇 해 전 지하철에서 마 한 상자를 들고 탄 부부를 만났다. 부부는 무척 혈색이 좋고 유쾌해 보여 부부의 건강 비법이 '마'라는 짐작이 들었다. 부인에게 마를 드시고 좋은가 보다고 물었다. 두 분 모두 위가 안 좋았는데 특히, 남편은 술을 즐겨서 더 그랬다고 한다. 마를 꾸준히 먹기 시작한 뒤로 위가 좋아져서 사는 것이 즐겁다고 한다. 나이가 들면서 위 기능이 약해져 불편함을 느끼던 터라 부부의 이야기가 귀에 쏙 들어온다. 마를 꼭 먹으리라는 열망은 마음일 뿐 장어는 먹을 일이 있어도 마 먹을 일은 거의 없다. 마를 갈아서 먹거나 낫토와 섞어 먹는 등의 방법을 포기하고 밥에 넣어서 먹는 쪽으로 마음을 먹었다. 산속의 장어에 자양 강장 효과로는 마 못지않은 효능을 지닌 구기자를 넣은 밥을 지으려고 했다가 '과유불급'인 것 같아 버섯으로 바꿨다. 마는 가급적 작게 썰어서 빨리 익도록 하여 영양도 살리고 아삭한 식감도 살렸다. 마는 특별한 향기가 없지만 버섯의 은근한 향기와 어우러져 고상한 밥이 되었다.

버섯밥은 맛의 섞임도 좋았지만 영양학적으로도 완벽한 조합이다. 마가 버섯과 합해서 이룬 맛을 음미하며 사람뿐 아니라 식재와 식재와의 인연도 상생, 상극이란 음양오행설로 해석이 가능한 것이 결국 사람이나 식재나 자연이기 때문인 것 같다. 세상살이를 여러 측면에서 설명하지만, 생명체는 상생과 상극하는 과정을 거치면서 결국 조화와 균형을 이루어 내는 것 같다.

tip.
버섯에는 미량의 독이 있어 날로 먹는 일은 삼간다. 버섯의 독은 열로 분해되므로 익혀 먹는 것이 안전하다.
마를 오래 보관하려면 마 포장지를 벗긴 다음 하루를 그늘에 말려서 마 표면에 있는 습기를 제거한 다음 면천 등으로 싼 뒤 냉장고에 넣어두면 오래 보관할 수 있다.

닭고기완자쑥갓밥 재료

쌀 180g, 닭고기 가슴살 180g, 닭 육수 290g, 후추 3g, 소금 2.2g

파프리카 가루·고수 잎 가루 각각 2.5g, 쑥갓 150g

닭고기의 살을 거칠게 다진 후 후추, 소금, 차조기 잎 가루, 파프리카 가루, 고수 잎 가루를 넣고 다져 완자를 2.5~3cm 크기로 만든다. 닭 육수로 밥을 짓다가 밥이 바글바글 끓으면 밥 위에 올려 밥을 지은 뒤 쑥갓을 곁들여 먹는다.

밥에 중국식 볶음요리를 곁들여 파는 브랜드가 전 세계적으로 인기가 있다. 간편식이지만 한 끼에 필요한 영양소가 빠짐없이 담겨 있고 맛도 있다. 우리 젊은이들이 여러 이유로 충실해야 할 식사를 대강 때우는 것을 볼 때마다 고기와 채소로 구성된 그 음식이 떠오른다. 간편하지만 영양학적으로 우수한 밥으로 닭고기완자쑥갓밥을 소개한다.

원래 완자밥은 선인들이 닭보다 높이 평가하던 꿩의 고기로 만들었으나 완자밥
이 건강한 한 끼로 누구나 먹었으면 하는 생각에 꿩 대신 닭으로 하여 다시 만
들어 보았다. 완자에 들어가는 향신료는 자신의 입맛에 맞게 종류나 양을 조절
하고 완자, 밥, 채소도 자신의 형편에 맞게 양을 배분하여 먹으면 된다. 완자에
곁들이는 채소로는 쑥갓을 추천한다.

쑥갓은 특유의 향긋함으로 음식의 향미를 크게 돋우는 매력을 지닌 채소다. 쑥
갓과 생선 매운탕, 쑥갓과 소고기 전골, 쑥갓과 우동, 쑥갓과 쌈밥, 전유어와 쑥
갓, 숙회와 쑥갓 등 쑥갓이 들어가면 검박하고 소박한 음식도 지나치지 않은 화
려함을 갖추게 한다.

쑥갓의 열량은 100g에 19kal로 낮아 많이 먹어도 좋은 채소다. 완자밥은 여러
방식으로 먹을 수 있다. 완자를 소로 하여 작은 주먹밥인 줴기밥을 만든 뒤 쑥
갓은 꽃받침인 듯 줴기밥을 아래에서 안아 주거나 도시락에 밥을 담은 뒤 완자
를 올리고 한쪽에 쑥갓, 브로콜리, 양상추, 토마토, 오이 등의 채소를 담는데 완
자의 간을 짭짤하게 하면 소스 없이 담백하게 먹을 수 있다. 닭고기 완자는 한
번에 만들어 냉동실에 넣었다가 밥에 넣으면 되므로 닭고기완자쑥갓밥보다 더
편하고 영양학적으로 우수한 밥은 없다.

tip.
밥을 짓는 도구에 따라 완자를 넣는 속도를 조절한다.
압력솥으로는 완자밥을 짓지 않는 것이 좋다.

※   **쑥갓**

쑥갓은 동호(茼蒿), 호개(蒿芥), 애개(艾芥)라고도 한다. 쑥갓의 쌉싸름하면
서도 그윽한 향기는 평범한 상추쌈도 평범하지 않게 한다. 쑥갓은 쑥의 잎
모양에 갓의 향기가 더해졌다고 해서 쑥갓이란 이름을 얻게 되었다고 한
다. 호개의 '호(蒿)'와 애개의 애(艾)도 쑥을 뜻하고 개(芥)는 갓이므로 호개
와 애개도 이름 그대로 쑥갓이다. 쑥갓은 고려시대부터 재배한 것으로 추
정되는데 이규경(李圭景)은 《오주연문장전산고(五洲衍文長箋散稿)》에서 쑥
갓을 지칭해 고려의 국화라는 뜻인 고려국(高麗菊)이라 하였다. 노란 쑥갓

꽃이 국화와 비슷하여 조선시대에 시의 소재가 되었으며, 조선 후기 문신 이학규(李學逵, 1770~1835)는 〈애개(艾芥)〉라는 시에서 쑥갓이 난로회에 기여했다고 하여 난로회에서 먹을 때 쑥갓이 육수에 넣어 먹는 채소로 빠지지 않았다는 것을 알 수 있다. 서유구 선생이 〈정조지〉 권5 할팽지류(割烹之類) 번자(燔炙) 편 전립투(氈笠套)의 채소로 도라지, 미나리, 무, 파 등이라 하였는데 등은 쑥갓을 의미한다는 확신이 든다.

메추라기구이밥

메추라기 3마리, 씻은 찹쌀 100g, 구기자 25g, 마 70g, 소금 5g, 청주, 맛술, 진간장,
다진 파, 마늘즙, 생강즙, 기름, 후춧가루, 설탕, 레몬, 호두기름

메추라기구이밥 만드는 방법

메추라기는 깨끗이 손질하여 가볍게 씻어 타월로 물기를 닦아낸 뒤 청
주, 생강즙, 마늘즙, 후춧가루, 소금, 호두기름을 넣고 가볍게 문질러 1~2
시간 두고 마는 껍질을 벗겨 도토리 크기로 잘라 소금을 뿌려 두고 팬에
호두기름을 두르고 찹쌀과 구기자를 넣고 볶다가 다진 파, 후춧가루를
넣어 식힌 다음 메추라기 배 속에 양념된 구기자 찹쌀밥을 넣고 기름을
바른 한지로 감싸서 김이 오르는 찜솥에 20분 정도 찐 뒤 한지를 벗겨낸
다음 메추라기의 몸에 기름과 소금을 바른 후 오븐이나 에어프라이에
넣고 메추라기의 색이 노릇해질 정도로 구운 뒤 레몬즙을 뿌리고 구기
자 소스를 끼얹어 먹는다.

〈정조지〉 할팽지류 번자 편의 메추리구이[炙鶉方(구순방)]와 구기자밥을 응용하여 메추리구기자구이밥을 만들었다. 메추리는 메추라기라고도 하는데 적으로부터 몸을 피하기 위해 가시덤불 속에서 산다. 예로부터 메추라기는 안빈낙도(安貧樂道)를 상징했는데 덤불 색 깃털이 갈포(葛布)나 베옷을 입은 검박한 선비의 모습을 상징한다고 여겼기 때문이다.

메추리는 담백하고 섬세한 풍미를 지녔으며 단백질의 비율이 좋고 우수하다. 영양이나 맛, 사육의 효율 등으로 식용이 권장되어야 하지만 닭에 밀려나 명맥을 잇지 못하고 있다. 곡물도 그렇지만 하나의 식재료가 식탁을 평정하는 것은 모든 안녕을 위해서 좋지 않은 일인 것 같다.

고대 그리스와 로마에서도 메추리 고기가 와인과 잘 어울려 인기가 많았고 프랑스에서는 메추리를 마리네이드한 뒤 꼬치에 꿰어 굽거나 뼈를 바른 메추리 고기에 포도나 체리 등의 과일이나 가금류의 간으로 만든 소로 속을 채워 굽는 등의 메추리 음식이 있다.

메추라기는 200g 정도의 소형이므로 배 속에 밥, 마, 구기자를 넣어 한 끼의 건강한 식사가 되게 하였다. 구기자는 하수오, 인삼과 함께 3대 명약으로 진시황이 간절히 구한 불로초다. 구기자의 제아잔틴(zeazantin), 베타인(betain)이 간에 지방이 축적되는 것을 막아 주고 눈 건강에 좋다.

꿩 대신 닭도 있지만 닭 대신 메추리도 있음을, 메추리가 다른 야생육처럼 가을에 살이 오르고 기름기가 돌아 맛있다는 것을 가을에는 떠올리기를 바란다.

❋ 자채쌀[紫彩], 임금이 먹던 쌀

쌀로 유명한 이천 지역의 일부에서만 생산된다. 자채쌀은 쌀의 색을 자색으로 오해하기 쉬운데 벼 잎의 끝이 자색인 것을 살려 자채쌀이라고 한다. 자채쌀은 임금에게 진상되던 쌀로 밥을 지으면 윤기가 흐르고 푸른빛이 돌 정도로 희다. 양질의 극조생종(極早生種)으로 음력 6월 중순이면 수확하였다.

자채쌀의 우수성은 강희맹(姜希孟)의 《금양잡록(衿陽雜錄)》(1492), 홍만선(洪萬選)의 《산림경제(山林經濟)》(1715), 유중림(柳重臨)의 《증보산림경제(增補山林經濟)》(1766), 서명응(徐命膺)의 《고사신서(攷事新書)》(1771), 서호수(徐浩修)의 《해동농서(海東農書)》(1799), 서유구(徐有榘)의 《행포지(杏蒲志)》(1825) 등에 상세히 기술해 놓았다. 특히 서명응, 서호수, 서유구가 3대에 걸쳐 자채쌀을 농서에 기록하였다는 점이 눈길을 끈다.

서유구의 《행포지》에는 "여주와 이천에서 생산한 쌀이 좋다"라고 자채쌀에 대해 기록하고 있다. 이천 부사(利川府使) 복승정(卜承貞)의 기록에 의하면 성종이 세종의 묘소에 성묘를 왔다가 이천 행궁에 머물던 중 이천쌀로 밥을 지었는데 그 맛이 좋아 진상미가 되었다. 《동국여지승람(東國輿地勝覽)》에는 이천은 땅이 넓고 기름져서 밥맛 좋은 자채쌀을 생산하여 진상하는 쌀의 명산지로 기록되어 있다. 우리 민요 '방아타령'과 '자진방아타령'에 보면 "여주 이천 자채방아", "금상 따래기 자채방아"라는 구절이 나오는데 '금상 따래기'는 진상미를 재배하는 논을 말한다.

자채쌀 맛의 비밀은 토질과 함께 안흥지(安興池)라고 불리는 방죽에 있다. 이 방죽의 물이 구만리 일대의 논에 물을 대어 천하제일의 미질을 만들었다. 고려와 조선 시대의 조정 대신들은 안흥지 근처에 논을 갖는 것을 영광스럽게 여겼다고 한다.

부록

<정조지>를 복원하면서 다룬 식재료 중에서 건강에 좋으면서도 밥과 잘 어울려 남녀노소 먹을 수 있는 맛, 현대인이 꼭 접했으면 하는 밥을 약물밥과 색물밥이라는 이름으로 부록 편에 실었다. 아울러 현대의 식재료를 활용하여 만든 밥, 밥 한 그릇에 영양이 듬뿍 담긴 밥, 체중 감량에 도움을 주는 밥, 현대인이 즐겨 먹고자 하는 재료로 만든 밥은 현대의 밥이라는 이름으로 넣었다. 약물밥은 약성은 좋지만, 성미가 순해서 오래 먹어도 해가 없는 약초를 선택하여 밥을 지었다. 색물밥은 다양한 색이 가지고 있는 항산화 성분을 밥에 담았다. 한 가지 약물밥이나 색물밥을 먹는 것보다는 3~4가지의 밥을 돌아가면서 먹는 것을 추천한다. 약초를 달이거나 색을 우려내는 방법과 밥 짓는 법은 큰 의미가 없다고 생각하여 싣지 않기로 하였다.

조릿대 약물밥

쌀 200g, 조릿대 달인 물 405g

조릿대 달인 물에 씻은 쌀을 40분 정도 불렸다가 그 물로 밥을 짓는다. 조릿대가 밥맛을 변화시키지는 않았지만, 밥의 단맛이 덜 느껴져 담백하다.

조릿대는 조리를 만드는 데 쓰이는 자그마한 대나무로 산에 무리 지어 살아서 '산죽'이라고 한다. 조릿대가 흔한 탓에 귀하게 여기지 않지만, 조릿대는 값비싼 명약에 뒤지지 않는 효능을 가지고 있다.

조릿대의 대표적인 기능은 해독제로 피를 맑게 하고 체질을 개선한다. 조릿대 물은 몸속의 비누라고 할 만큼 몸속의 노폐물을 씻어 내는 효과가 탁월하다. 또한 몸속의 열을 내리고 마음을 다스려 주어 화병에 좋고 아이들의 침착한 성미를 기르는 데 도움을 준다.

조릿대가 대나무와 비교해서 보잘것없어 보이지만 그 수명은 수백 년에 이르는 장수 식물이다. 조릿대 자체가 장수에 적합한 물질로 가득 차 있어서 그런 것 같다. 조릿대를 넣어 밥을 지으면 조릿대의 효능도 누릴 뿐 아니라 밥이 잘 쉬지 않아 김밥과 도시락용 밥으로 적합하다.

유근피 약물밥

유근피 약물밥 재료

쌀 200g, 유근피 달인 물 405g

유근피 달인 물에 씻은 쌀을 40분 정도 불렸다가 그 물로 밥을 지으면 유근피의 고급스러운 향과 찰밥처럼 촉촉한 식감을 가진 밥이 된다.

유근피는 느릅나무의 뿌리껍질을 말한다. 느릅이란 힘없이 축 늘어진다는 '느른히'라는 말에서 유래되었다. 《동의보감》에는 성질이 평이하고 독이 없고 미끌미끌하여 대소변이 잘 나오게 하고 부은 것을 가라앉힌다고 한다. 2월에 뿌리를 채취하고 3월에는 열매로 장을 담그면 향기롭고 맛있다고 한다. 〈정조지〉 권6 미료지류(味料之類) 장(醬) 편에 느릅나무 열매로 무이장(蕪荑醬) 담그는 법이 나온다.

유근피는 찬 성질을 가지고 있기 때문에 유근피밥은 생강, 후추, 돼지고기 등의 열성 식품과 함께 먹으면 장복을 하여도 좋다. 예전에는 유근피 가루를 섞은 떡이나 국수를 먹었다. 유근피밥은 먹는 음식이 바로 약이라는 우리의 약식동원의 의미를 가장 잘 담아낸 밥이 아닌가 생각된다.

* 느릅나무의 어린 순은 국을 끓여 먹기도 하는데 수면을 유도하여 부작용 없는 천연 수면제라고 한다.

겨우살이 약물밥

겨우살이 약물밥 재료
쌀 200g, 겨우살이 달인 물 405g

겨우살이 달인 물에 씻은 쌀을 40분 정도 불렸다가 그 물로 밥을 지으면
된다. 겨우살이 약물밥은 가볍게 스치는 풀 향이 기분까지 좋게 하는 밥
이다.

겨우살이는 이름 그대로 다른 나무에 붙어서 겨우겨우 살아가다가 겨울에 푸른 잎을 떨어뜨리지 않는 전성기를 누리는 나무다. 겨우살이는 참나무, 팽나무, 오리나무 등에 반기생하여 살아가기에 기생목(寄生木)으로도 부른다.

겨우살이는 약효가 뛰어나 차, 술 등으로 먹지만 겨우살이를 가장 효과적으로 먹는 방법은 겨우살이 달인 물로 밥을 지어 먹는 것이라고 오래전부터 생각만 하였다. '겨우살이로 밥물을 잡아 겨우살이밥을 해 먹으면 좋을 텐데…' 라고 생각만 할 뿐 차일피일 미루기만 한다. 이름 탓인지 겨울이 되면 겨우살이가 생각난다. 겨우살이의 약성이 가장 뛰어난 시기도 겨울이니 이래저래 겨우살이는 겨울을 상징하는 것이 맞는 것 같다. 서양에서는 새 둥지처럼 생긴 겨우살이를 크리스마스 장식품으로 사용한다. 겨우살이 물로 밥을 지을 때는 끓이는 것보다는 우려내서 밥물로 사용하는 것이 겨우살이의 유효 성분을 살려서 먹는 방법이다.

겨우살이의 살이
겨우살이는 땅에 뿌리를 내리지 않고 나뭇가지에 뿌리를 박고 살아가기 때문에 나무의 양분을 흡수하며 살아간다. 겨우살이는 항암 효과가 뛰어나서 '황금가지'로 불린다. 유럽에서는 천연 항암제를 목적으로 겨우살이 추출물을 사용하는데 겨우살이는 독이 없어 많은 사람에게 부작용이 없다고 한다. 고혈압과 두통, 그리고 마음을 진정시키는 데 도움을 준다. 숙주로 삼은 나무의 성분에 따라 효능이 달라진다.

둥글레 약물밥

둥글레 약물밥 재료

쌀 200g, 생둥글레 70g, 물 430g

'둥굴레'를 '황정(黃精)'이라고 하는데 정확하게는 '층층둥굴레'를 황정이라고 한다. 맛이 구수해서 산간 지역의 구황 밥으로 많이 사용되었다. 황정은 신진대사를 활발하게 해주고 노화를 방지하며 숙면을 돕고 다이어트에 좋다. 진액을 보충해 주기 때문에 신선들이 밥 대신 먹었다고 하여 선인반(仙人飯)이며, 여성들을 아름답게 한다고 하여 여위(女萎)[1] 라고도 한다. 원효대사는 황정을 구증구포하여 먹었는데 둥굴레도 홍삼처럼 그 효능이 더 좋아진다고 한다. 생둥굴레는 잘게 썰어서 둥굴레밥을 지을 수 있는데 둥굴레의 맛이 밤과 고구마를 섞은 듯한 맛으로 찰떡궁합이다. 둥굴레의 맛을 모를 때는 둥굴레를 섞은 구황 밥을 먹었다고 하면 어찌 먹었을까? 라는 안쓰러운 마음이 들었지만, 지금은 구황 밥이라기보다는 '건강 밥을 먹었다.'라는 생각이 든다. 둥굴레를 달인 물로 둥굴레밥을 하면 밥 향이 은은하고 구수하며 숭늉도 향이 나서 기분이 편안해진다.

1 둥굴레는 '여위(女萎)'라는 이름으로 《신농본초경(神農本草經)》에 처음 기재되기 시작하였으며, '여위'라는 명칭은 오늘날에도 처방 가운데 자주 사용되는 통용 명이다.

* 황정은 오미자나 매실과 함께 먹으면 효능이 저하된다.

둥굴레 이야기
중국의 명의 화타가 약초를 캐러 산에 갔다가 한 젊은 여자가 두 명의 건장한 남자에게 쫓기는 것을 보았다. 한참을 쫓고 도망가기를 하였으나 두 남자는 여자를 잡지 못하였다. 화타가 두 남자에게 연유를 묻자 그 여자는 두 남자와 같은 주인집의 하녀였는데 몇 년 전 도망쳤고 최근 이 산에 있다는 소식을 듣고 잡으러 왔는데 너무 재빨라서 놓치고 있다고 말했다. 남자들이 돌아간 후 화타가 그 여자에게 무엇을 먹어 그리 빠르냐고 묻자 여자가 노랗고 닭과 같이 생긴 뿌리를 캐서 먹었다고 말했다. 화타가 직접 먹어 보고 기운이 나고 정력을 돋워 준다고 해서 황정(黃精)이라고 이름 지었다. 《동의보감》에 황정을 장복하면 몸이 가벼워지고 얼굴과 몸이 늙지 않고 배고프지도 않게 한다고 하였다.

황기 약물밥

황기 달인 물 3750g, 멥쌀 200g

'황기는 여름철에 땀을 많이 흘려 허약해졌을 때 먹는 약재'라는 것이 황기에 대한 지식의 전부였다. 복달임 음식으로 많이 먹는 닭탕에 전문 식당에서는 인삼을 넣고 집에서는 황기를 넣는다. 황기를 넣고 닭을 삶았는데 별다른 맛이 느껴지지 않았다. 인삼의 향긋함과 닭과의 어우러짐이 주는 꽉 찬 맛이 떨어졌다. 황기의 맛이 순해서 몸에 크게 좋을 것 같지도 않았다. 황기가 매력적이지 않은 약재라는 결론을 내렸다.

순둥이 같은 황기가 남녀노소 모두에게 좋은 약재라는 것을 나중에야 알았다. 황기를 무시했던 것이 후회스러웠다. 아픈 엄마를 위해 품질이 뛰어난 황기를 구해야 한다. 마음이 급했다.

황기는 오래된 자연산이 좋다는 글을 보고 여기저기 수소문을 한 끝에 강원도 깊은 산골짜기에 사는 분이 화전민이 살던 땅에 20년 된 황기가 있는데 땅이 얼어서 날이 풀려야 캘 수 있다고 한다. 답답한 마음을 가라앉히고 날이 풀리기를 고대하며 희망을 안고 황기를 기다렸다. 보름 뒤 기다리고 기다리던 황기가 도착했다. 20년 묵은 황기답게 위용이 대단했다. 며칠만 일찍 도착했으면 "우리 둘째 딸이 좋은 황기를 구한 덕에 내가 나았구나"라는 말을 들을 수 있었을 것을~ 찬 바닥에 거꾸러져 있는 흙투성이 황기가 야속하기만 하다. 엄마가 준 선물이라는 생각이 들어 시든 꽃 같은 마음을 추슬렀다. 황기를 씻어 정성스럽게 나누어 담아 엄마의 전부이던 사람들에게 나누어 주었다. 황기 약물밥은 황기를 달인 물로 밥을 짓는데 황기는 다른 약재보다 질겨서 오래 끓여야 한다.

헛개나무 약물밥

헛개나무 약물밥 재료
쌀 200g, 헛개나무 달인 물 405g

헛개나무를 달인 달콤한 물에 쌀을 불려 밥을 짓는다. 헛개나무 약물밥은 헛개나무의 단맛과는 다른 쌀의 단맛과 어우러져 마치 설탕을 조금 넣은 떡을 먹는 듯하다.

재래시장에서 닭발처럼 생긴 괴이한 약초를 보았는데 '헛개나무 열매'라고 한다. 헛개나무 껍질은 많이 보았지만 헛개나무 열매는 처음 보았다. 주인이 먹어 보라고 주는데 내키지는 않지만 먹어 보았다. 그리고 깜짝

놀랐다. 깔끔하고 담백한 단맛이 지친 내 미각을 놀라게 한다. 아 ~ 어디서 많이 먹어 본 익숙한 단맛이다. 그날은 아무리 생각해도 그 단맛을 떠올릴 수 없었다. 며칠 뒤 기억하고자 했던 단맛이 단수수를 씹어 먹을 때 나던 그 단맛이었음을 기억하였다. 영어로 헛개나무를 'honey tree', 'raisin tree'라고 하여 헛개나무가 단맛을 품고 있음을 이름에 담았다. 헛개나무는 술을 마시면 헛것으로 돌려놓아서 헛개나무라는 이름을 갖게 될 만큼 술을 깨는 데 효험이 있다. 옛 문헌에는 집 안에 헛개나무가 있으면 술을 빚어도 술이 익지 않고, 헛개나무 밑에서 술을 담그면 술이 물처럼 되어 버린다고 기록되어 있다.

지골피 약물밥

지골피 약물밥 재료
쌀 200g, 지골피 달인 물 405g

지골피 달인 물에 쌀을 40분 정도 불렸다가 그 물로 밥을 짓는다. 지골
피가 성질이 차고 열을 내려주며 항바이러스 효과가 있어 여름에 더욱
좋은 밥이다.

지골피(地骨皮)는 구기자나무 뿌리의 껍질을 말한다. 구기자나무는 열매, 잎, 줄기도 몸에 좋지만, 지골피(地骨皮)라는 구기자나무 뿌리는 사람을 늙지 않게 한다. 지골피와 인연이 안 돼서 늙었더라도 회춘을 시킨다. 지골피의 효능에 관련된 중국의 일화를 소개한다. 점잖은 나그네가 시골 마을을 지나다가 머리가 검은 남자가 머리가 하얗게 센 남자의 종아리를 매로 때리는 희한한 광경을 목격하였다. 기가 막힌 나그네가 달려가서 젊은 남자의 손에 든 매를 빼앗고 젊은 남자를 크게 나무라자 젊은 남자가 "머리가 흰 늙은이가 저의 아들놈입니다. 저는 아버지고요"라고 말하는 것이 아닌가? 나그네는 놀라서 자빠졌다. 남자들은 자신의 집으로 가면 알 수 있다고 하였다. 나그네가 따라간 집에는 우물 옆에 큰 구기자나무가 있었다. 늙은 남자는 "아버지가 저보다 젊은 이유는 우물물을 마시고 회춘을 하였기 때문입니다." 라고 하였다. 구기자나무 뿌리의 약성이 녹아 들어간 우물의 물을 마셨기 때문이다. 진시황이 간절히 찾던 불로장생의 약도 바로 구기자였다.

지골피의 효능
몸속의 열을 내리고 염증을 완화하며 기침과 갈증을 해소하고 신경을 안정시켜 불면증을 완화한다. 강력한 항산화 작용을 통해 노화를 늦추고 면역력을 강화한다. 혈당 조절 효과가 있어 당뇨 예방과 관리에 좋고 해독 작용을 촉진해 숙취 해소와 간 건강에 이롭다.

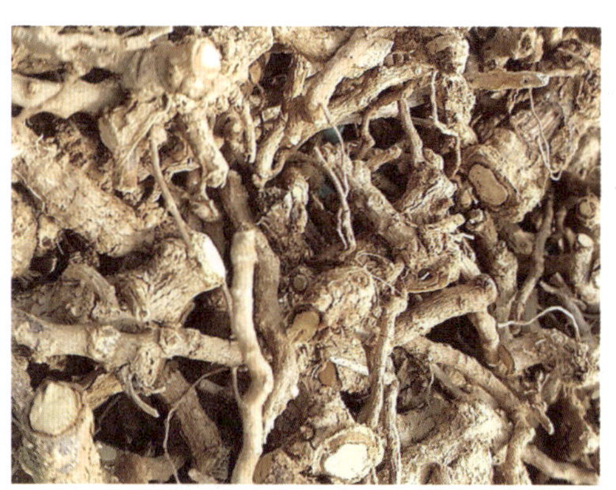

홍화자 약물밥

홍화자 약물밥 재료

쌀 200g, 홍화자 달인 물 405g

해가 질 무렵 너른 홍화밭을 지났다. 붉고 노란 홍화가 서로 어우러져 핀 것이 아름다워 눈길을 떼지 못하는데 서쪽 하늘에도 홍화밭이 하나 더 펼쳐져 있다. 마치 땅과 하늘이 홍화로 하나가 된 것 같았다. 홍화밭 주인은 뼈에 좋은 홍화자를 얻기 위해 유기농으로 홍화를 키운다고 한다. 이리도 예쁜 꽃이 몸에 좋은 씨앗까지 내어주니 농사를 짓는다면 홍화 농사를 지으리라 결심한다.

홍화자를 오래 달이면 지방 성분이 나온다. 밥에 윤기와 맛을 더하기 위해 쌀을 기름에 볶아 밥을 짓거나 기름을 더하기도 하는데 홍화자 달인 물에서는 별다른 향이 없기 때문에 밥물로 더 좋다. 홍화씨 약물밥은 생각했던 것보다 윤기는 돌지 않았지만 은근하게 고소하다. 비빔밥용 밥을 지을 때 고기 육수를 더하면 지방 성분으로 밥이 뭉치지 않아 잘 비벼지고 맛도 있지만 번거롭다. 홍화자 달인 물로 밥을 지어 비빔밥을 만들면 고기 육수보다 맛도 있다. 무엇보다 몇 년 사이 큰 인기를 끌고 있고 앞으로도 더욱 주목받을 것으로 예상되는 비건 음식으로 손색이 없다. 홍화자 달인 물을 밥물 양만큼 계량하여 쌀을 담가 1시간 정도 불린 뒤 그대로 밥을 지으면 구수한 홍화자 약물밥이 완성된다. 백옥 같은 흰쌀로 지은 비빔밥도 좋지만 가끔은 홍화자밥으로 비빔밥을 만들어 먹을 것을 추천한다. 물론 그냥 먹어도 좋고 김밥을 싸도 좋다.

* 홍화자 달인 물은 지방 성분이 많아 산패할 위험이 있어 반드시 냉장 보관해야 한다.

※　**홍화자**

홍화(紅花)는 이명으로 이포(利布), 홍람(紅藍), 홍람화(紅藍花), 황람(黃藍), 오람(吳藍), 자홍화(刺紅花), 대홍화(大紅花), 홍화채(紅花菜), 연지(燕支), 약화(藥花), 구례나위(久禮奈爲) 등으로 불린다. 홍화의 이름이 많은 것은 홍화는 단순한 꽃이 아니라 다양한 쓰임을 가졌음을 의미한다.

홍화의 꽃잎에는 카르타민(carthamin)이라는 붉은 색소가 들어 있는데 꽃잎을 물에 우려내면 옅은 분홍부터 짙은 주홍까지 다양한 색이 나온다. 홍화꽃을 우려낸 물에 비단과 옷을 붉게 물들였다. 이 붉은 기운은 연지가 되어 여인들의 입술과 볼을 곱게 장식했으며, 왕실에서도 귀한 색으로 여겼다. 꽃이 진 자리에 남은 씨앗으로 짜낸 기름은 밤을 밝히는 등유(燈油)로 사용되었는데 여기서 나온 그을음으로 홍화먹[紅花墨]을 얻었다. 홍화먹은 매끄럽게 갈리면서도 먹물이 부드럽게 번지고 글씨와 그림에 윤기가 돌게 하였다. 변색이 적고 보존성이 뛰어나 좋은 먹의 기준이 되었고, 글씨와 그림을 남기는 귀한 도구가 되었다.

홍화는 천연 염료로, 화장품으로 때로는 어둠을 밝히는 등불의 기름으로 쓰이고 약용으로도 활용되었다.

꽃잎을 차로 우려 마시면 혈액순환을 원활하게 하고 어혈을 풀어주어 생리통을 완화하고, 생리불순을 개선하는 효능이 있다. 갱년기 증상을 줄여주는 역할도 했으니 여성들에게는 특히 더 귀한 차였다.

홍화씨에는 리놀레산(linoleic acid)과 올레산(oleic acid)이 풍부하여 혈관을 보호하고, 나쁜 콜레스테롤을 줄여주며, 심혈관 질환 예방과 체중 감소에도 효과가 있다.

홍화씨에는 칼슘과 마그네슘이 풍부하여 뼈를 튼튼하게 하고, 염증을 줄여줘 관절 건강을 보호한다. 관절이 약해진 노인들에게 홍화씨를 달여 먹게 하거나, 홍화씨 기름을 섭취하도록 한 것은 이 때문이다. 뿐만 아니라 이 작은 씨앗은 간 기능 개선과 해독 작용에도 도움을 준다. 홍화씨 기름은 비타민 E가 풍부하여 피부를 촉촉하게 유지하고, 세포 재생을 촉진시켜 피부미용에도 효과적이다.

홍화는 한철 피었다 지는 꽃이 아니라 꽃잎은 색을 남기고, 기름은 시간을 새기고, 씨앗은 생명을 북돋아 우리를 지켜 주었다.

산수유 색물밥

끝물인 매화꽃에 실망한 마음을 달래주는 꽃이 산수유꽃이다. 산수유(山茱萸)꽃은 매화처럼 화려하지는 않지만 아슴푸레하여 신비하다. 맑고 푸른 봄 하늘과 어우러짐은 매화보다 산수유꽃이 더 낫다. 산수유는 오줌싸개의 치료식으로 유명하다. 《동의보감》에서는 보신첨정(補腎添精)이라 하여 산수유가 소변을 잘 보게 하고 신장에 좋다고 하였다. 장복하면 몸이 가벼워지고 무기력증과 원기 회복을 돕는다. 산수유는 가슴의 열기는 내리고 배는 따뜻하게 하여 몸이 차가운 사람에게 좋다. 산수유의 맛은 약간 달고 떫으며 신맛이 강하다. 산수유의 씨앗에는 렉틴(lectin)이라는 독성이 있어서 반드시 제거하고 먹어야 한다. 산수유 달인 물에 쌀을 1시간 정도 불렸다가 쌀을 불린 산수유 물을 밥물로 잡아 산수유 색물밥을 짓는다.

산수유밥의 맛은 야생미가 담긴 신맛이 퍼질 즈음, 쌉쌀하고 떫은맛이 등장했다가 마치 봄날에 살랑이는 바람처럼 가볍게 스치는 단맛으로 마무리된다.

오미자 색물밥 재료

쌀 200g, 오미자 우린 물 405g

오미자 색물밥

오미자(五味子)는 단맛, 짠맛, 쓴맛, 신맛, 매운맛의 오미를 갖춘 조화로운 맛도 가치가 있지만 그 붉은색이 고와 음식에 색을 내는 데 즐겨 사용된다. 〈정조지〉에는 오미자 국물에 국수를 말아 먹거나 오미자즙으로 만든 과편 등이 나온다. 〈정조지〉 속의 오미자로 만든 음식 중 진달래에 녹말가루를 입혀서 오미자 국물에 말은 〈정조지〉 권2 구면지류(糗麵

之類)에 나오는 '화면(花麪)'은 오미자의 색과 맛을 가장 잘 담아낸 음료
다. 오미자 우려낸 물에 쌀을 물들여서 붉은색이 고운 오미자밥을 지었
다. 새콤한 맛이 강한 밥은 단맛과 잘 어울리므로 약식처럼 단맛을 내는
데, 간은 간장보다는 소금으로 해야 한다. 오미자는 찬물이나 상온의 물
에 하루 정도 담가서 우려내는 냉침법(冷浸法)을 사용해야 색이 곱다. 오
미자를 뜨거운 물에 끓이면 떫은맛과 신맛이 강해질 뿐 아니라 검붉은
색이 난다. 오미자 물을 넣은 밥은 깔끔한 맛이 나므로 멥쌀보다는 늘늘
한 찰밥에 어울린다. 약식에 오미자를 활용하면 담백한 맛의 약식이 된
다. 쌀을 깨끗이 씻어 오미자 우린 물에 1시간 정도 불렸다가 쌀을 불린
오미자 물을 밥물로 하여 밥을 짓는다.

* 원나라 때 홀사혜(忽思慧)가 쓴 '바른 음식 섭취 원칙'이라는 뜻의 《음선정요
  (飮膳正要)》에는 오미자를 이용한 처방들이 등장하는데 인삼, 오미자, 맥문동
  이 들어간 생맥산(生脈散)이 대표적이다. 인삼은 몸을 따뜻하게 해주며 맥문
  동은 열을 식혀주고 진액을 채워주며 오미자는 새콤한 맛과 향으로 폐의 순
  환을 돕는다. 〈정조지〉의 죽실반과 함께 먹는 팔미차도 오미자, 인삼을 넣고
  맥문동 대신 열을 식히는 천문동을 넣는다.

꾸지뽕 색물밥

쌀 200g, 꾸지뽕즙 400g

꾸지뽕나무는 뽕나무를 닮았다고 해서 꾸지뽕이라는 이름을 얻었다. 줄기에 길고 날카로운 가시가 있고 가을에는 작은 송이를 뭉친 듯한 열매가 빨갛게 익는다. 꾸지뽕나무는 박달나무보다 더 단단하여 활을 만드는 용도로 쓰였고 그 껍질은 질기고 섬유소가 많아서 종이의 원료로 쓰이기도 하였다. 《동의보감》에는 "몸이 허하여 귀먹은 것과 학질을 낮게 한다."라고 하였다. 최근에는 꾸지뽕나무 잎이 아토피 피부염의 억제에 효과가 있는 것으로 알려지기도 하였다. 꾸지뽕나무 열매는 맛은 쓰고 성질은 약간 따뜻하고 독이 없으며 열을 내리게 하고 힘줄과 근골을 튼튼하게 한다고 한다. 잘 익은 꾸지뽕나무 열매를 손으로 짓이기거나 갈아준 다음 체에 걸러서 고운 즙을 취하여 밥을 짓는다. 취향에 따라 물을 섞어서 지어도 된다. 열매를 말려서 가루 내어 밥을 짓거나 꾸지뽕나무 잎을 더하여도 좋다.

포도 색물밥

포도 색물밥 재료

쌀 200g, 포도즙 400g

비타민과 유기산이 풍부한 포도는 '과일의 여왕', '신의 과일'로 불린다. 보통 식물이 광합성으로 만든 양분을 녹말 형태로 저장하지만, 포도는 포도당으로 저장한다. 포도란 이름에서 알 수 있듯이 포도에는 포도당과 같은 당분이 많아 빠르게 피로를 해소하고 배고픔을 해결한다. 우리나라에는 포도가 삼국시대 무렵 전래된 것으로 보인다. 우리는 그해 처음 딴 포도는 사당에 올린 다음 맏며느리에게 주었는데 포도가 다산을 상징하기 때문이다. 포도의 항산화 성분이 아미노산의 합성을 촉진시켜 착상에 도움을 주어 임신을 돕는다고 한다. 최근에는 포도에 함유된 레스베라트롤(resveratrol)이란 성분이 주목을 받고 있는데 당분이 지방으로 축적되는 것을 막아 체중을 감소시키고 세포의 노화를 방지하는 것으로 밝혀졌다. 우리가 버리는 포도의 씨앗에는 토코페롤(tocopherol)과 프로안토시아니딘(proanthocyanidin)이라는 강력한 항산화 성분을 가지고 있으며 염증을 제거하고 혈액 순환을 개선하며 콜라겐 합성을 촉진한다. 껍질과 씨를 제거하지 않은 포도를 통째로 간 다음 그 물을 취해서 밥물로 사용하여 밥을 지으면 노화를 방지하는 포도밥이 된다. 포도밥 맛은 마치 약식과 같아서 포도즙 물을 넣어 약식을 만들면 맛이 좋을 것 같다.

맨드라미 색물밥

쌀 200g, 맨드라미 우린 물 397g

맨드라미는 닭의 볏을 닮았다고 해서 계관화(鷄冠花)로 불리는데 고려 때 불가에서는 맨드라미를 만다라화(曼茶羅華)라 하여 하늘의 꽃이라 하였다. 조선 시대에는 맨드라미가 벼슬을 상징한다고 하여 집안에 심었다. 〈정조지〉에는 가지에 맨드라미 물을 들인 '가저방(茄菹方)'이란 김치가 나온다. 고추가 들어오기 전 김치에 붉은 물을 들이는 데 맨드라미를 사용했다. 맨드라미가 물들인 가지의 붉은 속살은 산호보다 붉어 그 아름다움에 눈을 뗄 수 없다. 맨드라미로 채소나 떡에 물을 들이면 식중독과 설사를 막아주어 조선 시대 궁중에서 즐겨 사용하였다. 맨드라미는 자신을 태우려는 듯 붉고 붉다. 찬 서리에도 붉은빛을 갖춘 맨드라미의 강인함과 무거운 머리를 달고도 흐트러짐이 없는 맨드라미의 기품을 밥에 담아 보았다. 맨드라미를 진하게 우린 물에 쌀을 1시간 정도 불렸다가 불린 물과 쌀을 솥에 함께 넣고 밥을 짓는다.

자소엽 색물밥

세상에는 널리 알려진 것과 닮았다는 이유로 제 이름으로 불리지 못하는 것이 많다. 자소엽이 그렇다. 자소엽을 처음 보았을 때 색은 보랏빛을 띠고 있지만 모양새가 영락없는 들깻잎인지라 들깨의 돌연변이로 생각했다. 깻잎이 어쩌다가 저렇게 되었을까? 라며 측은한 마음으로 자소엽을 바라보았다. 항산화 성분이 풍부하고 방부 작용이 뛰어나며 눈 건강에 좋은 차조기가 자소엽이라는 것을 알았다.

자소엽 특유의 향기가 밥과 어울릴지 고민하다가 밥과 깻잎의 조화가 괜찮은 것에 용기를 얻어 일단 밥을 지었다. 생자소엽을 절구에 넣고 찧어 얻은 즙에 깨끗이 씻은 쌀을 넣고 1시간 정도 불린 뒤 밥을 짓는다. 자소엽으로 물들은 쌀알이 마치 작은 자수정 같다. 색도 색이지만 특유의 향기로 밥이 쉬지 않을 것 같아 김밥용 밥으로 좋고, 삼겹살에 곁들여도 멋질 것 같다.

인도네시아에서는 보라색 꽃을 넣어 지은 보라색 밥이 존경의 뜻을 담고 있다고 하여 귀한 손님에게 대접한다.

강황 색물밥 재료

강황 가루 10g, 쌀 200g, 물 390g

강황 색물밥

카레는 맛이 있고 영양학적으로도 균형이 잘 잡혀 있어 현대인이 즐겨 먹는 음식 중 하나다. 근래에는 카레의 주성분인 강황이 만병의 원인인 만성염증을 낮추고 예방하는 효능이 강력하다는 것이 알려지면서 강황의 뛰어난 효능을 취하고자 하는 것이 카레를 먹는 이유가 되었다. 강황의 노란색은 천연 항산화 물질인 커큐민(curcumin)이다. 커큐민은 활성

산소를 제거하고 세포를 보호하여 우리 몸의 염증을 몰아내 전반적으로 면역력을 높일 뿐 아니라 체중 관리에도 도움을 준다.

가끔 카레를 오랫동안 먹지 않았다는 생각이 들면 강황을 못 먹었다는 생각에 불안해지기까지 한다. 자주 먹어야 하는 강황이지만 강황의 맛과 향이 강렬해서인지 인도와 동남아 그리고 중동의 조리법으로 고기를 마리네이드할 때 이외에는 강황을 향신료로 잘 쓰지 않는다.

여름에 강황을 넣어 밥을 짓거나 나물을 무치면 쉬지 않고 오래 간다. 또한 음식을 이동시킬 때도 강황을 조금씩 섞어 조리하면 변질되지 않는다. 음식의 보관 기간이 길어지는 것을 경험하면서 강황을 먹으면 우리 몸에도 유익한 변화가 생기겠다는 생각이 들었다. 쌀을 솥에 넣고 강황 가루를 넣어 골고루 섞은 뒤 밥물을 붓고 밥을 짓는다. 밥솥 옆에 강황 가루를 비치해 두고 조금씩 뿌려 밥을 지으면 강황밥을 짓는 일은 쉽다. 다만, 강황밥을 꾸준하게 먹기가 어려울 뿐이다.

치자 색물밥

치자 색물밥 재료

치자 6개, 치자 우리는 물 650g, 밥물용 치자 우린 물 400g

밤을 사러 시장에 갔다가 바구니에 담긴 갓 딴 듯한 치자를 보고 예쁘다고 감탄사를 연발했다. 밤을 담던 주인이 몇 개 가져가서 치자밥을 지으라며 밤 봉지에 담아준다. 사프란, 강황, 잇꽃 밥은 생각하고 있었지만 치자밥은 잊고 있었는데…

시인은 7월은 치자꽃 향기를 들고 온다고 했다. 치자꽃은 수국과 함께 무르익어 가는 여름을 상징하는 순백의 꽃이다. 바람개비를 닮은 치자꽃은 아름답고 향기는 진하지만 맑고 달콤하다. 꽃으로도 족하지만, 치자나무의 등황색 열매는 음식에 물을 들이거나 가정의 상비약으로 사용되었다. 조선 초기의 문신인 강희안(姜希顔)은 《양화소록(養花小錄)》에서 치자나무의 네 가지 아름다움을 꼽았는데 그 첫째가 꽃빛이 흰 것이요, 둘째가 향기가 맑고 풍부하며, 세 번째는 겨울에도 푸른 잎의 윤채 나는 싱싱함을, 네 번째는 열매가 염료나 약재로 쓰이는 것을 꼽았다. 지금도 치자꽃은 향수가 되고 그 열매인 치자는 밥이나 전을 물들이는 식용색소로, 옷감이나 종이를 물들이는 천연염료로, 다리가 삐거나 멍들었을 때 쓰는 약으로 두루 우리를 이롭게 하고 있다. 치자밥은 특별한 향이나 맛이 없어 누구나 부담없이 먹을 수 있다. 치자밥이 색도 곱지만 여러 효능 중에서 화를 가라앉힌다는 것만으로도 현대인이 자주 먹어야 하는 밥이다. 치자는 하루를 물에 담가 얻은 물에 씻은 쌀을 넣고 1시간 정도 불렸다가 그 물과 함께 밥을 짓는다.

치자

치자나무의 익은 열매는 성질은 차고 맛은 쓰다. 열을 식히고 화를 다스리는 작용이 있어 가슴이 답답할 때 좋다. 열기와 붓기를 가라앉히고 해독하는 작용이 있어 외상을 치료하는 데 치자 물로 반죽한 밀가루떡을 활용하였다. 치자를 일본어로는 'くちなし(口無し)'라고 하는데 '입이 없음', '말하지 말아라'라는 뜻이다. 치자나무의 열매가 익은 후에도 벌어지지 않음에서 비롯되었으며 바둑판의 다리 모양을 치자나무 열매와 같이하여 훈수꾼이 훈수를 두지 말라는 뜻으로 해당 모양을 조각했다고 한다. 치자꽃이 피면 장마가 시작되고 치자꽃이 지면 장마가 끝난다고 한다. 치자꽃 향기가 더욱 진한 것은 치자나무가 비와 함께 하기 때문이다. 무더운 여름을 보낼 수 있었던 것은 치자꽃 향기가 있었음이리라.

사프란 색물밥

오래전 스페인의 파에야(paella)로 사프란(saffron)을 알게 되었다. 파에야를 만들기 위해 사프란을 사러 갔는데 식재료상 주인은 자물쇠가 채워진 장에서 꺼내 가는 핀셋으로 사프란을 집어 종이에 싸서 병에 담아 주었다. 가격도 만만치 않아 마치 보석을 산 것 같았다. 남은 사프란은 아끼기만 하다가 없어져 버렸다.

파에야에 담긴 사프란은 비싼 가격에 비해 특별한 감동을 주지 못하였다. 사프란에 대한 기대가 너무 컸던 탓인 것 같다. 사프란은 그렇게 사라지는 듯했다. 십여 년 뒤, 바닷가재와 해물이 들어간 리소토를 먹었는데 맛이 좋았다. 자연스러운 풀 향이 전혀 다른 맛을 하나로 엮어 내고 있었다. 맛의 주역은 밥을 연한 오렌지빛으로 물들인 사프란이었다. 사프란 특유의 붉은색을 내는 물질인 크로신과 크로세틴의 함량에 따라 풍미가 크게 달라진다는 것을 알게 되었다.

이란, 스페인, 이탈리아 음식문화의 공통점은 사프란의 생산지이고 사프란으로 물들인 밥을 즐겨 먹으며 세계인의 밥 문화로 확산되었다는 것이다. 흔히, 사프란이 붉은빛을 띨 정도의 강렬한 노란색을 낸다는 점에서 치자와 비교한다. 사프란은 꽃술로 향기가 있고 치자는 열매로 특별한 향이 없다. 치자꽃의 달콤한 향기는 노란 꽃술에서 나온다. 사프란밥을 짓는 방법도 치자밥을 짓는 방법과 똑같다.

사프란밥을 '약물밥과 색물밥' 편에 실은 것은 사프란밥의 풍미가 뛰어나다는 것도 있지만 우리도 홍화, 치자, 국화 등의 향기와 맛을 밥에 넣었던 것을 상기하고 밥 짓기에 적극적으로 활용하여 먹었으면 하는 바람에서다.

* 사프란의 향기는 눈으로 볼 수 있다. 사프란을 물에 담그면 빠르게 색이 우러나는데 막 색이 우러날 때는 빨간빛을 띠다가 물에 희석되면서 주홍빛으로 변하는 과정이 아름다운데 이 색소가 향기를 품고 있기 때문이다.

✳ 사프란(Saffron)

사프란은 붓꽃과에 속하는 식물인 사프란 크로커스(Saffron crocus, 학명: Crocus sativus) 꽃의 암술대를 건조해 만든 향신료이다. 사프란은 트러플(truffle), 캐비어(caviar)와 함께 세계 3대 고급 식재료로 꼽힌다.

사프란 크로커스 자체는 번식도 굉장히 쉽고, 여름이 건조한 온대지방에선 특별한 관리 없이도 잘 자란다. 꽃송이의 암술을 핀셋으로 따서 말려야 하므로 사람의 수고가 많이 들어간다. 사프란의 90% 가까이는 이란에서 재배된다.

사프란은 맛보다는 다른 향신료로는 대체 불가한 건초와 비슷한 독특한 향이 희소성을 지니고 있어 금보다 비싸기도 했다. 사프란의 향미는 피크

로크로신(picrocrocin)과 사프라날(safranal)이라는 물질 때문이다. 또한 사프란은 카로티노이드(carotenoid) 색소와 크로신(crocin)이라는 화학 물질 때문에, 음식에 넣었을 때 풍부한 황금빛 내지는 노란 색조를 띠게 된다. 사프란이 "Sunshine Spice"란 별명에 걸맞게 기분을 밝게 해 주어 우울증 예방과 기억력 증강 및 인지능력 향상에 도움을 준다고 한다. 이 물질은 항산화 성분이 풍부하여 암세포 형성을 억제하고 정상세포를 보호하는 기능을 하고 있다. 사프란은 스페인과 북부 이탈리아, 이란에서는 쌀과 빵 요리의 착색, 착향과 고기나 생선을 부드럽게 마리네이드하는 데 주로 쓰이고 이란에서는 차로도 즐겨 마신다. 프랑스에서는 소스 재료로 사용한다.

토마토밥

토마토밥 재료

불린 쌀 180g, 생토마토 큰 것 1개, 올리브유 2T, 육수 180g

육수 만들기

닭 뼈, 후추, 당근, 대파, 양송이, 마늘, 양파를 넣어서 2시간 정도 삶는데
처음에는 중강불로 삶다가 끓으면 7분 정도 더 유지한 뒤 약불로 줄이고
고운체에 걸러서 사용한다.

토마토밥 짓는 방법

중간 크기의 토마토를 열십자로 칼집을 긋고 나서 불린 쌀의 한가운데에
올리고 올리브유를 넣은 뒤 육수를 밥물로 넣는다.

이 토마토도… 저 토마토도… 그 맛이 아니다. 반으로 가르면 탱탱한 속살이 치밀어 오르고 반짝이를 뿌린 듯 작은 빛 조각이 가득했던 어린 시절 먹던 토마토를 찾는다. 온몸에 강렬하게 기억된 토마토가 행복하게도 하고 슬프게도 한다. 언젠가부터 토마토를 생으로 먹는 것을 그만두었다. 토마토는 익혀야 유효 성분인 라이코펜(lycopene)이 제대로 작동한다는 영양학이 기억 속의 찬란한 토마토를 잊게 하는 명분이 되었다.

토마토를 익힌 다음 갈아서 먹고 기름에 볶아서 먹기도 하지만 지속적으로 먹지 못하게 된다. 토마토를 많이 먹기 위한 방법은 역시 매일 밥에 넣는 것이 가장 효율적이라고 정리하였다. 생토마토, 토마토소스, 볶은 토마토를 밥에 넣어 다양한 방식의 토마토밥을 지었다. 냉장고 속에서 다른 과일에 밀려 풀이 죽어 있는 방울토마토도 토마토밥으로 변신한다. 생토마토밥은 새콤달콤한 향을 자랑하고, 토마토소스로 지은 밥은 진한 토마토의 풍미를 자랑한다. 토마토밥을 지을 때는 토마토가 수분이 많으므로 육수나 밥물은 다소 적게 잡아야 한다.

* 토마토의 비타민은 기름에 잘 녹아 나오므로 생토마토로 밥을 지을 때는 토마토의 짝인 올리브유를 넣어 짓는다.
* 토마토는 소고기와 잘 어울리는데 소고기 사태로 만든 육수가 깔끔하여 토마토의 풍미를 살릴 수 있다.

주꾸미 풋마늘대밥

불린 쌀 300g, 물 305g, 주꾸미 6마리, 풋마늘대 2대, 청주 2T

양념장 재료

간장 30g, 멸치육수 40g, 참기름 25g, 깨소금 15g

주꾸미는 손질하여 살짝 데친 뒤 새끼손가락 반 마디 크기로 자르고 풋마늘대는 길이로 반을 가른 후 3cm 길이로 잘라 준비했다가 밥이 끓기 시작하면 바로 넣어 밥을 짓는다.

봄이 되면 산과 들에는 새싹과 새순이 올라오고 꽃도 핀다. 추위를 이겨
낸 대견한 보리싹, 쑥과 냉이가 푸릇푸릇 돋아난다. 산과 들뿐 아니라 바
다에도 봄이 찾아온다. 봄 바다는 생명의 바다로 일 년 중 가장 많은 먹
을거리를 우리에게 선물한다. 봄 바다가 주는 선물 중 하나를 고르라고
한다면 양식을 하지 못하는 주꾸미를 택한다. 주꾸미는 문어나 낙지와
닮았지만 크기가 작다. '봄 주꾸미 가을 전어'라는 말이 있듯 주꾸미는
봄을 상징하는 식재료로 알려졌지만 가을에도 맛이 있다. 봄 주꾸미의
머리통에는 쌀알 크기의 알이 가득 차 있고 익히면 쌀밥처럼 되는데 이
알을 별미로 쳐서 봄 주꾸미가 유명하다. 봄 주꾸미는 육질이 졸깃하고
가을 주꾸미는 연하다.

봄에 가장 반가운 채소 중 하나가 추위를 이겨낸 풋마늘대다. 뿌리 쪽은 고추장에 찍어 먹고 연한 쪽은 데쳐서 고추장에 무친 나물로 많이 먹는다. 딱 기분 좋을 정도로 알싸하지만 살짝 달큰하여 식욕을 돋우고 몸에 활력을 준다. 봄이면 꽃도 반갑지만, 주꾸미와 마늘잎도 반갑다. 서해안에서 막 도착한 주꾸미와 서해안의 해풍을 받고 자란 풋마늘대를 넣고 청주를 조금 넣어 주꾸미 풋마늘대밥을 지었다. 맛도 식감도 말할 수 없이 좋은 지친 몸에 원기를 불어 넣는 밥이다.

주꾸미는 피로회복에 좋은 타우린과 DHA, EPA 등의 불포화 지방산, 필수아미노산 등이 풍부하다. 타우린은 낙지보다 2배가 더 많고 칼슘의 흡수를 촉진해 골다공증을 예방하고 체지방 감소에 도움을 주는 아르기닌도 장어보다 많다고 한다. 풋마늘대 잎에는 알리신 성분이 풍부하여 소화를 돕고 항균 능력이 탁월하다.

곤약쌀밥

곤약쌀밥 짓는 방법

솥에 미리 계량한 용량의 물을 붓고 팔팔 끓이다가 곤약쌀을 넣고 밥을 짓는다.

밥을 안 먹는 이유가 살이 찌기 때문이라고 한다. 밥을 안 먹으면 자연스럽게 반찬을 먹지 않아 영양이 불균형하게 된다. 밥은 먹되 살이 찌고 싶지 않다면 곤약으로 만든 곤약쌀로 지은 밥을 추천한다. 곤약은 구약감자의 땅속줄기 전분으로 만든 묵이다. 곤약의 주성분인 글루코만난(glucomannan)은 물과 만나면 즉시 크게 팽창하고 위에 머무는 시간이 길어 포만감을 주지만 칼로리가 낮아 다이어트 식품으로 많이 애용된다. 곤약은 포화지방, 트랜스 지방, 나트륨, 콜레스테롤이 함유되지 않은 건강식품이다. 곤약쌀은 원재료인 구약감자의 탄수화물을 가공해서 쌀의 형태로 만든 쌀이다. 곤약밥을 먹은 뒤에 속이 답답할 수 있는데 이는 곤약이 소화가 잘되지 않기 때문이다. 곤약밥을 먹을 때 무나물, 무생채, 뭇국 등과 함께 먹으면 소화가 잘된다.

곤약쌀에 물을 부으면 눈 깜짝할 사이에 곤약쌀이 물을 흡수하여 당황하게 된다. 밥물은 쌀밥보다 적게 잡고 끓는 물에 곤약쌀을 넣고 오래 뜸을 들여야 한다. 곤약쌀과 쌀의 성질이 다르고 익는 속도도 달라서 곤약쌀과 쌀을 같이 섞어 짓는 것보다는 곤약쌀로만 한 밥이 더 맛있다. 만약, 쌀과 곤약을 섞어서 밥을 할 때는 곤약쌀을 아래에 두고 쌀을 위에 두어야 쌀이 잘 익는다. 곤약쌀을 쌀 위에 두면 곤약쌀의 끈적이는 성분이 쌀을 감싸서 쌀이 익는 것을 방해하기 때문이다.

곤약쌀밥 만들기
일반 흰쌀과 곤약쌀의 비율을 4:6 정도로 하는 것이 이상적이다.

수수 단호박밥

불린 수수 110g, 단호박 1개, 대추 7개, 연근조림 10쪽, 밤 7개

수수 단호박밥 짓는 방법

단호박은 상단 부분을 도려내어 뚜껑을 만든 뒤 속을 파내고 수수는 씻어서 물에 담가 불린 다음 단호박 속에 넣고 그 위에 조린 연근과 대추, 밤 등을 넣고 쪄낸다.

중국에서는 수수를 '고량(高粱)', '촉서(蜀黍)'라고 하는데 수수로 만든 술을 고량주라고 하고 수수전병을 '촉서전병'이라고 한다. 수수는 탄수화물이 주성분이므로 엿, 술, 과자, 떡의 재료로 많이 쓰였다. 특히 수수는 붉은색이 나쁜 잡귀를 물리치고 건강하게 자라게 한다고 하여 아이의 생일떡으로 많이 쓰였다. 수수의 매력은 맛보다는 폭신한 듯 탄력이 있는 식감에 있다.

수수는 따뜻한 성질을 지니고 있어 위장을 보호하고 따뜻하게 하여 우리 몸의 전체적인 건강 증진에 효과적이다. 수수는 항산화 성분인 폴리페놀이 흑미보다 두 배 많고 아이들의 두뇌 발달에 도움을 주는 히스티딘(histidine)이 풍부하다. 오래전 수수가 아이들의 청력 발달에 도움을 준다는 내용을 상기하며 아이들의 생일떡으로 수수를 선택한 선인들의 지혜에 새삼 감탄하게 된다. 음식뿐 아니라 다방면에 걸친 조상의 지혜와 오랜 세월 많은 시행착오 끝에 축적된 전통 지식이 제대로 평가받지 못하고 점점 잊혀지고 있다는 것이 안타깝다.

수수에는 단백질이 부족하므로 콩, 조 등 단백질이 많은 식품을 더하면 영양학적으로 균형을 이루게 된다. 가을에 쉽게 구하는 단호박에 수수를 담으면 부족한 수수의 맛이 채워진다.

tip.
밥솥을 이용하면 수수 단호박밥을 쉽게 지을 수 있다. 뜸 들이기를 길게 하면 단호박의 껍질이 저절로 벗겨져 먹기 좋다.

✳ 수수(sorghum)

수수(sorghum)는 극심한 가뭄, 고온, 염분 토양 등에서도 생육이 가능한 강인한 곡물이다. 전 세계적으로 5억 명 이상이 이를 주식으로 삼고 있으며, 특히 아프리카와 인도에서 중요한 식량 자원으로 자리 잡고 있다. 글루텐이 없어 알레르기 대응 식품으로도 각광받으며, 섬유질·무기질·항산화 성분이 풍부해 영양 가치 또한 높다. 사료, 바이오에탄올, 천연 색소 등 산업적 활용 가능성도 주목할 만하다. 기후 위기와 식량난이 심

화되는 지금, 수수는 인류의 생존을 위한 곡물로 재조명되고 있다. 수수
는 옥수수와 같이 프로안토시아니딘(proanthocyanidin)이라는 성분
이 있어 신장이나 방광에 좋다.

금태 유자밥

금태 유자밥 재료

금태 1마리, 불린 쌀 250g, 유자 1개, 다시마 육수 310g

금태 유자밥 짓는 법

유자즙을 깨끗하게 손질한 금태에 바른 뒤 불에 굽고 불린 쌀에 구운 금태와 유자를 올린 뒤 다시마 육수를 붓고 밥을 짓는다. 뜸을 오래 들이지 않는다. 은행이 있으면 넣어도 좋다.

다시마 육수 만드는 법

물 370g에 대파, 간장, 맛술을 넣고 중불에서 끓이다가 290g 정도가 되면 불을 끄고 식으면 자른 다시마 5~6쪽을 넣고 냉장고에 하루를 둔 다음 꺼내서 다시마를 건진다.

'금태'의 원명은 '눈볼대'로 머리에서 가장 두드러진 눈의 크기에서 비롯
되었다. 또 다른 이름 '빨간고기'는 몸이 빨갛다는 이유로 불린다. 금태는
낯선 생선이었지만 한 번 맛을 본 사람들은 담백함과 고소함을 절묘하
게 갖춘 금태의 맛에 금방 빠지게 된다. 금태를 '바다의 황태자'라고 부르
는데 남다른 외모에 맛도 갖추었지만 금태가 깊은 바다에 사는 어종으
로 양식이 불가능하다는 것도 황태자의 자격을 갖추는 데 한몫한다. 금
태는 비린내가 없고 지방이 풍부하지만 담백하여 솥밥으로 인기가 있다.
금태를 굽기도 하고 그냥 바로 밥에 올려 솥밥을 짓기도 하는데 금태의
껍질이 얇아 쉽게 부서지기 때문에 가급적 굽는 방법을 추천한다. 금태
를 굽지 않고 넣으면 금태의 살이 밥과 자연스럽게 하나가 되는 색다른

솥밥이 된다. 금태밥이 완성되면 먹기 직전 유자즙을 뿌려도 좋고 유자를 썰어서 넣고 밥을 해도 좋다. 쌀알 하나하나에 스며든 유자의 상큼한 향이 자칫 느끼할 수도 있는 금태밥에 싱그러움을 더해준다. 유자와 금태의 모든 맛이 쌀알 하나하나에 스며든 금태 유자밥은 둘이 먹다가 하나가 죽어도 모를 정도로 맛있다.

tip.
금태밥에는 톳이나 미역, 청각 등을 넣어 바다의 향기를 담아도 좋은데 소량만 넣어 유자의 향과 금태의 맛을 살린다.

〈유자〉
유자는 귤속 과일로 원산지가 중국 양쯔강 상류다. 신라 문성왕 때 장보고가 우리나라에 들여왔다. 껍질이 노랗고 울퉁불퉁한 유자는 비타민 C가 레몬보다 1.5배나 많이 함유되어 있는 '비타민의 저장고'로 기관지, 천식, 감기 예방에 좋으며 피부 미백과 탄력을 유지하는 데 도움을 준다. 유자의 신맛과 단맛을 내는 구연산은 피로 해소에 좋고 비타민 B, 당질, 단백질 등이 다른 감귤류보다 많이 함유되어 있다. 또한 모세혈관을 보호하는 헤스페리딘(hesperidin)이 들어 있어 심혈관 질환 예방에 도움을 준다. 유자의 풍부한 엽산은 조산이나 기형아를 예방하고 장운동을 활발하게 해주어 변비에 좋다. 유자의 피닌, 미르신, 터르피닌 등의 성분은 항산화 효과가 뛰어나 활성산소의 활동을 억제하여 노화를 방지하고 항암에 효과가 있다. 《본초강목》에는 유자가 몸을 가볍게 하고 수명을 길게 한다고 한다. 특히, 유자의 유효 성분이 가장 많이 함유된 부위는 유자의 껍질이다. 유자 씨앗은 기름을 짜는 데 쓰인다.

* 헤스페리딘(hesperidin)은 감귤류에 많이 존재하는 플라보노이드계 색소 중의 플라바논(flavanone) 배당체로 모세혈관을 튼튼하게 하고 항염, 항암, 항산화 효과가 있으며 콜레스테롤을 낮추는 역할을 한다.

호
두
밥

호두밥 재료

불린 쌀 200g, 물 320g, 호두알 90g

호두밥 짓는 방법

호두를 끓는 물에 살짝 데친 뒤 껍질을 제거하고 콩알 크기로 자른 다음 불린 쌀에 평소보다 물을 더 넣고 밥을 짓는다.

먹지 않은 호두가 눈에 띄었다. 흔히, 호두의 생김새가 뇌를 닮았다고 하는데 다시 들여다보니 뇌보다는 폐를 닮은 것 같다. 그래서인지 호두는 뇌세포를 활성화하는 건뇌 식품이자 폐를 윤택하게 하여 기침에 좋은 효과가 있다. 기침이 심할 때 호두기름을 먹으면 큰 도움을 받는다. 호두는 지방과 단백질, 그리고 비타민이 풍부하여 피부를 윤택하게 한다. 이렇게 좋다는 것을 알고 있어 구매는 하지만 꾸준하게 먹지는 않는다. 호두가 느끼하기도 하고 칼로리가 높다는 말에 가던 손이 멈칫하기도 한다.

호두가 아깝다는 나의 말에 젊은이가 호두 파이를 해 먹으면 된다고 한다. 세대 차이를 느끼며 호두를 팔팔 끓는 물에 데쳐서 껍질을 벗겨 놓았다. 호두 조림을 하고 남은 호두를 콩알 크기로 자른 뒤 기름과 간장을 조금 넣고 살짝 볶았다. 샐러드, 간식, 볶음밥 등에 다용도로 쓰임이 있을 것 같지만 이왕 먹는 밥에 호두를 넣어 두뇌 건강에 좋은 호두밥을 지었다.

뜸이 들면서 고소한 호두 냄새가 은은히 풍겨 꽤 괜찮은 밥의 탄생을 예감하게 된다. 일정한 모양의 콩이 들어간 콩밥보다 자연미와 호두 특유의 무게감이 느껴지는 호두밥을 얻었다. 호두밥이 맛있냐고 물어보는 것은 괜한 일이다. 호두는 담백하지만 살짝 간이 되어 있어, 밥맛은 더 진해졌다. 앞으로 호두는 호두밥을 하기 위하여 구매할 것 같다.

호두의 영양 성분
호두는 엄동설한을 나는 데 필요한 지방의 공급원이었다. 다량의 필수 지방산이 있어 성장기 어린이나 기억력을 향상시켜 수험생에게 좋은 견과류다. 호두는 지방 함유량이 60~70%, 단백질이 15~20%로 많아서 산화되기 쉬우므로 껍질을 까지 않은 것을 구매하여 필요할 때마다 깨서 먹는 것이 좋다.

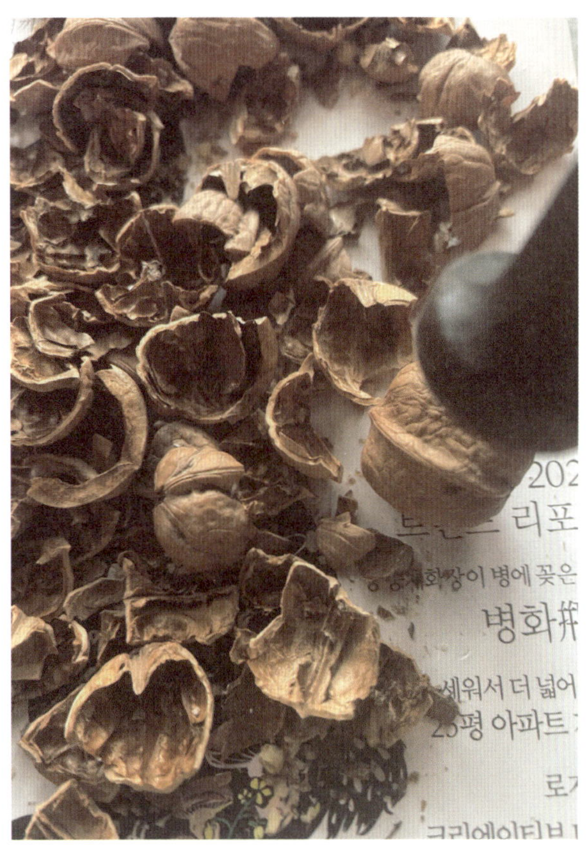

파
프
리
카
밥

파프리카밥 재료

불린 쌀 150g, 빨간색·주황색·노란색 파프리카 각각 1개씩, 올리브유 30g, 소금 3.5g, 우유 140g, 포도주 25g, 후추 약간, 아로니아 가루 약간

파프리카밥 짓는 방법

파프리카는 깨끗이 씻어 가로로 잘라 뚜껑을 만들어 준비해 두고, 물에 충분히 불린 쌀은 올리브유를 넣고 볶다가 포도주와 소금, 후추를 뿌린 후 쌀알이 투명해질 때까지 볶는다. 볶은 쌀로 파프리카 안을 채운 뒤 우유를 부은 다음 뚜껑을 덮고 굽는다. 볶은 쌀의 일부는 아로니아 가루를 더하여 색을 낸다.

자연물에 음식을 담아서 식탁을 차려보려는 계획을 세우고 있다고 사람들에게 말했더니 빙긋이 웃기만 할 뿐이다. 어떤 의미인지 알 수가 없으니 잠시 외로움까지 밀려든다. 수박 통에 샐러드를 담고 아보카도 껍질에는 명란젓을 살포시 담아내며 작은 밤껍질은 소금 그릇으로 정해둔다. 연잎이나 토란잎, 대나무 통 등 둘러보면 자연이 다 그릇이다. 자연 그릇 밥상을 차리는 날 밥은 수분이 많은 파프리카에 담아서 화덕으로 익히려고 한다. 화덕에 구워서 껍질을 벗겨 먹었을 때의 파프리카가 준 감동을 잇고 싶었다.

파프리카의 선명하고 화려한 색감은 음식에 생동감을 주지만 밥을 품은 파프리카는 갑자기 철이 난 듯 의젓해 보인다. 그래 네가 솥도 아닌데 밥을 지었으니…. 반으로 갈라 맛을 보았는데 밥에 파프리카의 향이 온전하게 담겨 있는데 파프리카의 식감이 아삭함에서 쫄깃함으로 변화되었다. 빨간·노랑·주황 솥이 된 파프리카가 대견하다.

〈단고추, 파프리카〉
화려한 색감을 가진 파프리카는 피망과는 형제이며 토마토, 가지와는 사촌이다. 파프리카는 '비타민 캡슐'이라 불릴 정도로 풍부한 비타민을 함유하고 있다. 파프리카는 오스만제국 당시 헝가리로 전파되었는데 매운 고추를 말한다. 파프리카를 이용한 가장 유명한 요리는 헝가리의 '굴라시(Goulash)'다. 굴라시는 큼직하게 썬 쇠고기에 파프리카를 넉넉히 넣어 오랜 시간 끓이는 헝가리 전통 요리다. 파프리카는 색깔에 따라 그 효능이 다른데 빨간색은 칼슘과 인이 풍부하고 리코펜이 들어 있으며 비타민 C 함량이 초록색보다 높다. 주황색은 철분과 베타카로틴이 풍부하며 미백 효과가 있고 멜라닌 색소 생성을 억제해 준다. 아토피성 피부염에도 좋아 주황색 파프리카를 이용해 비누와 팩을 만든다. 누란색에 함유된 키로티노이드는 눈 건강 유지에 도움을 주며, 황반변성 예방에 기여할 수 있다.
파프리카는 단맛뿐 아니라 매운맛을 내는 품종도 있고 좋은 파프리카는 가벼운 과일 향이 난다. 파프리카는 당지수(GI)가 낮고 비타민이 다른 채소에 비해 함유량이 많아 체중 관리와 피부 미용에 좋다. 파프리카에 들어 있는 비타민 A는 베타카로틴 형태로 존재하므로 기름과 같이 조리하여 먹는 것이 좋다.

tip.
파프리카에 쌀을 볶아서 넣으면 조리 시간이 단축된다. 화덕이나 오븐이 없을 때는 토마토소스를 육수에 푼 물에 담가서 익혀도 좋다.

머위꽃밥

머위꽃밥 재료

불린 쌀 200g, 물 220g, 머위꽃 7송이

머위꽃밥 짓는 방법

머위꽃을 소금을 넣은 끓는 물에 살짝 데치고 불린 쌀로 밥을 짓다가 밥이 끓기 시작하면 바로 넣어서 밥을 짓는다.

불린 쌀 200g, 물 220g, 머위꽃 7송이

봄이 오면 기다려지는 꽃이 있다. 뒷마당의 사각지대인 담벼락 근처의 이제는 낡은 이불이 되었지만, 그런대로 폭신한 낙엽 이불을 밀고 올라오는 예쁠 것 없는 키 작은 머위꽃이다. 머위가 꽃이 있다는 것을 알았던 그때의 경이로움으로 입춘만 되어도 혹시나 성질 급한 머위꽃이 있을까 해서 지난여름 머위가 무성하였던 담벼락 주변을 들여다보곤 한다. 머위꽃을 딴 첫해는 데친 머위꽃을 쫑쫑 썰어서 된장과 함께 볶아서 쌈을 싸 먹었고, 그 다음해에는 데쳐서 생강을 넣은 초간장에 찍어서 먹었다. 크고 작은 머위꽃이 여기저기 솟아오른 머위밭은 마치 밤하늘에 별이 뜬 것 같다. 머위꽃을 딸 때는 하늘을 걷는 듯 조심조심 발을 내딛게 된다. 머위꽃을 많이 따기가 아까워 먹을 만큼만 따서 밥을 지었다. 밥을 짓고 남은 머위꽃은 된장과 함께 볶아서 머위꽃 된장 쌈을 만들었다. 머위꽃 향기로 지은 머위꽃밥을 먹으며 봄맞이를 하는 사람이 이 지구상에 몇 명이나 될까 생각해 보았다.

머위의 효능

머위는 국화과의 여러해살이풀로 장독대나 담장 주변의 습하고 응달진 곳에서 자란다. 양달에서 자란 것은 응달에서 자란 것보다 질기다. 꽃은 암수가 달라 암꽃은 흰색이고 수꽃은 황백색이다. 머위가 쌉싸름하면서도 향긋한 풍미가 있어 쌈을 싸서 먹기도 하고 데쳐서 고추장이나 된장으로 무쳐 먹는다. 머위는 쓴맛을 내는 도라지나 더덕처럼 기관지와 천식에 좋다. 머위의 꽃줄기에는 퀘르세틴(quercetin), 캠페롤(kaempferol) 등이 있어 노화 방지 효과가 있으며 뇌 기능을 보호하여 기억력 장애에 도움을 준다고 한다. 한방에서는 해독하고 어혈을 없애며 편도선염과 독사에 물린 상처에 쓴다고 한다. 겨울잠을 깬 곰이 맨 처음 머위를 먹는다고 한다. 머위의 쓴맛이 몸에 활력을 불어넣기 때문이다.

율무 샐러드밥 재료

율무 100g, 동부콩 30g, 노란 파프리카 1/2개, 빨간 파프리카 1/2개, 호박 1/2개,
표고버섯 2개, 라임 1쪽, 올리브유 20g, 포도식초 15g, 파르메산치즈 조금, 후추·
소금 각각 조금씩

율무 샐러드밥 만드는 방법

율무는 깨끗이 씻어서 한나절 이상 물에 불린 후 동부콩을 섞어 밥을
지은 뒤 식혀서 포도식초와 소금을 넣어 버무려 두고 파프리카는 굵게
채를 썰고 애호박은 길이를 살려서 너비 1cm 내외로 껍질만 살려 포를
뜬 다음 소금에 절여 올리브유와 후추에 무친 호박 껍질로 돌돌 말아주
고 표고버섯은 데쳐서 물기를 꼭 짠 다음 소금과 후추를 넣은 뒤 완성된
율무밥에 올린 후 파르메산치즈를 뿌려준다. 라임이나 레몬 한 조각을
올려서 상큼함을 더한다.

율무 샐러드밥

율무는 의이인(薏苡仁)이라고도 하는데 1078년 우리나라에 전래되어 자양 강장의 곡물로 죽이나 차로 먹었다. 도정한 율무쌀만 보기 때문에 율무가 흰색인 줄 알지만, 율무는 밤색의 딱딱한 껍질에 싸여 있다. 율무는 이뇨 작용을 촉진시켜 몸의 부기를 빼 주고 사마귀나 잡티 등의 피부미용에 좋지만, 임산부가 많이 먹어서는 안 되는 곡물로 알려져 있다.

조규형(曺圭亭)의 《묘약기방(妙藥奇方)》에는 "율무 40g으로 열흘 정도 죽을 끓여 먹으면 주근깨가 깨끗이 없어진다."라고 하여 율무가 피부미용에 특화된 곡물이었다는 것을 알 수 있다. 율무가 단백질 함량이 높고 류신을 비롯한 필수아미노산이 많아 피부미용에 좋고 먹으면 포만감이 들고 복부 지방을 제거하여 한의학에서는 다이어트에 율무를 많이 활용한다. 율무는 황정과 함께 먹으면 여드름, 기미, 주근깨 등에 효과를 보이므로 황정 물에 율무를 넣어 밥을 지으면 좋다. 율무는 사마귀를 없애는 민간요법으로 유명하다. 임산부에게 율무를 금기시하는데 이는 예전에는 도정 기술이 발달하지 않아 약성이 강한 율무를 많이 먹거나 장복하였을 때 나타나는 일부 부작용이 과장된 면이 있는 것 같다. 율무는 단백질이 풍부하고 식감은 보리처럼 졸깃거려 샐러드에 넣어 먹으면 한 끼 식사로 손색이 없다. 물론, 쌀과 혼식하여 먹어도 좋다. 중국의 장수 식단에는 율무가 빠지지 않는다.

tip.
율무는 보리처럼 하룻저녁을 불린 다음 밥을 하여 샐러드에 넣는다.

* 쌀의 단백질 함량은 6.5% 정도이고 율무의 단백질 함량은 약 11%로 쌀보다 훨씬 높다.

콜리플라워밥

콜리플라워밥 재료

쌀 200g, 콜리플라워 200g, 물 400g

콜리플라워밥 짓는 방법

콜리플라워를 씻은 뒤 보리알 크기로 다져서 준비하고 쌀로 밥을 짓다
가 밥에서 김이 나기 시작하면 콜리플라워 쌀을 끓는 밥에 넣어 밥을 완
성한다.

콜리플라워는 배추속인 브라시카 올레라케아(Brassica oleracea) 종에 속하는 채소다. 원산지는 지중해 북동부이며 우리나라에는 1920년 무렵에 들어와 1970년대 말부터 본격적으로 재배되기 시작했다. 브로콜리의 아종으로 하얀 브로콜리로 알고 있는 사람도 있을 정도로 브로콜리를 닮았다. 브로콜리가 녹색, 콜리플라워가 흰색인 것은 각각 서로 다른 플라보노이드(flavonoid)를 가지고 있어서이다. 예전에는 브로콜리보다 당도가 높고 식감이 좋은 콜리플라워가 더 인기가 있었는데 여타의 채소를 압도할 정도인 브로콜리의 영양학적인 우수성이 알려지면서 브로콜리에 치이게 되었다. 모범생인 콜리플라워가 채소계에서 수재로 이름난 브로콜리라는 강적을 만나 치이게 된 것이다. 브로콜리는 비타민 C, 단백질, 지방, 칼슘의 함량이 높은데 특히 항산화 작용을 하는 베타카로틴이 콜리플라워에는 18μg, 브로콜리에는 무려 800μg이 들어 있어 약 50배 가까이 더 많다. 영양학에서도 비용이나 효율을 따져야 하는 현대인은 이왕이면 브로콜리를 선택할 수밖에 없다.

콜리플라워는 브로콜리보다 칼로리가 30% 정도 낮아 체중조절을 하는데 도움을 주고 아삭하면서도 연하여 소화도 잘된다.

콜리플라워 쌀은 콜리플라워를 쌀처럼 잘게 다진 것으로 쌀과 섞어 밥을 지어 먹는다. 콜리플라워의 색과 식감이 쌀과 비슷하여 구분이 잘 안될 정도다. 콜리플라워를 끓는 물에 식초와 소금을 조금 넣고 꽃봉오리를 아래로 향하게 하여 살짝 데친 다음 쌀알 크기로 만든다. 남은 콜리플라워 쌀은 냉동실에 보관하면 된다.

브로콜리는 여러 꽃봉오리가 모여 하나를 이루었고 콜리플라워는 꽃의 흰 머리 부분을 먹는다.

콜리플라워는 양배추보다 연하고 소화가 잘되는 채소이며, 떫은맛이 있어 끓는 물에 식초와 소금을 조금 넣고 데쳐 사용하는 것이 좋다. 콜리플라워의 비타민 C는 열에 의해 잘 파괴되지 않아 콜리플라워 쌀밥에 달걀과 두부를 넣어 함께 볶은 콜리플라워 볶음밥도 맛있다.

✳ 브로콜리(Broccoli)

브로콜리는 라틴어로 작은 가지가 모여 큰 꽃송이가 된다는 뜻을 지니고 있으며 겨자과에 속하는 짙은 녹색 채소로 브로콜리의 열량은 100g당 33kcal로 콜리플라워의 24kcal보다 높다. 비타민 C와 칼슘이 콜리플라워보다 2배, 마그네슘은 50% 정도 더 많이 함유되어 있다.

케일밥

불린 쌀 110g, 불린 야생 쌀 65g, 물 200g, 녹즙용 케일 5장, 올리브유 1T, 흑초 1T, 소금 2.5g

케일밥 만드는 방법

케일잎 줄기의 억센 부분은 떼어내고 줄기 선을 중심으로 반으로 가른 후 1cm 폭으로 채를 쳐서 준비하고 밥을 짓다가 밥이 완성되면 밥의 첫 김이 나간 후 케일 썬 것을 넣고 빠르게 잘 섞는다.

케일(kale)의 풍부한 영양은 강한 생명력에서 비롯된다는 것을 케일을 재배해 보고 실감하였다. 케일과 여러 가지 모종을 심고 심각한 가뭄이 들었다. 이제나저제나 비 소식만 기다린다. 아침저녁으로 꽃과 채소 모종에 물을 주지만 점점 힘을 잃고 있어 안타깝다. 그런데 가장 척박한 곳에 심었고 물 한 번 주지 않은 천덕꾸러기 케일은 쑥쑥 잘도 자라더니 비한 번 맞지 않고 케일 나무가 되어 버렸다. 케일의 강한 생명력이 신기하다가 케일이 노란 꽃까지 맺을 무렵에는 케일의 질긴 생명력이 무서웠다. 게으른 농부가 가장 좋아하는 채소가 케일이라고 하는데 이해가 되었다.

케일은 비타민이 케일로 변했다고 하여 '자연의 비타민'이나 '비타민의 황제'로 불릴 정도로 비타민이 풍부하다. 비타민 K가 셀러리나 브로콜리보다 2배 이상 많아서 혈액을 맑게 해주고 면역력을 길러준다. 눈에 좋은 루테인(lutein)은 블루베리보다 20배 정도가 많으며 엽산이 풍부하여 빈혈을 예방한다.

서양에서는 케일을 빵, 계란에 넣거나 볶아서 고기의 곁들이 음식으로 먹는데 우리는 쌈이나 샐러드로 먹는 정도다. 한때 케일이 간에 좋다고 하여 케일 녹즙이 유행하였지만 먹기가 유쾌하지 않고 만들기도 번거로워 지금은 시들하다. 케일을 듬뿍 넣어서 만든 프리라타가 기억에 남아 만들어 보려고 케일을 샀다. 케일 프리라타는 케일을 장시간 열에 노출시켜야 한다. 이 점이 별로라 마음을 바꿔 케일을 듬뿍 넣은 밥을 짓기로 한다. 식감을 위해 야생 쌀을 더해서 밥을 지었다. 완성된 밥을 뒤적여서 뜨거운 열기를 뺀 다음 썬 케일과 소금, 올리브유를 넣고 골고루 잘 섞은 뒤 뚜껑을 닫고 1분 정도 두어 완성시켰다. 케일이 몸에 좋다는 것은 알고 있지만 케일을 싫어하는 사람이 케일밥을 먹었다. "케일 맛이 안 나요." "케일을 넣었는데 케일 맛이 안 난다고요?" "아~ 케일의 쓴맛이 안 나서 좋아요." 앞서 최고의 밥이라고 칭찬받았던 밥에게는 미안하지만 밥의 황제는 케일밥이다.

히카마밥

히카마밥 재료

쌀 140g, 히카마 120g, 물 250g

히카마밥 만드는 방법

히카마를 깨끗이 씻은 다음 껍질을 벗긴 뒤 깍두기 크기와 모양으로 썰어서 쌀과 함께 넣고 밥을 짓는다.

히카마(jicama)? 낯선 이름이다. 감자를 대용할 만한 식재로 아삭한 식감과 당지수가 낮다는 것에 관심이 가는 정도에서 멈춘다. 히카마가 우

리 것이 아닌 낯선 것이라는 것과 광풍처럼 몰아닥쳤다가 조용히 사라지는 외국산의 일시적인 인기에 대한 거부감 때문이었다. 몇 년 전부터 혈당조절, 체중조절, 당지수라는 말이 자연스럽게 일상의 대화에 오르내린다. 검색을 하다가 히카마가 혈당조절에 도움이 된다는 것을 알게 되었다. 고추, 감자, 고구마, 브로콜리, 아보카도 등 우리가 즐겨 먹는 채소도 외국에서 들어온 귀화식물이므로 히카마를 "우리 것이 아니라 맛이 이상할 것 같다"라는 등의 편견을 가질 일은 아니었다.

멕시코에서 온 히카마는 멕시코 감자 또는 얌빈이라고 하는데 감자보다 열량이 낮고 장 건강에 좋다고 한다. 히카마는 겉 색은 감자와 모습은 순무를 닮았다. 깎아 놓으면 눈처럼 하얀 것이 마를 닮았다. 생으로 먹으면 아삭아삭한 것이 풋배를 먹는 것처럼 시원하다. 밥을 적게 먹는 것이 탄수화물 섭취가 문제라고 하면 당지수가 낮은 히카마를 넣으면 큰 도움이 될 것 같아서 밥을 지었다. 히카마를 깍두기 모양으로 썰어도 좋고 채를 쳐도 좋다. 히카마 넣은 밥을 지을 때는 식감을 살리고 싶으면 암반법으로 짓고 부드러운 맛을 원하면 처음부터 쌀과 같이 넣고 밥을 지으면 된다. 지어진 히카마밥은 모양은 감자밥 같지만, 맛은 감자와 완전히 다르다. 감자가 포슬포슬함으로 밥에 온기를 불어넣는다면 히카마는 다부진 식감으로 활력을 집어넣는다. 이국에서 온 새로운 식재료가 우리 밥과 어울려 우리의 식탁에 오르는 것은 또 다른 우리 음식의 미래다.

장족의 오색반

다른 나라의 밥

우리는 주식과 부식의 구분이 뚜렷하여 밥은 주식, 찬은 부식으로 역할이 정해져 있다. 찬으로는 밥을 대신할 수 없다.

동아시아나 동남아시아, 아프리카, 중동, 유럽에서도 밥은 주식이지만 빵과 겸용하고 있어 우리보다 주식의 의미가 약하다. 밥을 짓는 방식도 취반법(炊飯法)보다는 밥을 찌거나, 밥 중심의 식문화가 아니므로 밥이 고기에 곁들여지거나, 밥을 고기나 채소, 향신료와 함께 기름에 볶아 익히는 조리법으로 밥을 짓는다.

중국은 우리의 밥인 '판'과 반찬인 '차이'로 구성되는데, 우리처럼 밥에 반찬이 부속되지 않고 판과 차이의 비중이 같아 차이로도 한 끼의 식사가 된다. 차이로 요기가 됐다면 밥은 먹지 않아도 된다. 일본은 밥이 중심이 아니라 카레를 먹기 위해 곁들여지거나, 초밥을 싸는 식재료 등으로 사용되어 그 가치가 제한적이다.(《한중일 밥상문화》, (김경은 지음))

밥은 우리와 일본, 중국을 비롯한 동북아시아뿐 아니라 인도차이나반도, 말레이제도가 속한 동남아시아, 인도반도와 지중해 연안에 이르는 서남아시아, 동·서양을 잇는 실크로드의 중심인 중앙아시아, 동·서아프리카에서 남유럽의 이베리아(Iberia)반도와 지중해를 거슬러 이탈리아, 그리고 지구의 반대편인 남아메리카 대륙에서도 밥을 먹는다. 이렇게 많은 지역에서 밥을 먹지만 이들의 밥 문화는 서로 유사한데, 이는 대항해와 식민 시대를 거치며 음식문화가 특정 나라에 전파되었다가 발전되어 인근 나라로 퍼지고 다시 역수출되어 변화하여 다시 들어오는 복잡한 경로를 겪게 되며 뒤엉켰기 때문이다.

이에 비해 중국은 실크로드나 국경을 접한 인도의 영향을 받을 수 있었지만 중국만의 독자적인 밥 문화를 지켜오고 있는데 이는 우리와 일본도 마찬가지다. 세 나라가 밥을 주식으로 소화하는 과정에서 자신만의 독자적인 음식문화를 만들어 확고한 정체성을 갖는 밥 문화를 갖게 되었다.

중국의 밥

중국은 세계 최대의 쌀 생산국이자 최대 소비국이다. 쌀은 둥베이평원(동북평원), 화베이평원(화북평원), 창장중하류평원(장강중하류평원), 둥난구릉의 4대 평야와 크고 작은 강의 주변과 구릉 지대에서 재배되는데 중국 둥베이평원의 비옥한 검은흙에서 유기농 농법으로 생산되는 쌀이 중국 최고의 명품쌀이다. 이곳의 벼농사는 조선족에 의해서 시작되었다. 중국은 남방 지역에서는 인디카종을, 북방의 동북 3성과 양쯔강 하류의 장쑤성 등에서는 자포니카종을 생산하여 중국에서는 두 쌀로 지은 밥을 먹을 수 있다. 애덤 스미스(Adam Smith, 1723~1790)는 《국부론(國富論 The Wealth of Nations)》에서 중국의 근대화가 늦어진 원인이 쌀농사로 인한 잉여 곡물 때문이라고 하였다. 쌀이 밀보다 경작면적당 수확량이 1.8배 정도 많기 때문에 그만큼 여유가 있었다는 것이다. 중국의 밥 중 대표적인 것 몇 가지를 살펴본다.

광둥성 바오자이판(煲仔饭)

사기 냄비에 밥과 함께 건어물이나 생선, 채소, 소고기 등 다양한 재료를 넣어 센 불에서 조리해 먹는 광둥성의 전통밥이다. 바오자이판에 들어가는 쌀은 사묘미(丝苗米) 또는 태국향미(泰国香米)를 사용한다. 밥 짓는 솥의 뚜껑을 덮지 않고 밥을 짓다가 뜸이 들 무렵 뚜껑을 닫아 육즙이 밥에 잘 배도록 한다. 밥을 짓는 중간에 간장을 부어주거나 밥이 다 됐을 때 간장과 기름과 소스를 넣고 파를 올리는데 간장 맛과 기름이 밴 바삭바삭한 누룽지가 일품

광둥성 바오자이판(煲仔饭)

이다. 2천 년 동안 내려온 음식으로 중국 남방 지역에서 먹는다. 소고기를 넣은 바오자이판 등이 있다.

저우산(舟山) 샤궈따이위판(砂锅带鱼饭)

갈치를 절인 후 뚝배기에 밥과 함께 쪄낸 밥이다. 소금물에 자른 파와 생강을 넣고 갈치를 30분 정도 담가 두면 비린내를 없앨 수 있고 간도 배어든다. 갈치는 뜸을 들이면서 쪄낸 후 잘게 썬 파, 샐러리 채 썬 것을 뿌리는데 생선의 맛을 돋우려면 죽순을 잘게 찢어서 말린 채를 곁들여 먹으면 맛이 좋다. 밥은 진간장이나 맛간장으로 맛을 들인다.

윈난(云南) 통궈양위먼판(銅锅洋芋焖饭)

윈난에서 토란은 양위[洋芋·양위]라고 불리며, 절임 말린 고기와 잠콩을 넣고 놋쇠솥을 달궈 돼지기름을 두르고 토란을 잘게 썰어 기름에 색이 약간 누렇게 변할 때까지 볶은 뒤 토란 위에 밥을 펴 놓고 뜸을 들여주면 고기의 향과 토란의 향긋한 향이 합해진 고소한 밥이 된다.

푸젠(福建) 뤄보셴판(萝卜咸饭)

푸젠성 민난[闽南] 일대에서 먹는 밥이다. 뤄보[萝卜]는 무를, 셴[咸]은 전부를 뜻하므로 무를 한 솥에 넣어 짓는 것을 셴판이라고 한다. 무를 채친 것과 갈은 것, 두 가지를 사용하고 여기에 당근, 삼겹살, 말린 표고버섯, 건새우나 건가리비 등의 건해산물을 넣어 향을 돋워 볶아서 지은 밥이다.

장족 오색반[1]

중국 남쪽에 사는 장족은 벼농사를 주로 하며 다양한 곡물과 채소를 심고 돼지, 소, 닭 등을 키우며 살기 때문에 다양한 음식 문화를 지니고 있다. 식사는 주로 밥으로 하는데 밥의 종류가 다양하고 그중 오색이 나는 찹쌀밥이 유명하다. 자색의 등나무 덩굴, 노란 국화, 빨간 단풍잎, 초록 풀에 찹쌀의 흰색을 살린 오색밥이다. 제사에 올리지만 평소에도 먹는다.

위구르 쇼우쫘판(手抓饭)

쇼우쫘판은 '손으로 집어 먹는 밥'이란 뜻으로 위구르어로는 'Polo'라고 발음된다. 손으로 먹는다는 점에서는 인도의 '비리야니'와 같다. 튀르키예

---

[1] 장족의 밥으로 호박밥과 고구마밥도 있는데 솥에 호박이나 고구마를 넣고 익히다가 그 위에 찹쌀을 얹어 찌는 밥이다. 음력설 음식으로 종자(Zongzi)를 들 수 있다. 찹쌀에 대추, 돼지고기, 녹두, 깨, 버섯 등을 넣어 갈잎에 찐 밥이다.

의 필라프(Pilav), 페르시아어의 팔라우(Palaw)와 이름도 비슷하고 조리 방법
도 거의 유사하다. 이 외에 파키스탄, 카자흐스탄, 아프가니스탄, 아프리카에
서도 먹는 것으로 보아 인도의 '비리야니'가 실크로드를 따라 전파되어 각국
의 상황에 맞게 조금씩 변형되면서 정착된 것 같다.

위구르족, 카자흐족, 우즈베크족 등의 소수 민족들이 명절을 지낼 때
나 손님을 대접할 때 꼭 내는 필수 음식이다.

조리법은 양고기를 작게 썰어 기름에 튀겨낸 다음, 볶은 양파와 당근
을 넣고 여기에 다시 소금과 물을 더해 끓이다가 잘 씻은 쌀을 넣어 젓지 않고
그대로 끓이면 된다. 갓 완성되어 윤기가 흐르는 쇼우쫘판은 풍미가 각별하
다. 쇼우쫘판은 당근 냉채와 함께 곁들여 먹으면 잘 어울린다.

일본의 밥

우리가 쌀밥을 중시하는 것 못지않게 일본도 흰쌀밥을 중시한다. 일
본은 무로마치막부 시대(1336~1573)에 조생종 벼가 도입되어 쌀의 2모작이 정
착되었고 에도막부 시대(1582~1867)에 이미 쌀 도정 기술이 발달해서 백미 중
심의 식문화가 비교적 일찍 자리잡았다. 무사 계급이 농민으로부터 쌀로 세를
거두어 들였는데 그 부담이 과중하여 '백미밥'은 먹을 수 없었다. 흰쌀밥 한 그
릇에 쌀겨에 절인 단무지 몇 조각을 곁들여 먹는 영양 불균형의 식사를 기품
있고 고급스러운 식사로 여길 정도로 흰쌀밥에 집착하였다.

일본 밥의 품질은 쌀의 체계적인 관리에서 나온다. 우리가 여러 농가
의 쌀이 미곡종합처리장에서 혼합되어 쌀의 품질이 균질하지 않다. 우리는 유
통 과정의 편리함 때문에 혼합하지만 일본에서는 '쌀 마이스터'가 최상급의
쌀을 혼합하여 최상의 밥맛을 찾아준다. 음식에 따라 점도, 맛, 향기, 영양 성
분을 달리한 맞춤형 쌀을 사용하는데 식었을 때의 식감을 중요하게 여긴다.
일본은 찬이 간소하므로 밥맛에 더욱 집중하게 되었고 쌀과 밥에 대한 자부
심이 강하다.

　　일본인은 벚꽃과 쌀을 동일시하는데 벚꽃에 곡신이 머물러 있다 하여 벚꽃의 개화 시기를 쌀농사 시작의 기준으로 삼았다. 벚꽃을 보며 볍씨를 파종하여 벚꽃을 모내기 꽃이나 씨뿌리기 꽃으로 불렀고 벚꽃을 보며 풍년을 점쳤다. 일본의 몇 가지 대표적인 밥을 살펴본다.

타키코미고항은 여러 가지 재료를 넣은 일본식 영양밥이다. 사람들은 '일본식 솥밥'이라고 하는데 솥밥이라고 하면 쉽게 지어 먹기 어렵다는 선입견을 갖게 한다. 이 영양밥은 압력솥만 아니면 어떤 밥 짓는 도구를 활용해도 좋다. 일본인들이 전기압력밥솥에 크게 열광하지 않는 이유는 솥밥을 지어 먹을 수 없기 때문이다. 영양밥은 자주 먹지 못하는 연근과 우엉을 먹을 수 있게 한다는 것도 큰 장점이다.[2] 쌀은 깨끗이 씻어서 마른 불림을 30분 정도 한다. 조갯살은 청주를 뿌려서 잠깐 재워둔다. 당근과 우엉, 표고는 채를 쳐 둔다. 연근은 0.3cm 두께로 자른 다음 반으로 가른다. 냄비에 참기름을 한 수저 넣고 불린 쌀과 조갯살, 채소를 넣고 볶다가 육수를 넣고 밥을 짓는다.

2 우엉이 밥에 들어가는 것이 싫다면 우엉차로 밥물을 잡으면 좋다.
* 곤약을 넣으면 다이어트에 좋다.

일본 음식의 특징 중 하나가 조리를 하지 않은 날것을 많이 먹는다는 점이다. 마를 갈아서 낫토와 달걀노른자에 섞어서 먹는 토로로고항은 날것에 대한 거부와 두 식재의 섞임이 주는 비호감으로 호불호가 극명하게 갈리는 음식 중 하나다.

키노코고항(버섯솥밥)은 날씬한 몸매와 건강, 그리고 맛도 있어 세 마리 토끼를 잡고 싶은 사람에게 추천하는 밥이다. 이 버섯밥에는 생강을 넣어 버섯밥의 무거운 풍미를 생강의 상쾌함으로 날려 버렸다. 일본식 버섯밥에는 목이버섯을 넣지 않지만 기관지와 폐 건강을 위해 목이버섯을 넣었다. 버섯밥에는 재료에서 제시한 버섯 이외에 어떤 버섯도 좋다. 요즘 비싸지 않은 가격으로 구입할 수 있는 동충하초버섯이 영양은 물론, 색감을 살려내서 좋다. 가쓰오다시에 간장, 맛술, 다진 생강을 넣어 두고 표고와 느타리 등의 다양한 버섯에 소금을 넣어 볶고 연근과 당근을 넣고 가쓰오다시 육수를 부어 지은 밥이다.

일본의 최남단 오키나와의 솥밥으로 돼지고기와 당근, 해초, 표고버섯 등을 넣고 지은 영양밥이다. 대부분 오키나와 소바에 곁들여 주문한다. 양념이 강하지 않아 소바 국물과 어울린다.

쥬시는 오키나와 양념 밥이다. 쥬시에는 쿠화쥬시(クファジューシー)와 야화라쥬시(ヤファラジューシー)가 있는데, 쿠화쥬시는 밥이고 야화라쥬시는 죽에 가까운 진밥으로 만든 쥬시다. 완성된 쥬시에 쪽파를 올린다. 오키나와에서 쥬시는 집집이 고유의 비법을 가지고 있는데, 보통은 돼지고기 육수나 돼지고기를 넣고 밥을 짓는다. 오키나와 사람들은 특별한 날에는 꼭 이 쥬시를 먹는다.

　　일본의 덮밥(どんぶり, 돈부리)은 밥 위에 다양한 토핑을 얹어 한 그릇으로 간편하게 먹을 수 있는 간편 음식이다. '돈부리(丼, donburi)'라는 단어 자체가 그릇을 의미하지만, 동시에 덮밥을 뜻한다. 덮밥은 한 그릇 요리로 간편하고 영양 균형을 맞출 수 있어 일본 전역에서 사랑받는다. 대표적인 덮밥으로는 얇게 썬 소고기를 양파와 함께 간장, 설탕, 미림, 다시마 육수 등으로 달달하고 짭조름하게 조리하여 밥 위에 얹은 소고기덮밥인 규동(牛丼), 돈가스를 달걀 소스와 함께 올린 카츠동(カツ丼), 새우와 채소 등의 튀김(덴푸라, 天ぷら)을 간장 베이스의 달콤 짭짤한 소스와 함께 밥 위에 얹은 튀김 덮밥인 텐동(天丼), 닭고기와 양파를 간장, 다시마 육수로 조리한 후 달걀을 풀어 익혀 밥 위에 얹은 닭고기와 달걀 덮밥인 오야코동(親子丼), 장어를 간장에 졸여 얹은 우나기동(鰻丼), 신선한 생선회를 밥 위에 얹고 간장과 고추냉이를 곁들여 먹는 카이센동(海鮮丼) 등이 유명하다.

동남아시아의 밥

　　인도차이나반도의 베트남, 태국, 미얀마, 라오스, 캄보디아도 고온 다습한 기후로 일 년에 벼의 3모작이 가능하여 쌀을 주식으로 한다. 메콩강 유역에 펼쳐진 비옥한 평야에서 쌀이 풍부하게 생산된다.

베트남 쏘이(xôi)

　　쏘이는 찹쌀에 고기, 생선, 채소, 과일, 콩과 같은 여러 가지 재료를 넣고 쪄서 만든 베트남식 찹쌀밥의 일종이다. 고산 지대에서 주식으로 먹던 음식이었는데 현대 베트남에서는 식당이나 길거리 노점에서 아침 식사나 후식으로 먹을 수 있도록 판매되는 대중적인 음식이 되었다.

쏘이 응우 삭(xoi ngu sac)

쏘이는 재료와 변형에 따라 달콤한 쏘이 응옷(xôi ngọt) 종류와 짭조름한 쏘이 만(xôi mặn) 종류로 크게 구별된다.

쏘이 응옷 중에는 베트남 남부에서 코코넛밀크와 판단[3] 잎을 넣어 달콤한 맛을 낸 쏘이 라즈어(xôi lá dứa)가 대표적이다. 쏘이 만에는 닭고기를 넣고 주먹밥 식으로 우리의 김밥같이 즐겨 먹는 쏘이 가(xôi gà)가 대표적이다. 쏘이 더우싸인(xôi đậu xanh)은 쏘이 응옷 중 하나로 녹두가 합격을 의미하여 시험 전날에 수험생들이 즐겨 먹는 음식으로 알려져 있다.

우리나라의 비빔밥과 비슷한 느낌의 쏘이 응우 삭(xoi ngu sac)은 고산 지대인 사파(Sapa)에서 시작된 음식으로 녹두, 걱(gac)[4], 판단 잎, 마젠타(magenta plant)로 다섯 가지 색깔이 나는 매력적인 음식이다.

---

[3] 판단(pandanus amaryllifolius)은 꽃과 잎의 향기가 은은하여 동남아 음식의 이국적인 향을 내준다. 동남아 음식의 녹색은 판단 잎이 낸다. 판단은 닭고기와 생선 요리에 들어가 풍미를 더해준다.

[4] 걱(gac)은 치자나무 열매로 음식에 주황색을 낸다. 마젠타(magenta plant)는 자홍색의 꽃을 가진 식물이다.

베트남 남부 사람들은 밥을 껌(com)이라고 하는데 증기에 찐 흰밥은 껌짱(com trang)이라고 한다. 껌땀은 안남미를 도정하는 과정에서 생긴 부서진 쌀들을 모아서 쪄낸, 서민들이 먹던 밥을 말한다. 껌땀은 '부서진 쌀'을 뜻하며 그런 쌀로 지어진 밥으로 차린 저렴하게 먹는 식사를 뜻한다. 우리의 싸라기밥과 비슷하다. 베트남의 경제가 발전하면서 돼지갈비를 숯불에 구운 스언느엉(suon nuong)에 달걀 반숙, 채소가 곁들여지며 완벽한 덮밥이 되었다. 도정 기술이 발달한 현대에는 일부러 안남미를 부서뜨려서 만든다.

태국의 전통 후식 카오(쌀) 니아우(찹쌀) 마무앙(망고)은 달고 짠 코코넛밀크를 부은 찹쌀밥에 망고를 곁들여 내는 음식으로 카오니아우마무앙이라고 부른다. 볶은 녹두를 뿌린다. 불린 찹쌀을 찐 다음 설탕과 소금을 넣고 뜨겁게 데운 코코넛밀크를 찐 찹쌀밥에 부으면 달고 짠 코코넛밀크가 밥알에 흡수된다. 이 밥을 썰어놓은 망고와 함께 내는데 위에 녹두 자개 볶은 것을 뿌리기도 한다. 찹쌀은 물에 불린 뒤 찌고 코코넛밀크는 설탕과 소금을 넣고 살짝 끓여 분량의 반을 찹쌀밥에 부은 다음 잘 섞고 남은 코코넛밀크에 전분물을 추가하여 끓인 뒤 밥 위에 붓고 망고와 함께 곁들여 낸다.

나시 크라부는 버터플라이피(butterfly pea)라는 콩과 식물의 꽃에서 추출한 염료로 물을 들인 밥이다. 말레이시아 동쪽 지역의 음식인데 관광객에게는 일명 '파란밥'으로 불린다. 꽃을 담가서 10분 정도 삶아 추출액을 얻는다. 향이 강한 허브, 채소, 튀긴 코코넛, 구운 고기, 달걀, 피클 등을 기본으로 삼발소스나 치킨카레를 한 접시에 담아서 먹는다. 여러 재료들이 엮어내는 맛과 색이 녹아서 한 접시에 담겨 있다.

나시르막(nasi lemak)

나르시막 아얌 고랭(nasi lemak ayam goreng)

나시 크라부(nasi keravu)

나르시막 비아사(nasi lemak biasa)

말레이시아, 나시르막(nasi lemak)

나시르막은 말레이시아 사람들의 아침 식사로 쌀에 코코넛밀크를 붓고 판단 잎을 넣어 지은 밥으로 판단 잎 외에 레몬그라스나 생강을 넣기도 한다. 나시는 밥을 르막은 기름을 뜻한다. 이렇게 지은 나시르막은 전통적으로 삼발, 오이, 튀긴 멸치, 튀긴 땅콩, 삶은 달걀과 함께 낸다. 닭튀김이나 생선튀김, 커리, 른당과 내기도 한다. 흔히 바나나잎에 싸서 낸다. 나시르막은 사프란이나 강황으로 색을 내기도 한다.

라오스(Laos), 카오니아우(ເຂົ້າໜຽວ)

라오스는 동남아 유일의 내륙 국가다. 라오스는 낮은 구릉으로 이루어져 쌀은 메콩강 및 그 지류에 펼쳐진 평야에서 생산된다. 주식은 찹쌀로 라오스에서는 카오니아우(ເຂົ້າໜຽວ)라고 한다. 찹쌀의 끈적임은 공동체 문화를 상징하며 스스로를 '찹쌀의 자식'이라고 한다. 멥쌀은 '카오자오'라고 하는데 볶음밥으로 먹는다. 라오스인의 1인당 찹쌀 소비량은 1년에 171kg으로 지구상에서 가장 많다.

서남아시아의 밥

인도양의 보석인 스리랑카(Sri Lanka)는 고온 다습한 열대몬순기후로 벼농사 재배에 적합하다. 스리랑카의 주식은 쌀과 쌀가루로 만든 빵이다. 쌀밥과 쌀빵을 커리와 함께 먹는 것이 스리랑카인의 일반적인 식사다. 쌀밥에 레몬과 약간의 채소를 곁들여서 먹는 것이 전통 식사법이었다.

인도에 둘러싸여 있는 방글라데시는 나라 한가운데를 다른 나라에서 발원한 여러 강들이 지나며 서로 합류하여 벵골만(Bay of Bengal)으로 흘러가므로 국토가 벼농사에 최적화된 삼각주로 이루어져 있다. 방글라데시에서 생산되는 쌀 중 치니구라(chinigura)는 단립종이지만 끈적이지 않고 맛과 식감이 뛰어나 수출을 한다.

파키스탄(Pakistan)의 펀자브(Punjab) 지역은 인도와 접하고 있으며 티베트에서 발원한 인더스강(Indus River)이 흐르고 있어 토질이 비옥한 곡창 지대다. 이곳에서는 쌀과 밀이 생산되어 파키스탄 사람들은 밥과 빵을 즐겨 먹는다. 파키스탄에서 주로 생산되는 쌀은 식감과 향이 좋은 바스마티쌀(basmati rice)로 파키스탄의 주요 수출품 중 하나이다. 파키스탄 인구의 절반이 사는 펀자브 지역은 중앙아시아와 남아시아의 경계점으로 인도 요리가 중앙아시아와 중동으로 건너가기도 하고 역으로 이란 요리가 인도로 넘어오는 교두보이다. 명절에는 비리야니를 지어 먹는다.

스리랑카, 키리바스(kiribath)

'키리바스'는 스리랑카의 설날에 먹는 흰밥이다. 우리가 흰쌀로 가래떡을 뽑아서 떡국을 먹는 것처럼 스리랑카 사람들은 '키리바스'를 먹는다. '키리'는 우유를 '바스'는 쌀을 뜻한다. 키리바스는 쌀밥을 지을 때 코코넛밀크를 넣어 지은 다음 적당한 두께로 반대기를 지어 마름모꼴로 잘라서 '루누미리스'나 '시니 삼발'이라고 하는 매운 소스와 곁들여 먹는다.

설날에는 흰색의 키리바스를 먹지만 평소에는 흰쌀 대신 브라운라이스나 홍미에 팥, 녹두 등의 곡류를 넣어 만든다.

비리야니는 쌀에 향신료를 더한 인도의 대표적인 쌀 요리다. 재료와 양념에서 나오는 수분과 증기를 이용해서 찌는 덤 푸크트(dum pukht) 방식으로 조리한다. 인도의 비리야니는 지역마다 조리법과 들어가는 재료가 다르다. 비리야니가 인도 북부에 처음 전파됐을 때는 주로 왕이나 귀족들이 즐겨 먹던 음식이었다. 인도의 비리야니는 크게 향신료와 주재료의 선택에 따라 다양한 종류로 나뉜다.

인도에서 비리야니는 우리의 시루떡과 같은 음식이다. 비리야니를 할 때는 여러 사람들이 동원되고 시끌벅적한 것과 시루떡처럼 밀가루 반죽인 시룻번을 붙여서 증기가 새는 것을 막는 것이 유사하다. 비리야니는 인도 이외에도 미얀마, 이라크, 파키스탄, 방글라데시의 쌀 음식이기도 하다. 완성된 후 뜨거울 때 골고루 섞어 주어야 한다.

치킨 비리야니(chicken biryani)

이란은 서아시아에서 사우디아라비아(Saudi Arabia) 다음으로 넓은 나라인 만큼 다양한 기후대를 가지고 있다. 이란의 북서부 지역인 길란 지방(Gilan Province)이 쌀의 주산지이다. 이란인들은 쌀 이외에 다른 재료를 넣어 지은 폴로(polo)와 쌀로만 지은 첼로(celo), 이와는 다르게 물, 버터, 소금이 쌀에 다 흡수되도록 짓는 밥을 먹는다.

이란은 설날에 채소로 지은 밥인 '사브지 폴로(sabsi polo)'와 하얀 물고기인 '마히 세피드'라는 생선 요리를 먹는다. 사브지 폴로는 새해 전날 밤, 새로 뜯어온 파슬리, 시금치, 고수, 부추, 마늘 등의 채소를 넣고 만든 밥이다. 마라사 폴로는 설탕에 졸인 채 썬 오렌지 껍질과 채 썬 당근을 섞어서 쌀과 함께 층으로 쌓아서 익힌 밥으로 양파와 함께 졸인 뒤 사프란을 넣은 닭고기, 그리고 장미 코디얼과 함께 먹는다. 이란에서 결혼식이나 손님이 왔을 때 내는 밥이다. 이 밖에 사프란 우려낸 물과 요구르트를 한 번 익힌 밥과 섞은 뒤 밥솥 바닥에 기름을 둘러 고소한 누룽지를 만들어 먹는 타디그(tahdig)가 유명하다. 이란에서는 밥에 장미수를 넣어 짓거나 다 지은 밥에 장미수를 넣은 밥을 귀한 밥으로 여긴다. 이란인도 쌀에 대한 자부심이 강하며 쌀에 훈제 향을 입힌 훈제 쌀이 유명하다.

타디그(tahdig)

요르단(Jordan)에서는 향신료로 양념한 고기로 육수를 낸 뒤 쌀을 넣어 끓인 중동의 전통음식 마글로바(maklooba)를 먹는다. 마글로바를 냄비째 가져다 놓고 빙 둘러앉아 손으로 먹는다.

서아프리카와 동아프리카의 밥

서아프리카는 벼의 시원지(始原地)로 밥을 주식으로 하는 나라가 많다. 특히 니제르(Niger)강에서 나라 이름이 유래한 나이지리아(Nigeria)는 땅이 비옥하여 일찍이 벼 재배가 활발하였다. 나이지리아의 밥인 졸로프 라이스는 다진 양파를 기름에 볶은 뒤 토마토 페이스트와 자른 고추, 밥을 넣고 좀 더 볶다가 육수를 넣는데 육수가 거의 다 졸아들면 치킨스튜, 구운 양고기 등과 함께 낸다. 졸로프 라이스는 아프리카의 대표적인 쌀밥으로 축제 음식에 빠지지 않는다.

가나(Ghana)도 다양한 종족과 민족이 거주하므로 다양한 음식 문화가 공존하지만 밥이 주식이다. 대부분의 가나 음식에는 고기와 토마토로 만든 국이 곁들여진다.

세네갈(Senegal)도 졸로프 라이스와 함께 생선 쌀밥인 체부 젠, 염소고기 쌀밥인 체부 얍, 닭고기 쌀밥인 체부 기나르, 땅콩버터를 곁들인 체부 게르테 등 육류와 함께 지은 밥들이 있다.

동아프리카의 마다가스카르(Madagascar), 소말리아(Somalia), 지부티(Djibouti), 탄자니아(Tanzania) 등 일부 국가에서 쌀을 주식으로 먹거나 재배한다. 소말리아의 바리스 이스쿠카리스, 지부티의 슈쿠테하카리스와 같은 쌀밥 요리가 있다. 탄자니아도 쌀밥인 왈리(wali)가 주식이며 필라우(pilau)와 비리야니도 필수 잔치 음식이다.

아시아인의 대나무통밥

대나무통밥은 대나무 통 안에 쌀을 넣고 밥을 짓는 방법이다. 대나무의 죽력과 죽황이 밥에 배어들어 몸의 화와 열을 식히고 기력을 보강하여 준다. 소동파는 고기가 없는 식사는 할 수 있지만 대나무 없는 생활은 할 수 없으며, 고기를 안 먹으면 사람이 수척하지만 대나무가 없으면 사람이 저속해진다고 했다. 대나무는 맑고 절개가 굳어 마음을 비운 군자가 본받을 품성을 모두 지녔다 하여 고대 중국에서는 대나무가 아버지를 상징하였다.

대나무 안에 밥을 넣고 짓는 대나무밥은 우리나라뿐 아니라 중국의 남부, 인도의 북부, 스리랑카, 베트남 등의 전통 밥짓기 방식이다. 우리나라의 대나무통밥은 죽통의 길이가 짧고 찌는 방식이지만 다른 나라는 밥을 짓는 죽통의 길이가 우리보다 3~4배 정도 길고 장작불의 열기로 밥을 짓는데 코코아버터로 밥물을 잡는다.

아시아인의 대나무통밥

유럽과 러시아의 밥

이탈리아, 리소토(risotto)

유럽에서는 지중해성 기후의 남유럽 지역에서 겨울이 온난하고 강수량이 일정하여 밭벼를 기른다. 이탈리아는 유럽에서 가장 많은 쌀을 생산하는 나라로 시칠리아(Sicilia)섬이 시배지(始培地)이다. 현재는 피에몬테(Piemonte)와 롬바르디아(Lombardia) 지방에서 재배하여 '리소토' 용으로 소비된다.

스페인, 아로스네그로(arroz negro) · 파에야(paella)

스페인어로 '아로스'는 '쌀'을, '네그로(negro)'는 '검은'을 뜻한다. 쌀, 오징어 등의 해산물, 오징어 먹물을 주재료로 하여 만든 쌀 요리이다. '아로스 네

리소또(risotto)

그레(arròs negre)'라고도 하며, 라틴아메리카에서도 흔히 볼 수 있는 요리이다. 다진 양파와 마늘, 셀러리와 토마토즙을 올리브오일에 볶다가 오징어를 첨가하고 오징어 먹물과 화이트와인을 넣고 만든 육수에 쌀을 넣고 졸이듯 한 밥이다.

스페인(Spain)은 이탈리아(Italy)에 버금가는 쌀 생산국으로 남부 발렌시아 지방에서 생산하여 주로 파에야(paella) 용으로 먹는데 단립종과 장립종을 모두 먹는다. 포르투갈(Portugal)에서도 밥을 해물과 함께 요리하여 즐겨 먹는다. 이 밖에 튀르키예는 동북부 흑해 연안에서 재배하여 필라프를 만들어 먹는데 오스만 제국 시기에는 필라프가 주식이었다.

러시아, 기름밥

러시아에서는 쌀을 흑해 연안의 크라스노다르(Krasnodar) 지방에서 체르케스(Cherkes)인들이 재배한다. 중앙아시아에서는 밥에 기름을 많이 부어 볶아서 먹는데 강제 이주를 한 고려인(高麗人)을 주축으로 농사를 짓기도 하였으나 지금은 쌀을 수입하여 먹는다. 이 밖에 러시아 극동지방 아무르(Amur)강 하류 유역과 사할린에 거주하는 원주민인 니브히(Nivkhi)족도 쌀을 먹는다.

튀르키예, 미디예 돌마(midye dolma)

돌마는 튀르키예어로 '속을 채운'이라는 뜻이다. 중동 지역의 돌마는 토마토, 피망, 양파, 호박, 가지 같은 채소의 속을 긁어 내고 고기나 쌀, 잣 등으로 속을 채우는 것과 양배추 잎, 포도 잎을 익힌 다음 속을 감싸서 만드는 방법이 있다. 오징어, 고등어, 홍합 등의 해산물에 속을 채운 돌마도 있다. 돌마의 속재료는 보통 다진 고기와 쌀을 넣는데 쌀만 넣는 돌마는 데우지 않고 소스를 찍어서 차갑게 먹는다. 홍합 껍질에 살과 함께 밥을 채운 것을 미디예 돌마라고 한다.

미디예 돌마(midye dolma)

튀르키예의 밥

아메리카의 밥

    미국의 쌀농사는 서아프리카 노예들에 의해서 전파되었다. 쌀에 대해서 잘 알았던 노예들은 쌀 재배법을 미국 남부에 전수했다. 이들이 전수한 쌀은 4천 년 된 아프리카의 여러 품종의 쌀로 염분, 질병 내성이 강해서 빨리 자란다는 특징이 있다. 서아프리카 노예들은 벼의 잎을 따다가 즙을 짜서 쌀알을 물들인 색밥으로 향수를 달랬다. 서아프리카 후손들이 벼농사를 접고 도시로 가면서 서아프리카계 사람들이 가져온 벼농사 지식은 사라지게 되었다. 미국의 사우스캐롤라이나(South Carolina)주 벼 시험 재배장에서는 4천 년 된 아프리카의 여러 품종의 벼를 재배하고 있다. 미국의 밥 문화는 서아프리카, 카리브해 연안국, 유럽, 아시아 등 다양한 문화와 인종의 얽힘이다. 남부 지역은 서아프리카의 전통 밥인 졸로프 라이스(jollof rice)와 잠발라야(jambalaya), 검보(gumbo), 레드 빈즈 앤 라이스(red beans & rice) 등의 쌀 음식이 유명하다. 졸로프 라이스는 대부분의 서아프리카에서 먹는 밥으로 육수, 토마토, 채소, 향신료에 쌀을 익혀 고기를 토핑으로 얹는다. 잠발라야는 쌀과 고기, 해산물, 채소 등을 푸짐하게 넣어 만드는데 스페인의 파에야를 변형시킨 것으로 굴, 새우, 가재, 매콤한 소시지를 넣어 만든다. 토마토를 넣으면 레드 잠발라야, 브라운 루(roux)를 넣은 잠발라야는 브라운 잠발라야라고 하며 변형된 것이 많다. 검보는 오크라와 고기, 해산물을 오래 끓인 걸쭉한 수프로 밥을 곁들여 먹는다.

잠발라야(jambalaya)

스페인식의 아로스 네그로(arroz negro)가 검은 밥이라면 멕시코의 아로스 로호(arroz rojo)는 빨간 밥이라고 한다. 빨간 밥은 토마토, 양파, 마늘, 육즙에 쿠민, 칠리파우더, 할라페뇨(jalapeño) 등이 들어가 붉고 강한 향이 특징이다. 아로스 베르데(arroz verde)는 초록 밥으로 시금치와 고수로 만든다. 아로스 블랑코(arroz blanco)는 흰 밥으로 라드에 볶아서 지은 밥으로 몰레나 타말레와 곁들여 먹는다. 이 밖에 토마토와 양파, 치킨 스톡을 넣은 밥인 아로스 아 라 탐피케냐(arroz a la tampiqueña)는 스테이크와 함께 먹는다.

브라질의 밥

브라질의 주식 중 하나가 밥(아호스, arroz)이다. 아호스 콤플레투(arroz completo)는 완전한 밥이란 뜻으로 육류, 돼지고기 등 다양한 고기와 함께 피망, 토마토, 양파, 올리브, 달걀, 치즈 등을 넣은 밥이다. 여러 재료를 모아 넣은 볶음밥 스타일의 아호스 말루쿠(arroz maluco)는 '미친 밥'이란 뜻을 가지고 있다. 브라질 사람들이 가장 많이 먹는 콩과 곁들여 먹는 밥인 아호스 이 페이장(arroz e feijão), 검은콩과 곁들인 페이장 프레투(feijão preto), 갈색콩과 곁들인 페이장 카리오카(feijão carioca)가 있다. 닭고기(갈리냐, galinha)를 밥과 함께 먹는 아호스 콩 갈리냐(arroz com galinha)도 있다.

쿠바의 밥

쿠바의 밥은 블랙콩을 넣어 지은 아로스 콩그리(arroz congrí), 마늘과 쌀을 기름에 볶은 후 밥을 지은 아로스 블랑코(arroz blanco), 사프란(saffron)이나 아치오테(achiote)로 색을 낸 아로스 콘 폴로(arroz con pollo)가 있다. 기본 밥인 아로스 블랑코(arroz blanco)는 다진 토마토에 올리브, 건포도, 감자 등으로 만든 스튜인 피카디요(picadillo)와 함께 먹는다.

　해가 뉘엿뉘엿 기울기 시작하면 약속이라도 한 듯 집집의 지붕 위로 흰 연기가 모락모락 피어오른다. 철수야 밥 먹어라~ 수남아 밥 먹어라~ 철수 엄마와 수남이 엄마의 목소리가 앞서거니 뒤서거니 앞산에 메아리가 되어 온 마을을 울린다. 3대 독자 철수가 밥을 먹어야 내 밥 차례가 온다는 것을 알고 있는 흰둥이가 사립문으로 들어서는 철수를 반긴다.

　흰 눈이 함박꽃 송이처럼 펑펑 내리는 날 6.25 전쟁통에 일찍 부모님을 여의고 배운 것도 없이 방직공장 일을 시작으로 평생 일만 하였다는 분과 빙판길을 동행하게 되었다. 자신은 괜찮으니 먼저 가라며 손짓을 하다가 굽은 허리를 펴고 눈 쌓인 나무를 보며 "눈이 예쁘게 많이 와서 내년엔 풍년이 들겠어"라고 한다. "그땐 고구마만 먹었어요. 밥이 있어야지요. 점심도 고구마, 저녁도 고구마, 그다음 날도… 그나마 이집 저집 다니며 고구마를 얻어먹고 살았어요. 눈치도 얼마나 많이 먹었는지… 지금은 먹을 것이 너무 흔해서 탈이에요." 밥을 해놓고 기다리는 어머니가 없어 참으로 모진 세월을 사셨을 그분에게 뭐라 할 말이 없어 입을 다물었다.

　우리는 밥을 좋아한다. 정갈하게 차려진 밥상의 맨 앞에 놓인 김이 모락모락 나는 하얀 쌀밥이나 검은콩이 송송 박히거나 노란 기장이 사금처럼 섞여 있는 것 아니면 푸른 바람의 향기가 담겨 있는 보리밥을 좋아한다. 이런 밥을 두고 빵이 더 좋다는 것은 진짜 마음일까? 아침밥을 지어야 하는 사람의 부담을 덜어주고 싶어서, 조금 더 자고 싶어서 거짓말을 하거나 밥을 먹고 싶은데 빵을 뜯어 먹어야 하는 자신을 위한 위로일 수도 있다.
　식구들과 밥상에 둘러앉아 아침밥과 저녁밥을 먹고 어머니가 싸준 도시락을 점심으로 먹던 시절이 오버랩되면서 젊은이들도 밥을 먹고 싶어 할 것이라는 생각이 스쳤다. 젊은 세대도 밥이 간편식보다 건강에 좋다는 것을 잘 안다. 다만 밥을 먹고 싶으나 먹을 수가 없는 현실에 적응한 것뿐이다. 우리는 젊은 세대가 간편식을 좋아한다고 단정한다. 그래서 밥을 찾는 사람은 구세대, 밥보다 간편식을 선호하는 사람은 신세대로 구분하는 상징이 되었다.

"밥 안 먹었으면 이리 와서 같이 먹자."

"방금 먹고 왔습니다."

"인제 밥 때인데… 언제 먹고 나왔겠어. 밥 먹었어도 다른 사람이 먹고 있으면 또 먹고 싶은 법이다. 어서 와서 밥 한 술이라도 뜨거라."

서둘러 밥을 퍼서 밥상에 앉히던 사람이 있어 우리는 행복했다. 밥이 넉넉하다며 숟가락을 쥐여 주던 아름다운 마음이 세상을 사는 힘이 되었음을 안다. 누룽지까지 먹여야 비로소 제대로 된 밥을 먹였다는 듯 흐뭇한 미소를 짓던 순박한 얼굴이 보고 싶다. 밥에 허덕이며 살았지만 남과 나누는 마음은 넉넉했던 마음이 그립다. 이제 시대가 달라지고 밥을 먹는 풍경도 변했으니 할 수 없는 일이라고 한다.

밥의 은근한 단맛은 밥을 지을 때 나는 냄새에도 고스란히 담겨 있다. 밥의 맛과 냄새는 완벽하게 일치한다. 밥 연기에 실린 구수한 향기를 맡는 순간 행복함과 안정감이 잔잔한 파문이 되어 온몸에 번진다. 집에서 짓는 밥에서 나는 밥 향기가 유독 그런 것 같다. 밥 냄새가 온 집에 퍼지면 집안 전체에 평화가 감돈다. 결코 다른 공간에서 짓는 밥 냄새에서는 느낄 수 없다. 우리가 태어나서 처음 먹었던 모유의 냄새와 밥 향기가 비슷하거나 오랜 세월 밥을 먹었기에 밥 냄새에 기분이 좋아지는 유전자를 가지게 된 것이라고 밥 냄새의 마법 같은 능력에 대해서 대해 이런저런 생각을 해보기도 한다. 이 세상에서 가장 향기로운 냄새는 밥을 지을 때 나는 밥 향기이고 이 세상에서 가장 아름다운 풍경은 가족과 함께 밥을 먹는 풍경이다.

조선셰프 서유구의
밥 이야기

지은 이　풍석문화재단 음식연구소
　　　　대표집필 곽미경

펴낸 이　신정수

펴낸 곳　**풍석문화재단**
　　　　진행 박시현
　　　　디자인 아트퍼블리케이션 디자인 고흐
　　　　제작 상지사피앤비
　　　　전화 (02) 6959-9921　**E-MAIL** pungseok@naver.com
펴낸 날　초판 1쇄 2026년 1월 16일
협찬　　주식회사 오뚜기

ISBN　979-11-89801-74-8

이 책은 문화체육관광부의 "풍석학술진흥연구사업"의 보조금으로
음식복원, 저술, 사진촬영, 원문번역 등이 이루어졌습니다.